安庆野生动物

Anqing Wild Animals

赵 凯◎主编

中国科学技术大学出版社

内 容 简 介

本书由安庆市林业局组织编写，共收录安庆市野生分布的陆生脊椎野生动物 29 目 116 科 440 种。其中，两栖动物 2 目 9 科 22 种，爬行动物 2 目 16 科 44 种，鸟类 19 目 68 科 314 种，哺乳动物 6 目 23 科 60 种。在总结前人研究成果的基础上，本书汇总了编写团队在安庆市域的调查资料，全面揭示安庆市陆生野生动物资源分布现状，为大力推进安庆市生态文明建设工作奠定基础，亦为安庆市陆生野生动物保护工作指明方向。

本书既可为在安庆市及周边地区从事野生动物保护及研究工作的人员提供基础数据，亦可为野生动物爱好者及科普研学工作者提供野生动物物种鉴定方面的帮助。

图书在版编目(CIP)数据

安庆野生动物/赵凯主编. —合肥：中国科学技术大学出版社，2022.10
ISBN 978-7-312-05530-0

Ⅰ. 安…　Ⅱ. 赵…　Ⅲ. 野生动物—安庆—图集　Ⅳ. Q958.525.43-64

中国版本图书馆 CIP 数据核字(2022)第 181069 号

地图审图号：庆 S(2022)009 号

安庆野生动物
ANQING YESHENG DONGWU

出版　中国科学技术大学出版社
安徽省合肥市金寨路 96 号，230026
http://press.ustc.edu.cn
https://zgkxjsdxcbs.tmall.com

印刷　合肥华苑印刷包装有限公司
发行　中国科学技术大学出版社
开本　787 mm×1092 mm　1/16
印张　25.75
字数　676 千
版次　2022 年 10 月第 1 版
印次　2022 年 10 月第 1 次印刷
定价　180.00 元

组织委员会

编写委员会

摄影团队

丁　利　马文虎　王小强　王聿凡　尹　莉　孔德茂
曲利民　朱　英　朱滨清　刘子祥　江红星　许　杰
孙葆根　杜松翰　李永民　李辰亮　杨剑波　时敏良
吴海龙　吴　毅　岑　鹏　余文华　汪文革　汪　湜
张礼标　张运晨　张　宏　张忠东　张　亮　张　铭
陈小平　陈中正　陈光辉　陈　军　陈曦恒　武明录
周卫国　周　科　郑从容　宛新靖　赵　凯　赵鑫磊
胡云程　胡荣庆　姚　毅　袁　晓　夏家振　顾长明
王灵芝　唐建兵　黄丽华　黄　松　董文晓　蒋　卫
蒋学龙　韩德民　程东升　储文鹏　谢　菲　裴志新
薛　辉　薄顺奇　戴美杰　魏士超　尕松仁青
武汉白鱀豚保护基金会　福州动物园

序//

野生动物是宝贵的自然资源,是生物多样性的重要组成部分。查清一个地区野生动物资源的现状,可为开展相关保护管理工作奠定基础,也能为实施重大生态保护工程提供科学依据。

安庆位于安徽西南部,不仅是一个举世闻名的历史文化名城,也是一个野生动物资源十分丰富的地方。由于地处动物地理分区古北界和东洋界的交界处,这里不仅有蒙古兔、东北刺猬、达乌里寒鸦、中国林蛙等北方物种,也能看到银环蛇、舟山眼镜蛇、白腹隼雕、蓝喉蜂虎、鼬獾、小灵猫等南方物种。同时,我国生物多样性热点地区之一的大别山区主峰就在安庆境内,安徽疣螈、大别山林蛙、叶氏隆肛蛙、商城肥鲵、大别山原矛头蝮、白冠长尾雉、安徽麝等中国特有种在安庆均有分布。此外,安庆位于长江中下游交汇处,境内拥有10余个大型淡水湖泊组成的安庆沿江湿地,每年有10余万只水鸟在此越冬,其中不乏白头鹤、白鹤、黑鹳、东方白鹳、鸿雁、小白额雁、青头潜鸭等珍稀濒危物种。安庆的野生动物资源,不仅对安徽而且对全国的生物多样性保护都具有非常重要的意义。

在安庆市林业局的组织下,安庆师范大学联合安徽师范大学、广东省科学院动物研究所、广州大学、自然资源部第三海洋研究所等多家单位的专家,共同编写了此书。此书基于历史资料和野外调查,对安庆市的陆生脊椎野生动物资源进行了系统阐述,收录了陆生脊椎野生动物29目116科440种,对每个物种的形态特征、生态习性、分布情况、保护级别均进行了描述。该书的动物分类系统采用了国内权威的分类系统和最新的研究成果,其中鸟类采用的是郑光美院士的《中国鸟类分类与分布名录》(第3版)、兽类采用的是魏辅文院士的《中国兽类名录》(2021年版)。每个物种都附有多张精美的照片,书后列有参考文献。该书是安庆野生动物保护管理者的重要工具书,也为国内外专家学者、自然爱好者、环保志愿者了解安庆市野生动物提供了参考资料。

本书主编赵凯副教授是一位从事生态学研究的优秀青年学者,曾主持"安庆市野生动物资源调查"等科研项目,获得过"梁希林业科学技术奖"二等奖。他也是《安徽鸟类图志》的副主编,在野生动物尤其是鸟类调查监测方面积累了大量的经验和第一手资料。本书副主编及参编老师们大多来自野生动物保护管理的第一线,具有丰富的基层工作经验。

值此《安庆野生动物》出版之际，受邀为之作序，感到十分荣幸。在此，我对此书的出版表示衷心祝贺！同时祝愿安庆市野生动物的研究和保护事业蒸蒸日上，硕果累累！

张正旺

北京师范大学教授、中国动物学会副理事长

2022 年 5 月 27 日

前　言//

自人类诞生以来，野生动物就和人类的生产生活密切相关。在远古社会，野生动物为人类提供食物、衣物及工具，为人类的生存繁衍贡献良多。进入文明社会以后，驯化后的野生动物陪伴人类生活，帮助人类生产劳作，与人类结下了深厚的友谊。人类与野生动物的关系几乎贯穿整个人类文明发展史，野生动物也因此成为所有生物中最受人类关注的类群。

安庆地处植物区系的北温带和北亚热带交界处，同时也是动物区系的古北界和东洋界过渡带。南以中国第一大河流长江与皖南山区为界，北依大别山主峰区与大别山北坡相隔。江山之间，山地、丘陵、岗地、圩田、湖泊兼备，拥有百里以上河流数十条，千米以上山峰百余座，万亩以上湖泊十余处。山湖之间风光旖旎，峰谷相望钟灵毓秀。复杂的地形条件，孕育了优越且多样的动物栖息环境。

大别山区分布有安徽麝、大别山原矛头蝮、大别山林蛙、安徽树蛙、安徽疣螈、大别山缺齿鼩等地方特有种，沿江湖泊为白头鹤、白鹤、黑鹳、东方白鹳等珍稀鸟类提供越冬场所。在神奇的北纬30°，安庆为数百种野生动物提供繁殖场所，也为数十万只迁徙鸟类提供越冬补给，是全国野生动物保护工作的关键节点及生物多样性热点地区之一。

早在20世纪90年代，自我国开始启动野生动物资源保护工作以来，针对安庆市的野生动物资源调查工作就已经全面展开。安庆市林业局先后两次组织野生动物调查和湿地资源调查，2004年后几乎每年组织一次水鸟同步调查，也相继开展了针对东方白鹳、白鹤、安徽麝等旗舰物种的专项调查。老一辈林业工作者不辞辛劳，为安庆市野生动物调查工作打下了坚实的基础。

自党的十八大明确提出大力推进生态文明建设、努力建设美丽中国、实现中华民族永续发展以来，“绿水青山就是金山银山”的理念已经深入人心，围绕安庆市生态文明建设的相关工作也如火如荼地展开。野生动物保护工作既是生态文明建设工作的重要基础，也是实现人与自然和谐共处的关键环节。近些年来，安庆市人民政府将野生动物保护工作提高到前所未有的高度，将其列为推深做实林长制改革工作的核心内容之一。

在此背景下，安庆市林业局组织成立了本书编写组，充分总结前人研究成果，全面揭示安庆市陆生野生动物资源分布现状，为大力推进安庆市生态文明建设工作奠定基础，亦为安庆市陆生野生动物保护工作指明方向。

全书共收录安庆市野生分布的陆生野生脊椎动物 29 目 116 科 440 种。其中，两栖动物 2 目 9 科 22 种，爬行动物 2 目 16 科 44 种，鸟类 19 目 68 科 314 种，哺乳动物 6 目 23 科 60 种。本书不仅分析了安庆市陆生野生动物的物种组成及空间分布情况，同时对所有物种的主要形态特征、分布情况进行分别描述。考虑到物种鉴定比对工作的需要，本书为每个物种均配了实物图片，尽量兼顾动物的雌雄及繁育形态差异，大部分照片均为编写团队在安庆市范围内实地拍摄获得。

本书的编写分工如下：广东省科学院动物研究所张亮负责两栖爬行类编写；安庆师范大学赵凯、安庆市林业局张宏负责鸟类编写；广州大学余文华负责翼手目编写；安徽师范大学陈中正负责啮齿目和劳亚食虫目编写；自然资源部第三海洋研究所王先艳负责食肉目和兔形目编写；安庆师范大学于道平负责鲸偶蹄目编写；安庆市林业局马建华、柏晶晶负责总论部分编写。安徽大学周立志教授、张保卫教授，安徽师范大学吴孝兵教授、吴海龙教授、黄松教授，广州大学吴毅教授，黄山学院吕顺清教授等对书稿给予了重要指导。岳西县生态环境分局汪文革，鹞落坪国家级自然保护区张余才、储俊，古井园国家级自然保护区储鹏程、朱卫东、宛新靖，铜陵淡水豚国家级自然保护区蒋文华，花亭湖国家湿地公园冯夏男，安徽珍鸟会虞磊等提供了部分物种的分布信息，各县林业局及自然保护地数十位同志在野外调查工作中给予了大力帮助，安庆市城乡规划设计研究院在地图绘制方面给予了帮助，在此一并致谢。

本书既可为在安庆市及周边地区从事野生动物保护及研究工作的人员提供基础数据，亦可为野生动物爱好者及科普研学工作者提供野生动物物种鉴定方面的帮助。因编者水平有限，错误和遗漏之处在所难免，恳请读者批评指正。

编 者

2022 年 5 月 30 日

目 录//

鸟纲 Aves

哺乳纲 Mammalia

总　　论//

一、安庆市自然概况

（一）地理位置

安庆市位于安徽省西南部，长江下游北岸，地域范围介于东经115°45′57″～117°14′15″，北纬29°46′52″～31°16′03″。地处皖、赣、鄂三省结合部，东南、南、西南分别与安徽省铜陵市、池州市和江西省九江市隔江相望，东北与安徽省合肥市（庐江县）、芜湖市（无为市）接壤，西接湖北省黄冈市，北与安徽省六安市毗邻。

（二）地形地貌

市境东南起自沿江平原，西北延至大别山腹地，中间为起伏的丘陵、岗地，地貌上有明显的阶梯状特征。山地、丘岗、平原的面积比例为4.1∶3.7∶2.2，有“四山二水三分田，一分道路和庄园”之说。深入大别山的天河尖，海拔高度为1771 m（2015年10月岳西国土资源局测量数据），而沿江最低地带海拔高度只有8 m，垂直落差1763 m。安庆市地形地貌如图1所示。

1. 中山

主要分布于岳西、潜山、太湖、宿松境内，均属大别山系，海拔以1000～1600 m为主，少数山峰可达1700 m以上，呈北东向，与区域地质构造线一致，均由片麻岩、片岩、千枚岩、混合花岗岩和花岗岩组成。上升形式以断块抬升为主，一般切割较深，地面分割破碎，山坡都很陡峭，坡度一般为5°～60°。山间还分布着椭圆形、菱形的盆地，如包家河、来榜、河口等。中山顶部保存有大别山区的最高级夷平面，海拔高1200～1400 m。

2. 低山

境内分布最广的一种山地类型，分布于桐城—潜山—太湖深断裂西北侧的多为断块山；怀宁、宿松境内的低山多为侵蚀低山，少部分为溶蚀低山。低山一般海拔高600～800 m，但高度差异性大，在丘陵外围和盆地边缘的低山，高度仅有500 m左右，而临近中山的低山，高度可达1000 m。低山的坡度较中山为小，一般为25°～30°，仅断块型低山坡度可达40°以上。其组成物质多样，有片麻岩、片岩、千枚岩、花岗岩、混合花岗岩、石灰岩、大理岩、砂岩、页岩和红色砂砾岩等。山间镶嵌有大小盆地和谷地，其中比较著名的有岳西、太湖、宿松等盆地，皖水、潜水、大沙河、二郎河等谷地。大别山系的低山都保留着区域性的二级夷平面，其高程因受到不同强度抬升的影响，分化为三个高度，即 500 m 左右、700 m 和 1000 m 左右。低山走向以北东向为主，但山体规模和延伸距离都较中山为小，即切割程度较强。

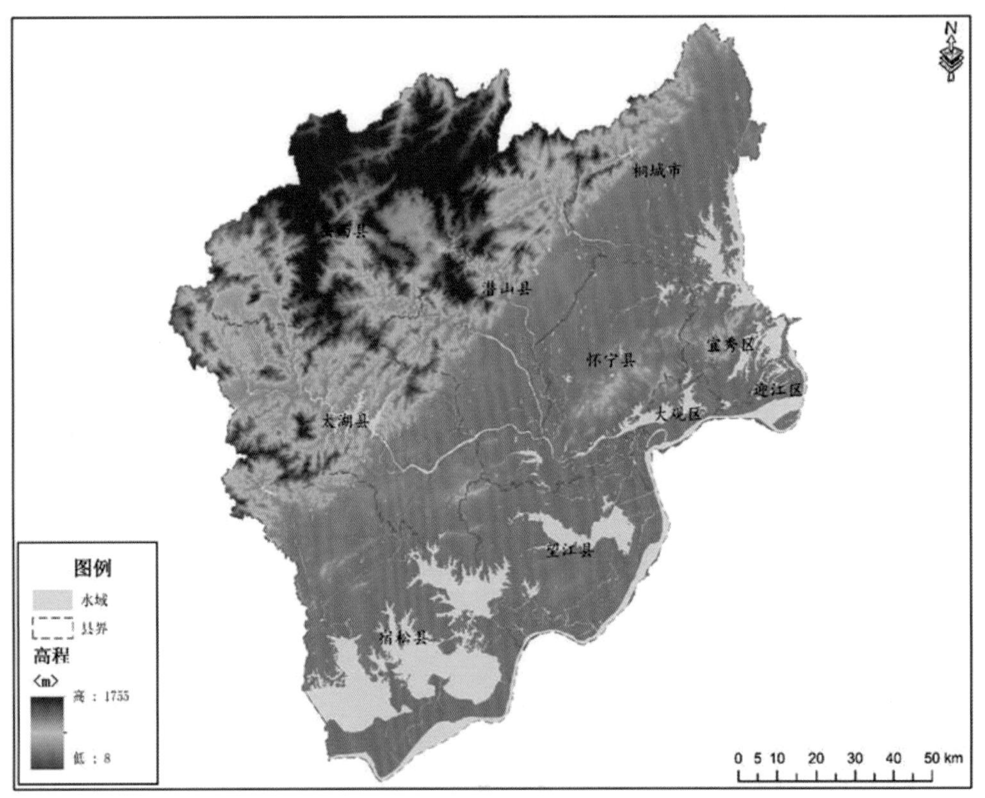

图 1　安庆市地形地貌图

3. 丘陵

境内丘陵的海拔大多在 300～500 m，一亚类起伏较大，相对高度大于 100 m，脉络清晰，延伸较远，北东走向，可称为高丘陵，主要分布在大别山前，桐城—潜山—太湖南北侧，岳西县天堂镇西侧。另一亚类起伏度小，相对高度小于 100 m，切割破碎，走向多变，随河谷流向而变，通常称为低丘陵，主要分布于太湖县花凉亭水库周围，潜山市野寨、余井、牌楼等乡，桐城市童铺、新安、姚榜三角地带，怀宁县七里湖和皖埠水库邻近地区。从丘陵的成因来看，以侵蚀作用和溶蚀作用为主，大多由花岗岩、玄武岩、火山凝灰岩、石灰岩、砂岩、页岩、红色砂砾岩、千枚岩和片岩等组成。丘陵顶部保留着区域性的最低级夷平面，称淮南夷平面。丘陵的坡度都较缓和，一般为 10°～15°，尤其是丘陵的顶部常呈浑圆状，坡度仅有 6°～8°。

4. 台地(岗地)

一种顶部平缓、斜坡较陡，既不像平原那样坦荡，又不像山丘起伏度大，而是呈片状、条状分布的地貌类型。境内台地海拔一般小于 150 m，相对高度为 30～80 m，可分两个亚类：(1)堆积台地，成片分布于宿松、太湖、望江、怀宁等县的沿湖地带。由红色黏土、砾石层和棕黄色粉砂质黏土组成，相对高度为 25～30 m，都向江湖作微微倾斜。台地之间分布有规模不等的沟、谷，大多辟为农田。(2)剥蚀台地，分布于宿松—太湖—潜山—怀宁一线东南侧的山前地带，从西北向东南作微微倾斜，由红色、紫红色砂岩组成，在长期缓慢上升的情况下，经流水剥创作用而形成，故顶部平缓，仅有 4°～6°，斜坡坡度为 15°左右，其海拔高为 100～150 m，近河流、湖泊处海拔高可下降至 30 m 左右，相对高可达 60～80 m。一般山前地带的剥蚀台地，海拔和相对高度都大，可称高台地；而临近河、湖的剥蚀台地，高度较小，称为低台地。剥蚀台地之间宽度小，比降较大，这类台地除分布小片马尾松林外，大部分为荒坡、荒地。

5. 平原

分布于长江沿岸及其支流华阳河、皖河、长河等下游地带，以及龙感湖、大官湖、黄湖、泊湖、武昌湖、破罡湖、菜子湖等湖滨地区，整个平原由河漫滩、湖滩地、沙洲和低阶地组成，海拔都在 50～60 m，相对高度在 10 m 以下，组成物质以冲积沙壤土、亚黏土为主，局部为湖积亚黏土和淤泥。平原面的平均比降为 1/1000～1/12000，从上游向下游或从边缘向湖泊方向倾斜，尤其在大别山前、长江北岸平原，由西北向东南倾斜的现象更为明显，比降可上升为 1/50～1/100，望江、怀宁一带平原宽度可达 8～10 km，长江南岸的平原宽度多在 2～3 km，丘陵、台地直接濒临江岸。

（三）水文水系

安庆地跨长江、淮河两大流域。岳西县境内的多丛山脉以多枝尖为起点，向东北延伸，经界岭、公界尖、黄毛尖、二祖山所组成的山脊线，是大别山东段主分水岭，南为长江流域，北为淮河流域。淮河流域淠河水系有 3 个源头，分别起源于岳西县包家乡、黄尾镇和头陀镇。属长江流域的有皖河、巢湖、菜子湖、华阳河、武昌湖、破罡湖等水系。安庆市水系如图 2 所示。

皖河水系的干流有长河、潜水、皖水，3 条河均发源于安庆市大别山区，在怀宁石牌汇合成皖河，在大观区皖河口汇入长江。巢湖水系有杭埠河，发源于岳西县主簿镇。菜子湖水系的干流有大沙河、挂车河、龙眠河、孔城河，经菜子湖于双河口接枞阳长河经枞阳闸入长江。华阳河水系在安庆市的主要河流有二郎河、凉亭河、华阳河，向南注入龙湖、大官湖、黄湖、泊湖，经杨湾、华阳二闸汇入长江。武昌湖水系原属皖河水系，同马大堤建成后，封闭成独立水系。主要河流有太慈河、茅池河和雅滩河，汇入武昌湖后在武昌湖的东北部和西南部均可通长江。东北部入江通道分为两支，一支沿幸福河经皖河闸入皖河通江，另一支穿漳湖于漳湖闸亦入长江。东北部自郭嘴经宝塔河与华阳河相通归长江。破罡湖水系原属长河水系，安广江堤建成后封闭成独立水系。主要由破罡湖、石塘湖、长枫港、章家菜、菱湖、大湖及其附属河流，在石婆经破罡闸入江。

安庆江段为非感潮江段，断面流速、流量主要受径流和降雨的双重影响，其规律与梅雨峰系的活动完全一致。三峡水库蓄水前，平均年径流量为 9051×10^{11} m^3，实测历年最大流量为 92600 m^3/s(1954 年 8 月 1 日)，历年最小流量为 4620 m^3/s(1979 年 1 月 31 日)，多年平均流量为 28700 m^3/s，年内水量主要集中在汛期，5～10 月径流量占全年总径流量的 70.76%。11 月进入冬季，雨水稀少，为枯水季节，3～4 月雨水增加，水位逐渐上升。

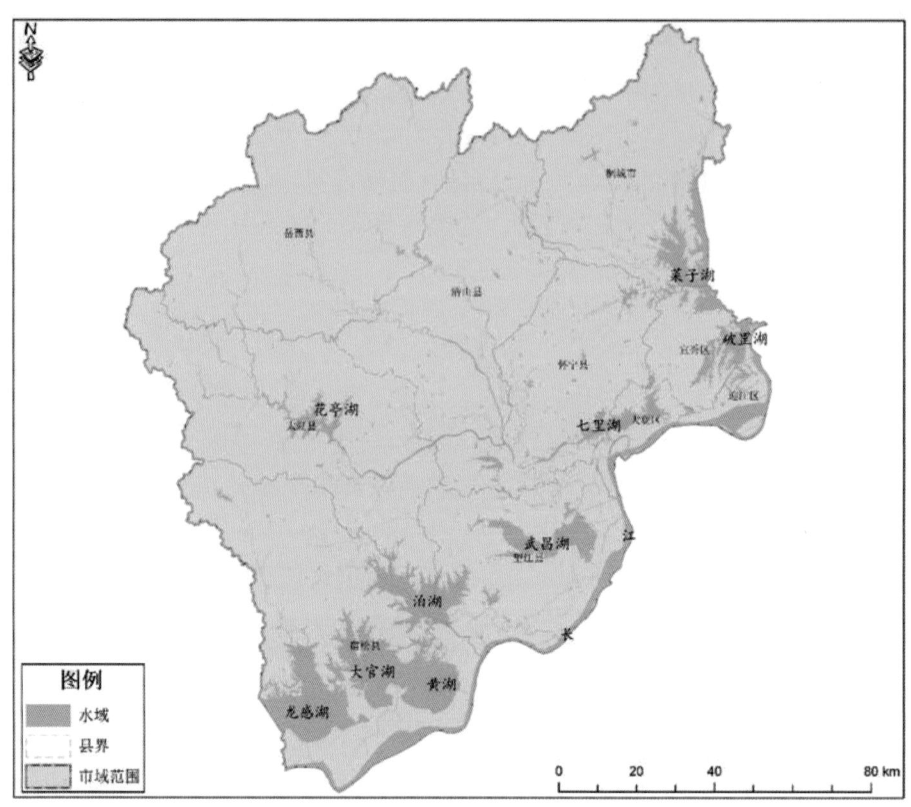

图 2　安庆市水系图

（四）气候

安庆市地处中纬度地带和北亚热带南缘，属于亚热带湿润季风气候，具有季风明显、四季分明、气候温和、雨量适中、无霜期长、梅雨显著等特点，宜人宜居宜农。冬季蒙古高压前部的干冷空气不断南侵，夏季太平洋副热带高压西部西南暖湿气流源源北上，形成典型的季风气候。又由于地处长江河谷，西北面的东北—西南向大别山脉和东南面的东西向皖南山脉隔江夹峙，沿江及支流流域有大片湖泊水体调节气温，形成地方气候特色。

安庆市年平均气温为 14.5～16.7 ℃。大别山区的岳西（海拔 434.2 米）最低温度为 14.5 ℃，沿江各地温度为 16.1～16.7 ℃，市区温度最高，年平均气温随地势的升高而降低，沿江各地与山区温度相差 2.0 ℃以上，市区历年最高年平均气温为 18.8 ℃（1998 年），最低年平均气温为 15.7 ℃（1969 年）。1 月气温最低，7 月最高。1 月平均气温除岳西为 2.2 ℃外，其他各地为 3.2～4.0 ℃，山区与沿江气温相差约 1.8 ℃。7 月除岳西为 26.1 ℃外，其他地区多在 28～29 ℃。

全市平均霜期在 11 月上旬到 11 月中旬，其中岳西因海拔较高，平均初霜出现较其他地区为早，出现在 11 月 4 日。全市平均终霜期出现在 3 月上旬到下旬，岳西结束最迟，出现在 3 月 29 日，望江结束最早，出现在 3 月 8 日。各地平均霜日为 33～59 天，其中岳西最多为 59 天，望江、宿松最少为 33 天。各地无霜期为 216～254 天，其中岳西最少为 216 天，望江最多为 254 天。

全市年平均降水量为1273.5～1495.1 mm，南部大于北部，山区大于沿江。年际降水量变化较大，如市区最多达2294.2 mm(1954年)，最少仅758.8 mm(1978年)，最大值为最小值的3倍。全市地处典型的受梅雨影响地区。每年6月下旬至7月中旬，阴雨持续，雨量集中，风力小，日照少，湿度大，成为最重要的气候特征之一。一般入梅日是6月14日至6月16日，出梅日是7月10日至7月12日，梅雨期平均为24～26天。多年平均梅雨量市区为350.8 mm，占全年降雨量的24.5%，岳西多达369.1 mm。

（五）土壤

据土壤普查统计，全市土壤分属6个土纲、12个土类、28个亚类、94个土属、147个土种，其中以红壤、黄棕壤、粗骨土、潮土、水稻土等5个土类面积最大。土壤分布的一般规律为：山地主要分布棕壤和黄棕壤，在海拔1000 m以上的平缓台地零星分布着山地草甸土、沼泽土。棕壤分布下限为海拔800 m左右，为中山区土壤，其母质为花岗岩和片麻岩残积物。800 m以下多属黄棕壤，其母质多为花岗岩、片麻岩及砂岩残积、坡积物，表层较棕壤薄，并有明显的粗骨性。丘陵岗地主要分布着第四红土层上发育的红壤，其次是下蜀系黄土，点片分布岩成土，如紫色土、石灰(岩)土。江河湖积、冲积平原广泛发育着潮土类。此外除山地土壤外，各种土壤都发育着水稻土。

（六）植被

安庆市处于暖温带落叶阔叶林与亚热带常绿阔叶林自然分布的过渡地带，树种繁多，初步调查显示安庆市分布的维管植物有146科214属1638种，森林覆盖率为39.29%(2020年底)。林地植被可分为2个植被区。

1. 大别山南部植被区

主要分布在岳西、太湖、潜山及宿松北部，地带性植被类型属中亚热带常绿阔叶林，主要常绿阔叶林树种一般多在海拔400～500 m，以青冈栎、苦槠、石栎、甜槠、樟树、紫楠、天竺桂、豹皮樟等为主。人为影响极少的局部地方，可见以苦槠为主的常绿阔叶林，其他地方则是以青冈栎、甜槠、石栎及樟树为主的小块常绿阔叶林。500 m以下的低山丘陵，常见灌木有檵木、柃木、映山红、盐肤木、算盘子、白檀等。该植被区除局部保存的常绿阔叶林外，常绿阔叶与落叶阔叶混交林及落叶阔叶林均有一定分布，常绿阔叶树种有青冈、苦槠、石栎、大叶冬青等，并混生少量的三尖杉、杉木；落叶阔叶树种有栓皮栎、麻栎、枹栎、枫香、翅荚香槐、黄檀、檫木、香果树等。此外，马尾松人工林占相当大的比重，杉木林次之，高海拔地区分布有黄山松、大别山五针松，800 m以下山地有毛竹分布。

2. 沿江湖泊植被区

地带性植被类型为常绿阔叶林，由于人为破坏严重，成片已不多见。常绿阔叶树种有青冈栎、苦槠、石栎、绵槠、樟树等，呈零星分布。低山丘陵下部主要是马尾松人工林、杉木，山坡、谷地有毛竹分布，因该植被区属水网地区，在沿江湖泊滩地建群树种还有枫杨、苦楝、乌桕、臭椿、香椿、桑树、杨树、旱柳，河浸滩和江中沙洲人工栽植有成片旱柳、池杉、水杉等。

水生植被遍布境内大小水域，以沿江的湖泊、池塘最盛。由于这些湖泊多属中型浅水湖泊，湖底以淤泥质为主，厚达 1 m 以上，含丰富的有机质。因湖岸弯曲，四周遍布农田村舍，无数通湖小河带入大量营养物质，有利于水生植被繁育。沉水植被群落，主要分布在湖泊内缘至湖心水深的地带，常见有马来眼子菜群落、聚草群落、黑藻和苦草群落、菹草和苦草群落等；浮水植被群落主要分布在近湖缘浅水处，常见有荇菜和水鳖群落、紫萍和浮萍群落、细果野菱群落等；挺水植被群落主要分布在湖泊沿岸浅水处，常见有莲群落、菰群落、水烛群落等。

人工植被包括作物植被、经济林和果木林等。作物植被的类型有：以棉花、小麦一年两熟为主，油菜或蚕豆一年两熟占一定比重，主要分布在长江以北及其支流两岸的洲圩地区，包括宿松、望江等地；以单季稻一年一熟为主，中稻小麦（或油菜）一年两熟占一定比重，主要分布在潜山、太湖、宿松和岳西等地的山区；以双季稻、绿肥一年两熟为主，部分双季稻，油菜一年三熟，主要分布在桐城、怀宁、太湖、宿松、望江、潜山部分地区，经济林有油茶、油桐、板栗、茶树、桑树、乌桕、漆树、香榧等，在岳西、潜山、太湖、宿松等地都有分布。

植被的垂直分布随着地形逐渐升高，气温、降水量、无霜期、大气温度、风力和土壤都相应发生变化，因此海拔较高的山体，从山麓到山顶，可以明显地看到植物种类在不断变化，植被类型也在相应发生变化，形成一定的垂直带谱。潜山境内的天柱山山峰海拔高 1489.8 m，植被类型的垂直带谱具有代表性，现列举如下：

海拔 400～500 m，南坡为常绿阔叶林带，但由于人为影响严重，有代表性的常绿阔叶林已不存在，常绿乔木树种多呈灌木状存在，如苦槠、青冈、小叶青冈、石栎、旱柳、枫杨、刺槐等；常绿灌木有檵木、乌饭树等。还有人工营造的杉木和竹林。

海拔 500～850 m 为针阔混交林带，有代表性的林带因屡经人为砍伐，已很难见到，代之以马尾松、杉木、三尖杉、金钱松及一些灌丛，落叶阔叶树种主要有麻栎、栓皮栎、枹栎、枫香、山合欢、檫木、黄檀、板栗、漆树等；常绿阔叶林树种主要有青冈、石栎、苦槠、甜槠、青栲、石楠、大叶冬青、油茶及茶叶等，还有毛竹林。

海拔 850～1100 m 为落叶阔叶林。北坡以落叶阔叶林为主，组成树种较多，优势不明显，主要有黄山松、栓皮栎、椴、翅荚香槐、化香、亮叶桦、灯台树、野漆树、金缕梅等。灌木有中国绣球、山橿、山胡椒、野鸦椿等。南坡由于受人为影响，已变成黄山松林和小块人工杉木林。落叶阔叶树种仅见于沟谷地带。

海拔 1100 m 以上为山地短林带，其种类以水榆花楸、都支杜鹃，黄山松为主，其次为具柄冬青、川榛、三桠乌药、蜡瓣花等；草本植物有落新妇、金线草等。

此外，海拔 1200 m 以上，局部平缓土壤较深厚处，出现山顶草甸，但面积不大，以知风草、芒、野古草占优势。在天柱峰、天河尖、驮尖、多枝尖等山顶岩石裸露的陡坡岩缝中，有以小叶黄杨、黄山杜鹃或都支杜鹃为主的常绿灌丛。

二、安庆市野生动物物种组成与变化①

（一）物种组成

两栖爬行类分类系统参考《中国两栖、爬行动物更新名录》（王剀等，2020）的修订，鸟类

① 本书所指野生动物仅包括两栖类、爬行类、鸟类和哺乳类野生动物。

分类系统参考《中国鸟类分类与分布名录》(第 3 版)(郑光美,2017),兽类分类系统参考《中国兽类名录》(2021 年版)(魏辅文等,2021)。根据以上分类系统,安庆市共有野生动物 29 目 116 科 440 种。其中两栖类 2 目 9 科 22 种,爬行类 2 目 16 科 44 种,鸟类 19 目 68 科 314 种,哺乳类 6 目 23 科 60 种(表 1)。

表 1 安庆市野生动物各类群物种组成

类群	目	科	种
两栖类	2	9	22
爬行类	2	16	44
鸟类	19	68	314
哺乳类	6	23	60
合计	29	116	440

(二) 新分布物种

近些年来,随着调查和研究的深入,不断有新种、新记录被发现。涉及安庆市的野生动物分布变化情况共涉及 8 个新种,10 个安徽省新记录种,9 个安庆市新记录物种(表 2)。

近些年发现的新种分别为安徽疣螈(*Tylototriton anhuiensis*)、大别山林蛙(*Rana dabieshanensis*)、安徽树蛙(*Zhangixalus zhoukaiyae*)、叶氏隆肛蛙(*Quasipaa yei*)、大别山原矛头蝮(*Protobothrops dabieshanensis*)、刘氏白环蛇(*Lycodon liuchengchaoi*)、大别山鼩鼹(*Uropsilus dabieshanensis*)和大别山缺齿鼩(*Chodsigoa dabieshanensis*)。

(三) 近 20 年无分布记录的物种

与历史资料记录的野生动物分布情况相比,有 9 种野生动物已超 20 年未在安庆市记录有野生分布(表 3)。这些物种均为哺乳动物,涉及国家一级保护物种 3 种,国家二级保护动物 5 种。其中,豹于 20 世纪 60 年代以后在野外不再有目击记录,其余物种最后的野外目击记录均发生在 20 世纪 90 年代。

(四) 外来物种入侵

近些年来,在安庆市记录的外来入侵陆生野生动物共有 2 种,均为爬行类龟鳖目物种,分别为巴西龟(*Trachemys scripta*)和佛罗里达鳖(*Apalone ferox*)。其中,巴西龟已经在安庆市河流广泛分布,佛罗里达鳖于 2008 年首次在岳西河图的溪流被发现,其他河流偶有记录。巴西龟和佛罗里达鳖的主要入侵原因可能与人为放生有关。

目前,巴西龟已有稳定的野外种群,佛罗里达鳖是否有野外繁殖尚无明确结论。

表 2　安庆市新记录的野生动物

序号	目	科	中文名	拉丁名	新分布类型	资料来源
1	有尾目 Caudata	蝾螈科 Salamandridae	安徽疣螈	*Tylototriton anhuiensis*	新种	Qian 等，2017
2	无尾目 Anural	蛙科 Ranidae	大别山林蛙	*Rana dabieshanensis*	新种	Wang 等，2017
3		树蛙科 Rhacophoridae	安徽树蛙	*Zhangixalus zhoukaiyae*	新种	Pan 等，2017
4		叉舌蛙科 Dicroglossidae	叶氏隆肛蛙	*Quasipaa yei*	新种	Chen 等，2002
5	龟鳖目 Chelonia	平胸龟科 Platysternidae	平胸龟	*Platysternon megacephalum*	地区新记录	潘涛等，2013
6	有鳞目 Squamata	石龙子科 Scincidae	股鳞蜓蜥	*Sphenomorphus incognitus*	安徽新记录	编写组调查
7		闪皮蛇科 Xenodermatidae	黑脊蛇	*Achalinus spinalis*	地区新记录	编写组调查
8		钝头蛇科 Pareas	平鳞钝头蛇	*Pareas boulengeri*	地区新记录	潘涛等，2014
9		蝰科 Viperidae	大别山原矛头蝮	*Protobothrops dabieshanensis*	新种	Huang 等，2012
10			原矛头蝮	*Protobothrops mucrosquamatus*	地区新记录	编写组调查
11		眼镜蛇科 Elapidae	银环蛇	*Bungarus multicinctus*	地区新记录	安庆市林业局救助
12		斜鳞蛇科 Pseudoxenodontidae	大眼斜鳞蛇	*Pseudoxenodon macrops*	安徽新记录	编写组调查
13		游蛇科 Colubridae	刘氏白环蛇	*Lycodon liuchengchaoi*	新种	Zhang 等，2011
14			福建颈斑蛇	*Plagiopholis styani*	地区新记录	潘涛等，2014
15		水游蛇科 Natricidae	棕黑腹链蛇	*Hebius sauteri*	地区新记录	潘涛等，2014

续表

序号	目	科	中文名	拉丁名	新分布类型	资料来源
16	雁形目 Anseriformes	鸭科 Anatidae	鹊鸭	*Bucephala clangula*	安徽新记录	编写组调查
17	鸻形目 Charadriiformes	鹮嘴鹬科 Ibidorhynchidae	鹮嘴鹬	*Ibidorhyncha struthersii*	安徽新记录	安徽大学调查
18	潜鸟目 Gaviiformes	潜鸟科 Gaviidae	红喉潜鸟	*Gavia stellata*	安徽新记录	岳西县林业局救助
19	鹰形目 Accipitriformes	鹰科 Accipitridae	乌雕	*Clanga clanga*	地区新记录	编写组调查
20	鸮形目 Strigiformes	鸱鸮科 Strigidae	北领角鸮	*Otus semitorques ussuriensis*	安徽新记录	编写组调查
21	雀形目 Passeriformes	山椒鸟科 Campephagidae	灰喉山椒鸟	*Pericrocotus solaris*	地区新记录	编写组调查
22		鳞胸鹪鹛科 Pnoepygidae	小鳞胸鹪鹛	*Pnoepyga pusilla*	安徽新记录	编写组调查
23		鹟科 Muscicapidae	白喉林鹟	*Cyornis brunneatus*	安徽新记录	中国科学技术大学调查
24		花蜜鸟科 Nectariniidae	叉尾太阳鸟	*Faethopyga christinae*	安徽新记录	编写组调查
25		铁爪鹀科 Calcariidae	铁爪鹀	*Calcarius lapponicus*	安徽新记录	编写组调查
26	劳亚食虫目 Eulipotyphla	鼹科 Talpidae	大别山鼩鼹	*Uropsilus dabieshanensis*	新种	Hu 等，2021
27		鼩鼱科 Soricidae	大别山缺齿鼩	*Chodsigoa dabieshanensis*	新种	Chen 等，2022

表 3　安庆市近 20 年未见分布的野生动物

序号	科	中文名	拉丁名	保护级别	最近记录时间
1	犬科 Canidae	狼	*Canis lupus*	国家二级	20 世纪 90 年代
2		赤狐	*Vulpes vulpes*	国家二级	20 世纪 90 年代
3		豺	*Cuon alpinus*	国家一级	20 世纪 90 年代
4	鼬科 Mustelidae	水獭	*Lutra lutra*	国家二级	20 世纪 90 年代
5	獴科 Herpestidae	食蟹獴	*Herpestes urva*		20 世纪 90 年代
6	猫科 Felidae	豹猫	*Prionailurus bengalensis*	国家二级	20 世纪 90 年代
7		豹	*Panthera pardus*	国家一级	20 世纪 60 年代
8	鹿科 Cervidae	獐	*Hydropotes inermis*	国家二级	20 世纪 90 年代
9	白鱀豚科 Lipotidae	白鱀豚	*Lipotes vexillifer*	国家一级	20 世纪 90 年代

三、安庆市野生动物地理分布

（一）地理分区

根据《安徽动物地理区划》（王岐山，1986）的分法，安庆市涉及大别山区和沿江平原区 2 个地理单元（图 3）。

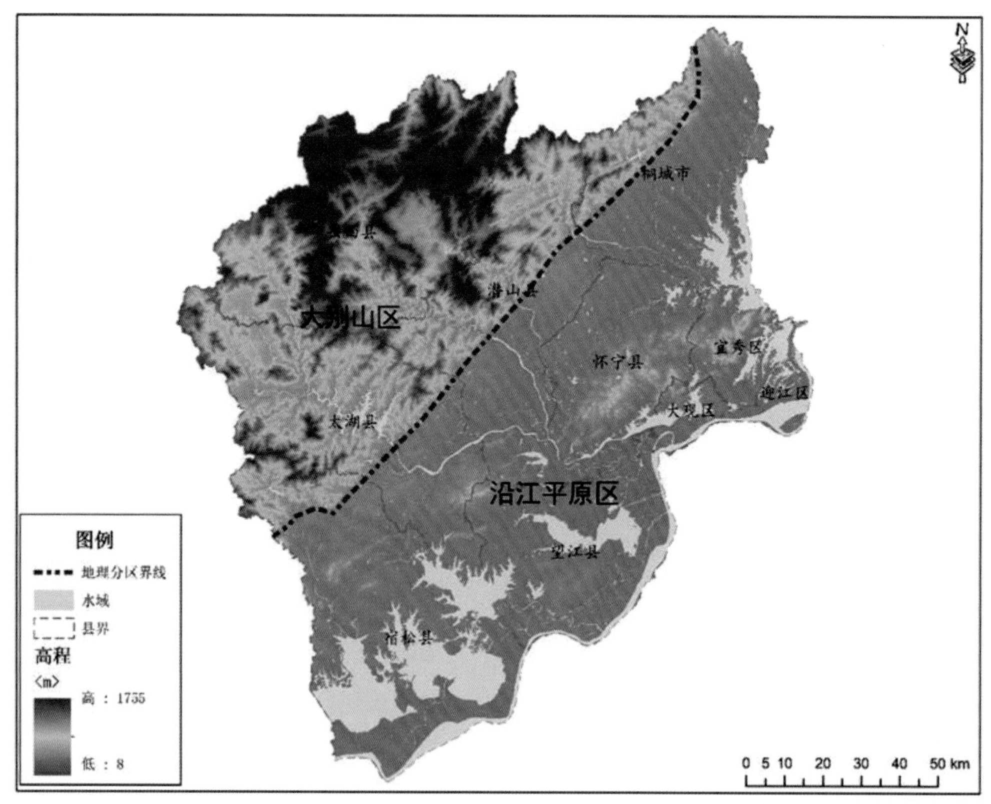

图 3　安庆野生动物地理分区图

大别山区位于安庆市北部，西与湖北交界，北与霍山以主峰区分隔，安庆境内的大别山均属南坡。岳西及潜山北部海拔较高，集中了安庆市大部分千米以上高峰，岳西北部的大别山区更是集中分布有数十个 1700 m 以上的高峰，是大别山中山的集中分布区。桐城北部、潜山南部、太湖及宿松北部为大别山南麓，海拔多为 200～800 m，少数山峰海拔能达到 1000 m 左右，是低山地貌的集中分布区。本区地处北亚热带湿润区和暖温带半湿润区过渡地带，气候温凉，雨水充沛。

沿江平原区位于安庆市南部，即长江北岸至大别山南缘之间的区域。该区域拥有全国最集中的大型浅水淡水湖泊群，代表性湖泊有菜子湖、破罡湖、七里湖、武昌湖、泊湖、黄湖、大官湖、龙感湖等。在湖泊平原之间，还分布有大龙山、大雄山、藻青山、香茗山等低山丘陵。总体而言，沿江平原区表现出河湖水网密布、圩田岗地交错的特征。

大别山区共记录野生动物 29 目 98 科 323 种，占全市总物种数的 73.41%。其中，两栖类 2 目 9 科 22 种，爬行类 2 目 15 科 42 种，鸟类 19 目 54 科 203 种，哺乳类 6 目 20 科 56 种，两栖类、爬行类、鸟类和哺乳类分别占全市总物种数的 100%、95.45%、64.65%和 93.33%。大别山区是安庆市水鸟以外其他物种的集中分布区，是安庆市生态系统保存较为完整，生境最为原始的区域，为依赖于森林生态系统分布的野生动物提供了宝贵栖息地。安徽疣螈、大别山林蛙、大别山原矛头蝮、安徽麝均为该区域地方特有种。安庆市各分类单元物种组成见表 4。

表 4　安庆市各分类单元物种组成

分类单元	两栖类		爬行类		鸟类		哺乳类		合计	
	大别山区	沿江平原	大别山区	沿江平原	大别山区	沿江平原	大别山区	沿江平原	大别山区	沿江平原
目	2	1	2	2	19	18	6	6	29	27
科	9	4	15	11	54	58	20	19	98	92
种	22	9	42	19	203	274	56	23	323	325

沿江平原区共记录野生动物 27 目 93 科 325 种，占全市总物种数的 73.86%。其中，两栖类 1 目 5 科 10 种，爬行类 2 目 11 科 19 种，鸟类 18 目 58 科 274 种，哺乳类 6 目 19 科 23 种，两栖类、爬行类、鸟类和哺乳类分别占全市总物种数的 45.45%、43.18%、87.26%和 38.33%。以水鸟为代表的湿地动物是该区域优势动物类群，两栖类、爬行类及兽类所占比重相对较低。白头鹤、白鹤、黑鹳、东方白鹳是该区域保护价值最高的旗舰种，豆雁、白额雁是数量最多的鸟类。

（二）分布型组成

参考《中国动物地理》（张荣祖，2011）的划分，安庆有繁殖的 289 种陆生野生动物可以被划分为 13 种分布型，其中东洋型最多，占 39.10%，南中国型次之，占 25.26%，古北型居第 3 位，占 9.00%。

一般认为，我国动物分布的南北分界线位于秦岭淮河一线。然而，在秦岭以东的地区，由于没有巨大的高山阻隔，第四纪以后伴随冰期和间冰期的交替出现，南北气候在该区域形成了一个宽阔的动物分布的过渡带。这个过渡带向南可达长江流域，向北可达淮河以北。安庆市恰好位于该过渡带内，使得安庆市的动物地理表现出鲜明的南北过渡特征。从野生动物分布型组成来看,南方类群居多,有193种,占66.78%,北方类群有71种,占24.57%,另有25种不易归类的分布类群。北方类群包括两栖类5种、爬行类6种、鸟类44种、兽类16种,代表性物种如中国林蛙、北草蜥、红纹滞卵蛇、短尾蝮、金雕、喜鹊、大仓鼠等。南方类群包括两栖类17种、爬行类38种、鸟类98种、兽类40种。以南中国型和东洋型为主,代表性物种如东方蝾螈、虎纹蛙、中国石龙子、宁波滑蜥、银环蛇、舟山眼镜蛇、灰胸竹鸡、白腹隼雕、黄腹山雀、中华山蝠、亚洲长翼蝠、果子狸、鼬獾、小麂等。安庆市陆生野生动物分布型组成见表5。

表5　安庆市野生动物分布型组成

序号		分布型	两栖类	爬行类	鸟类	兽类	合计	占比
1	北方类群(71种,占24.57%)	全北型	0	0	6	2	8	2.77%
2		古北型	0	0	18	8	26	9.00%
3		东北型(包括我国东北地区或附近地区)	0	0	11	0	11	3.81%
4		东北型(以东部为主)	0	0	1	1	2	0.69%
5		东北-华北型	1	0	3	2	6	2.08%
6	南方类群(192种,占66.78%)	季风区型(以东部湿润地区为主)	4	6	4	3	17	5.88%
9		喜马拉雅-横断山区型	0	0	1		1	0.35%
10		南中国型	10	30	19	14	73	25.26%
11		东洋型(包括少数旧热带型或环球热带-温带)	5	8	79	21	113	39.10%
12		局地型	2	0	0	5	7	2.42%
13	不易归类的分布		0	0	21	4	25	8.65%

注:仅统计在安庆市有繁殖的鸟类,即夏候鸟、留鸟及近些年在野外观察到的在安庆市有繁殖的冬候鸟或旅鸟。

(三)鸟类迁徙与越冬

前述野生动物分布型的划分,是基于繁殖类群的划分,不能全面表达迁徙和越冬鸟类的分布情况。基于前人的研究结果,我国候鸟的迁徙大概有3个迁徙区和3条不同的路线,安庆市位于东部候鸟迁徙区。在该迁徙区内,主要是西伯利亚及我国东北、华北东部繁殖的候鸟,沿海岸向南迁,飞至华中或华南,甚至飞到东南亚国家,或由海岸直接飞到日本、马来西亚、菲律宾及澳大利亚等地越冬。

安庆市分布的鸟类中,有60种旅鸟。水鸟中,鸻鹬类是主体,每年最早8月下旬就开始进入安徽省,至9～10月结束,次年3～5月再次经过安庆市。安庆沿江湿地是这些迁徙水鸟的主要停歇地。代表性物种如丘鹬、针尾沙锥、大沙锥等。近些年,在菜子湖、破罡湖等地也发现有红颈滨鹬、长趾滨鹬、流苏鹬等的集群。迁徙水鸟中,灰鹤和白枕鹤也是安庆市的常客,多在10月经过安庆市,菜子湖、华阳河湖群是鹤类的主要经停地。值得一提的是,大别山区也经常有旅鸟因气流等原因短期停歇,如2018年和2020年在大别山区岳西县境内有白枕鹤救助记录。迁徙的林鸟以柳莺科、鹟科、鹀科为主,经过安庆市的时间约为每年3

月下旬至5月上旬和9月中旬至10月中旬，代表物种有淡脚柳莺、冕柳莺、极北柳莺、蓝喉歌鸲、乌鹟、北灰鹟、白腹蓝翁、白眉鸫、乌灰鸫、橙头地鸫等。迁徙经过安庆市的猛禽主要有鹗、灰脸鵟鹰、红脚隼等。由于针对性研究工作非常有限，关于迁徙鸟类的具体路线、经停情况还存在诸多疑点。如每年10月下旬在安庆市大观区的市郊均能见到数十只集群的红脚隼经停，但次年春季则鲜有安庆市内红脚隼经停的记录。2020年4月，1只雄性红脚隼在安庆机场撞击一架民航客机后死亡，这使我们相信，红脚隼在返回北方时，也会经过安庆市。此外，近些年来，也有迁徙鸟在安庆市繁殖的记录，如2020年8月，在鹞落坪拍摄到1只乌鹟亚成体，由此推测乌鹟可能在安庆市有繁殖。

安庆市的沿江湖泊群每年为数十万只水鸟提供越冬地，冬候鸟是安庆市野生动物的重要组成部分。这些越冬的水鸟以雁鸭类为主，以豆雁、白额雁数量最多。越冬的鸻鹬类水鸟中，以黑腹滨鹬数量最多。安庆市越冬水鸟中，不乏珍稀濒危鸟类及保护鸟类，一级保护的有青头潜鸭、白头鹤、白鹤、黑鹳、东方白鹳、中华秋沙鸭等，二级保护的有鸿雁、小白额雁、白额雁、小天鹅、鸳鸯、白琵鹭等。安庆市还为一大批猛禽提供越冬场地，较常见的有游隼、白腹鹞、白尾鹞、鹊鹞、雀鹰、普通鵟、长耳鸮、短耳鸮等，沿江湿地也是这些猛禽的重要越冬场所。除雀鹰、普通鵟外，其他猛禽几乎只在沿江湿地或周边地区分布。安庆市丘陵地区冬候鸟以鹀类数量最多，代表性物种包括小鹀、田鹀、黄喉鹀、黄眉鹀、苇鹀、栗耳鹀，其他丘陵地区常见的冬候鸟有水鹨、黄腹鹨、斑鸫、灰背鸫、白腹鸫、燕雀等。山地越冬鸟类以雀形目鸟类为主，常见的有燕雀、黄雀、牛头伯劳、小嘴乌鸦、黄腰柳莺、灰背鸫、红胁蓝尾鸲、树鹨等。

除此之外，安庆市也记录过一些不明原因而出现的鸟类，统称迷鸟。这些鸟类包括斑头雁、雪雁、黑雁、沙丘鹤、红喉潜鸟等。斑头雁于2015年在菜子湖记录过1次3只，黑雁于2017年1月在菜子湖记录过1次1只，沙丘鹤于2015年12月在菜子湖记录过1次1只，红喉潜鸟于2019年7月在岳西记录过1次1只，雪雁几乎每年都在菜子湖记录1只。

四、安庆市野生动物保护

安庆市分布的野生动物中，共包括国家一级重点保护动物21种，国家二级重点保护动物67种，“有重要生态、科学、社会价值的陆生野生动物”（简称“三有”）动物277种，省一级保护动物22种，省二级保护动物46种，IUCN极危（CR）级别物种8种，濒危（EN）级别物种19种，易危（VU）级别物种23种，近危（NT）级别物种51种。

表6 安庆市珍稀濒危及保护动物分布情况

类群	国家级保护			省级保护		IUCN受胁			
	一级	二级	三有	一级	二级	极危（CR）	濒危（EN）	易危（VU）	近危（NT）
两栖类	0	4	14	0	3	1	1	2	2
爬行类	0	3	42	0	5	2	5	7	2
鸟类	15	54	205	21	33	2	10	10	34
兽类	6	6	16	1	5	3	3	4	13
合计	21	67	277	22	46	8	19	23	51

除此之外，还包括 8 种依赖大别山生存的地方特有种，分别为商城肥鲵（*Pachyhynobius shangchengensis*）、安徽疣螈（*Tylototriton anhuiensis*）、叶氏隆肛蛙（*Quasipaa yei*）、大别山林蛙（*Rana dabieshanensis*）、大别山原矛头蝮（*Protobothrops dabieshanensis*）、大别山鼩鼹（*Uropsilus dabieshanensis*）、大别山缺齿鼩（*Chodsigoa dabieshanensis*）和安徽麝（*Moschus anhuiensis*）。

野生动物依赖其栖息地而生存，并通过食物链及生物之间的相互作用与其他物种发生连锁反应，因此，野生动物的保护是一个系统工程，首要的是对野生动物栖息地的保护。安庆市野生动物保护工作有 2 个重要区域：一是沿江平原分布的众多大型湖泊及其附属河流湿地生态系统；二是大别山区森林生态系统。

安庆沿江湿地自古以来就是湿地动物的固有家园。安庆沿江湿地在古代隶属于彭蠡泽的一部分，东晋以后，随着荆江大堤的修建，长江九江段江道趋于稳定，彭蠡泽被分为南北两部分，南部形成了今天的鄱阳湖，北部形成了古雷池。随着千余年围湖造田等人为对生境的改造，逐渐形成了今天安庆沿江平原的景观。如今的安庆沿江地区，因农业生产和防洪修建的各种水闸和堤坝将湖泊河流与长江干流几乎完全隔断，湖泊水位完全受人类支配，曾经浩瀚无边的湖泊沼泽被大面积围垦，野生动物栖息数量锐减。因此，要想在安庆沿江湿地开展全面的野生动物保护工作，必须树立江湖一体的理念，逐步实现退田还湿，在不危及居民生命财产安全的前提下，尽可能实现水位的自然变化。

大别山区承接秦岭伏牛山脉，是我国动物分布的南北过渡带。有别于植物，动物的迁徙能力较强，地接南北的大别山，在野生动物分布的过程中，扮演着极其重要的角色。安庆市是舟山眼镜蛇、银环蛇、中国竹鼠分布的北界，也是金雕、大仓鼠、蒙古兔等分布的最南缘。因此，对大别山动物多样性的保护在全国野生动物保护工作中，有着承南启北的关键作用。在 20 世纪 60 年代以后，大规模的人为砍伐，使得大别山原生林被破坏殆尽，梅花鹿、金钱豹等珍稀物种不再在此分布，狼、豺、赤狐、豹猫等在大别山已多年未见野外分布，森林生态系统的破坏对野生动物栖息造成的毁灭性影响令人始料不及。进入 21 世纪以后，大别山区先后修建了大小数十条公路，密集的公路网将大别山区野生动物栖息地切割成小的斑块而不利于不同栖息地之间动物的基因交流，对野生动物栖息地造成进一步损害。因此，大别山区的野生动物保护工作应集中在森林生态系统保护和动物迁徙通道的恢复上。一方面，需要在重点区域加强保护地建设工作，促进这些区域地带性植被的恢复；另一方面，沿着大别山南坡山体走向，新建或优化保护地边界，将动物迁徙通道连贯起来进行系统保护，已经因公路、铁路修建而造成生境隔离的区域还应修建动物迁徙廊道。

近年来，安庆致力于野生动物保护工作，尤其是加强野生动物栖息地的保护工作，截至 2020 年底，安庆已建立 3 个森林生态类型自然保护区、2 个湿地类型自然保护区、5 个国家湿地公园等保护地，加强珍稀野生动物就地保护，使安庆最具有代表性的森林生态系统、湿地生态系统及国家濒危珍稀动物得到有效保护。尤其在湿地保护方面，安庆湿地保护面积达 1056 平方千米，全市湿地保护率达 62.55%。从整体来看，无论是大别山区的人工湿地，还是沿江平原的自然湿地，无论是河流、湖泊湿地，还是库塘，沼泽湿地都建立了完备的保护体系。在野生动物救护方面，安庆已建立 1 个省级救护站、3 个县级救护站。

两栖纲 Amphibia

有尾目 Caudata

小鲵科 Hynobiidae

商城肥鲵 *Pachyhynobius shangchengensis*

形态特征 体长 15～18.4 cm，体型肥壮。头部扁平，头长大于头宽，吻钝圆。体背正中有 1 条纵沟，末端与尾背鳍褶相接；体侧各有肋沟 13 条，唇褶较弱，颈褶明显。皮肤光滑。尾长短于头体长，尾部侧扁，尾基厚呈方形，末端钝圆；尾鳍褶发达，尾背鳍褶约起于尾的前 1/3 部位。四肢短弱，指 4，趾 5，末端无角质鞘，雄性黄色，幼体黑色。体背面深褐色，体侧色稍浅，腹面灰褐色或灰白色。

生态习性 栖息于海拔 380～1100 m 底部多为沙石的山区流溪内，对水质要求较高。主要以水生昆虫及其幼虫、虾、小鱼和其他小动物为食。成鲵受惊后迅速钻入石下或石缝中。

物种分布 大别山区海拔 380 m 以上溪流中广泛分布，最南可分布至潜山天柱山。

保护级别 国家“三有”保护物种；IUCN 红色名录易危(VU)级别。

赵凯/摄　幼体

赵凯/摄　成体

赵凯/摄　成体

隐鳃鲵科 Cryptobranchidae

中国大鲵 *Andrias davidianus*

形态特征 体大，全长一般 100 cm 左右。体扁，头宽扁，躯干扁平而粗壮，尾侧扁。头长略大于头宽，吻端圆。眼小，位于头的背面，无眼睑。尾约为头体长的一半，尾背鳍褶高而厚，尾梢末端具明显的腹鳍褶。四肢粗短，指 4，趾 5，第 4 指及第 3、4、5 趾外侧有缘膜。皮肤较光滑，头部散布疣粒，体侧皮肤褶明显，褶的上下方有较大的疣粒排成 2 纵行。生活时，体色变异较大，一般以棕褐色为主，其变异颜色有暗黑、红棕、褐色、浅褐、黄土、灰褐和浅棕等，背腹面有不规则的黑色或深褐色的各种斑纹，也有斑纹不明显的。

生态习性 栖息于水流较缓的溪流内，对水质要求较高。捕食螺类、昆虫、蚯蚓、蝌蚪、虾、卵、鱼等。

物种分布 历史上大别山区广泛分布，岳西境内分布尤为广泛。如今野外种群已濒临灭绝，在鹞落坪等地开展种群回归工作后，野生种群有所恢复。

保护级别 国家二级重点保护物种；IUCN 红色名录极危(CR)级别；CITES(《濒危野生动植物种国际公约》)附录Ⅰ收录。

赵凯/摄　成体

赵凯/摄　幼体

赵凯/摄　成体

蝾螈科 Salamandridae

安徽疣螈 *Tylototriton anhuiensis*

形态特征 体长 10～16.5 cm。头部扁平，头顶略凹，头长大于头宽。枕部有“V”形棱脊。吻端平截，眼大而突出。皮肤极其粗糙，周身布满疣粒和瘰粒，仅唇缘、四肢末端和尾腹缘皮肤较为光滑。体侧瘰粒较大，紧密排列，在肩部和尾基部间形成两条纵列。腹面的疣粒较为扁平。通体黑色或黑褐色，腹部颜色略浅，仅趾指末端、泄殖腔皮肤和尾下缘皮肤为橘红色。

生态习性 栖息于海拔 1000～1200 m 的山地森林山区，常见于竹林或者干枯的枝条和叶子下。白天基本不活动，晚上出来觅食，暴雨前较活跃，常以昆虫的幼虫为食，也吃蜘蛛和其他昆虫。

物种分布 目前仅在大别山区鹞落坪见野生分布，被发现的野生种群数量不到 10 只，种质资源极度稀缺。

保护级别 国家二级重点保护物种；CITES 附录Ⅱ收录。

赵凯/摄　侧面

赵凯/摄　泄殖腔及尾部

赵凯/摄　背面

东方蝾螈 *Cynops orientalis*

形态特征 体长不超过 10 cm。头扁平，躯干浑圆，尾部侧扁；头顶平坦，头长明显大于头宽，吻端钝圆。皮肤较光滑，体背面黑色显蜡样光泽，一般无斑纹。腹面橘红色或朱红色，其上有黑斑点。体背面满布痣粒及细沟纹，体侧及腹面具横细沟纹，在浅色区可透视黄色小腺体。颈侧耳后腺明显。

生态习性 栖息于海拔 30～1000 m 的山区中有水草的静水塘和稻田附近，以蚊蝇幼虫、蚯蚓及其他水生小动物为食。

物种分布 分布于大别山区各县海拔较低的平地，海拔一般不超过 800 m，农田村庄附近常见，低海拔地区更为常见。

保护级别 国家“三有”保护物种；IUCN 红色名录近危(NT)级别。

赵凯/摄　背面

赵凯/摄　侧面

赵凯/摄　腹部

无尾目 Anura

蟾蜍科 Bufonidae

中华蟾蜍 *Bufo gargarizans*

形态特征 体长 6～12 cm。皮肤很粗糙，背面布满大小不等的圆形瘰疣，眼后方有圆形鼓膜，头顶部两侧有大而长的耳后腺 1 个，躯体粗而宽。四肢粗壮，第 4 趾具半蹼。体背面颜色有变异，多为橄榄黄色或灰棕色，有不规则深色斑纹，背脊有 1 条蓝灰色宽纵纹，其两侧有深棕黑色纹。腹面灰黄色或浅黄色，有深褐色云斑，咽喉部斑纹少或无，后腹部有 1 个大黑斑。

生态习性 栖息于河边、草丛、砖石孔等阴暗潮湿的地方。主要捕食各种昆虫。

物种分布 安庆市各地广布，常见。

保护级别 国家“三有”保护物种；安徽省二级重点保护物种。

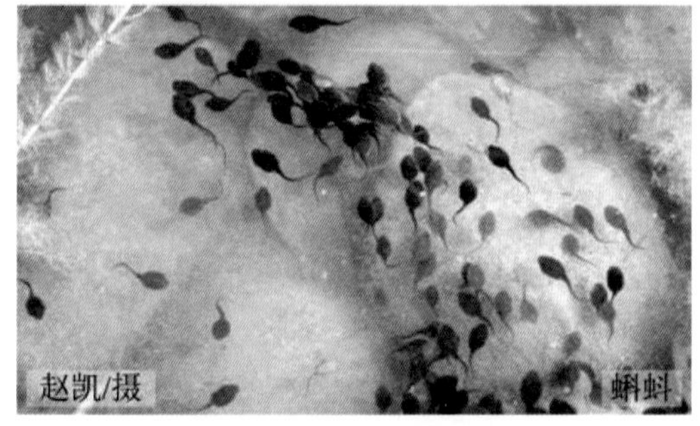

赵凯/摄　蝌蚪

赵凯/摄　成体

雨蛙科 Hylidae

无斑雨蛙 *Hyla immaculata*

形态特征 体长 3～4 cm。头宽大于头长。吻圆而高，吻棱明显，颊部略向外侧倾斜，鼻孔近吻端。指、趾端具吸盘，吸盘有边缘沟，第 3 指吸盘最大，但小于鼓膜。指短，有缘膜，基部有小而显著的蹼迹；关节下瘤小。背部光滑，纯绿色。腹面白色，腹面及腹股沟面密布颗粒状疣。

魏世超/摄　成体

生态习性 栖息于海拔 200～1200 m 的山区稻田及农作物秆上、田埂边、灌木枝叶上。捕食多种昆虫、蚁类等。

物种分布 分布于大别山区，罕见于低山丘陵区。

秦岭雨蛙 *Hyla tsinlingensis*

赵凯/摄　体侧

赵凯/摄　吻端

形态特征 体长 4～7 cm。吻圆而高，端部平直向下，吻棱显著，颊几近垂直，鼓膜圆且清晰。前肢长约体长之半，较粗壮。指、趾具吸盘和边缘沟；指基具蹼；掌部疣粒多，排列成行。后肢较短，趾端吸盘略小于指，趾间具半蹼。体背光滑，绿色，从吻端正中间开始，1 条清晰的黑细纹向两侧到达体侧，至体侧变粗，且不规则，后则呈黑斑点。

生态习性 栖息于海拔 900～1770 m 的山区农田或河流附近的灌丛中，主要捕食各种小昆虫。

物种分布 安徽省内仅见于岳西，包家乡境内的鹞落坪是该种集中分布区。

保护级别 国家“三有”保护物种。

蛙科 Ranidae

中国林蛙 *Rana chensinensis*

形态特征 体长 4～6 cm。头较扁平，头长宽相等或略宽；吻端钝圆，略突出于下颌，吻棱较钝；鼻孔位于吻眼之间，鼻孔间距大于眼间距；鼓膜圆形，直径约为眼径之半。前肢较短，指较细长而略扁；后肢长。胫跗关节达鼻孔前方或超过吻端，左右跟部重叠颇多；趾端钝圆；趾略扁而末节变窄，蹼较发达，除第 4 趾两侧的蹼仅达第 3 关节下瘤而不达远端关节下瘤外，其余各趾之蹼达远端关节下瘤或略超过，但蹼缘缺刻深，外侧 3 趾间的缺刻最深处略超过各趾第 2 关节之连线。皮肤较光滑，背部及体侧有少而分散的小圆疣或长疣，有的个体在肩上方的疣粒排列成“Λ”形，背侧褶在鼓膜上方呈曲折状，鼓膜部位有三角形黑斑。

赵凯/摄　体侧

赵凯/摄　背部

生态习性 栖息在阴湿的山坡林下，可离水体较远；每年 9 月底至次年 3 月半水栖生活；冬季在河水深处的大石块下冬眠。主要捕食各种小昆虫，也食蜘蛛、蜗牛等。

物种分布 安庆市山区及丘陵地区常见。

保护级别 国家“三有”保护物种。

大别山林蛙 *Rana dabieshanensis*

形态特征 体长 5～6.8 cm。吻棱明显，鼓膜明显呈圆形，鼓膜直径约等于眼直径。背部皮肤光滑，身体上有小疣粒在侧面和口角，大腿背面存在大量小疣粒，小腿和前肢存在较小的疣粒。眼后和颞前有三角形灰色斑块，咽喉、胸部和腹部表面光滑，有不规则的黑点，背部颜色呈金色或褐色不一。与中国林蛙的区别在于该种背侧褶笔直，从颞部直达胯部。

生态习性 栖息于中国东南部，海拔 1150 m 左右的山区溪流，附近植被为落叶阔叶林，也长有大量藤蔓和灌木。主要捕食各种小昆虫，也捕食蚯蚓、蜘蛛等。

物种分布 大别山区分布较为广泛，目前沿江丘陵地区尚未有该种分布的记录。

赵凯/摄　背侧

赵凯/摄　吻端

阔褶水蛙 *Hylarana latouchii*

形态特征 体长 3.8～5 cm。吻钝且短，吻棱极明显，鼻孔近吻端，颊部凹陷。鼓膜明显，与上眼睑等宽。指细长，关节下瘤、指基下瘤及掌突均极明显。体背皮肤粗糙，背面有稠密的小刺粒，体背面金黄色夹杂少量的灰色斑，背侧褶上的金黄色更加明显，背侧褶宽厚，自眼后伸到胯部，后段常断成疣粒。肛门周围及股部疣粒较大，两眼前角之间常有凸起白点。口角有两团淡黄色颌腺极为显著。

生态习性 栖息于山区丘陵地带的水田、河流中，有时也活跃于水边的草地、农田及旱地。夜行性。主要捕食昆虫、蚁类等。

物种分布 大别山区广泛分布。

保护级别 国家“三有”保护物种。

张亮/摄　成体

黄松/摄　抱对

湖北侧褶蛙 *Pelophylax hubeiensis*

形态特征 体长 3～6 cm。背面及体侧皮肤光滑或有小疣粒，体背面颜色变异较大，一般以浅棕色为主，混杂绿碎斑，多数个体体背面后部及四肢背面为棕黄色，间以绿色点状斑，腹面鲜黄色，股腹面有棕色斑，雄蛙无声囊。侧褶粗大，鼓膜大于眼径，一般无背中线。

生态习性 栖息于海拔 60～1070 m 的农田区。成蛙多集中在长有水草或藕叶的池塘内，少数生活在附近的稻田中，主要捕食昆虫，也捕食螺、蜘蛛、小鱼等。

物种分布 安庆市各地均有分布，但较为罕见。

赵鑫磊/摄　背部

赵凯/摄　体侧

金线侧褶蛙(金线蛙) *Pelophylax plancyi*

形态特征 体长 5.5～7 cm。背面绿色或橄榄绿色，皮肤光滑或有疣粒，鼓膜及背侧褶棕黄色，趾间几乎满蹼，内蹠突极发达，背侧褶最宽处与上眼睑等宽，大腿后部云斑少，有清晰的黄色与酱色纵纹，雄蛙有 1 对咽侧内声囊。侧褶粗大，鼓膜小于或等于眼径，一般有1 条明显的背中线。

生态习性 栖息于稻田、池塘、水沟内，荷花塘等有水草的静水水域最为常见。主要捕食各种小昆虫，偶尔也捕食小鱼、蝌蚪等。

物种分布 多见于低海拔的低山丘陵区及平原地带。

保护级别 国家“三有”保护物种；安徽省二级重点保护物种。

赵凯/摄　成体

赵凯/摄　成体

黑斑侧褶蛙(黑斑蛙) *Pelophylax nigromaculatus*

形态特征 体长6～7.4 cm。背面皮肤较粗糙。生活时体背面颜色多样,有淡绿色、黄绿色、深绿色、灰褐色等,杂有许多大小不一的黑斑纹,多数个体自吻端至肛前缘有淡黄色或淡绿色的脊线纹,背侧褶金黄色、浅棕色或黄绿色。侧褶细长,侧褶间有数行长短不一的纵肤棱。

赵凯/摄　成体

李辰亮/摄　抱对

生态习性 栖息于平原、丘陵及山区的水田、池塘、湖沼区。食性很广,除捕食各种小型昆虫外,蛛形纲、寡毛纲、甲壳纲、腹足纲的小型动物也是其捕食对象。

物种分布 安庆市各地广布。

保护级别 国家"三有"保护物种;安徽省二级重点保护物种。

叉舌蛙科 Dicroglossidae

虎纹蛙 *Hoplobatrachus chinensis*

赵凯/摄　背部

赵凯/摄　体侧

形态特征 体长6.6～12 cm。体背面粗糙,背部有长短不一、多断续排列成纵行的肤棱,其间散有小疣粒,胫部纵行肤棱明显,背面多为黄绿色或灰棕色,散有不规则的深绿褐色斑纹。四肢横纹明显,体和四肢腹面肉色,咽、胸部有棕色斑,胸后和腹部略带浅蓝色,有斑或无斑。跳跃能力很强,稍有响动迅速跳入深水中。

生态习性 栖息于山区、平原、丘陵地带的稻田、鱼塘、水坑和沟渠内,主要捕食各种昆虫,也捕食蝌蚪、小蛙及小鱼等。夜行性。

物种分布 低山、丘陵、平原地区广布,罕见。

保护级别 国家二级重点保护物种;IUCN红色名录濒危(EN)级别。

泽陆蛙(泽蛙) *Fejervarya multistriata*

形态特征 体长不超过 6 cm。背部皮肤粗糙，无背侧褶，趾端无吸盘，趾间半蹼或 2/3 蹼。上下唇缘有 6～8 条深浅相间的纵纹。背面颜色变异颇大，多为灰橄榄色或深灰色，杂有棕黑色斑纹，有的头体中部有 1 条浅色脊线。上下唇缘有棕黑色纵纹。

生态习性 栖息于平原、丘陵和山区的稻田、沼泽、水塘、水沟等静水域或其附近的旱地草丛。主要捕食各种小昆虫。昼夜均活动。

物种分布 安庆市各地广布。

保护级别 国家“三有”保护物种。

赵凯/摄　雄性

赵凯/摄　雌性

叶氏隆肛蛙(叶氏肛刺蛙) *Quasipaa yei*

形态特征 体长 5～8 cm。背部较大且粗糙，并满布疣粒，背面颜色有变异，多为黄绿色或褐色，两眼间有一小白点。四肢腹面橘黄色，有褐色斑，雌雄蛙体腹面均光滑，雄蛙肛部皮肤明显隆起，肛孔周围刺疣密集。肛孔下方有 2 个大的圆形隆起，其上有黑刺，圆形隆起与肛部下壁之间有 1 个囊泡状突起，雌蛙肛部囊状突起较小。

赵凯/摄　亚成体

生态习性 广泛分布于大别山区海拔 300 m 以上的溪流中，主要捕食各种小昆虫。夜行性。

物种分布 大别山区的溪流中常见。

保护级别 国家二级重点保护物种；IUCN 红色名录易危(VU)级别。

赵凯/摄　成体

赵凯/摄　体侧

树蛙科 Rhacophoridae

布氏泛树蛙 *Polypedates braueri*

形态特征 体长 5～7 cm。体背皮肤光滑，疣粒细小，但腹部及四肢腹侧皮肤较为粗糙。背部浅灰色或深棕灰色。眼眶间靠近上眼睑处可见略呈三角形的浅黑色斑纹。背部和体侧有不规则黑色小斑块，四肢背侧横纹清晰。股部后方有多个较大白色斑点，斑点之间的皮肤为深黑色。该种在《安徽两栖爬行动物志》中误当斑腿树蛙（*Polypedates leucomystax*）收录。

生态习性 常活动于水塘、水田及其附近的杂草、灌丛中。食性广，除小型昆虫外，蚯蚓、蜘蛛、小鱼小虾也食。夜行性。

物种分布 广泛分布于丘陵、山区。

保护级别 国家“三有”保护物种。

张亮/摄　体侧

汪文革/摄　背部

大树蛙 *Zhangixalus dennysi*

形态特征 体长 10 cm 左右，体型扁平略长。整个背面为绿色，较粗糙，有小刺粒，体背部镶有浅色线纹的棕黄色或紫色斑点，沿体侧一般有成行的白色大斑点或白纵纹，头部扁平。雄蛙头长宽几乎相等，雌蛙头宽大于头长，吻端斜尖，眼间距明显大于上眼睑宽，雄蛙第 1、2 指基部有浅灰色婚垫，具单咽下内声囊，有雄性线。指端及趾端均具吸盘及边缘沟。

生态习性 栖息于竹林、树林及山脚下的水田、水塘、宽阔河流及其附近。交配时产出白色泡沫并将卵排入其中。白天栖息于树上，夜晚捕食。主要捕食各种小昆虫。

物种分布 广泛分布于丘陵、山区。

保护级别 国家“三有”保护物种。

赵凯/摄　体侧

赵凯/摄　吻端

安徽树蛙 *Zhangixalus zhoukaiyae*

形态特征 体长约 4 cm。腹面及大腿前后略淡黄色，布有不规则浅灰色斑点，指及趾的蹼背面没有明显的斑点，外蹠突小。靠外的指半蹼，靠外的趾具 2/3 蹼，背面皮肤光滑，没有疣粒，喉部、胸部及腹部呈灰白略带淡黄色，指和趾背面呈浅灰白色，虹膜呈金黄色。

赵鑫磊/摄　体侧

生态习性 栖息于海拔 900 m 以上的高山地区，多活动于水塘边的小灌丛或树林边的溪流。泡沫巢一半位于水边草根上，一半位于水中。主要捕食各种小昆虫。

物种分布 目前仅见于岳西大别山区。

姬蛙科 Microhylidae

饰纹姬蛙 *Microhyla fissipes*

形态特征 体长不超过 3 cm。皮肤粗糙，背部有许多小疣，背面颜色和花斑有变异，枕部常有 1 条横肤沟，趾间具蹼迹，指、趾末端圆而无吸盘及纵沟，背部有 2 个前后相连续的深棕色“∧”形斑，或者在第 1 个“∧”形斑后面有 1 个“∧”形斑。背灰棕色，有主干，起自眼间沿背中线斜向延伸，体后及大腿根部有深棕色斜纹，其间为平行的深色线纹。

生态习性 栖息于平原、丘陵和山地的泥窝或土穴内，或在水域附近的草丛中，雄蛙鸣声低沉而慢，如“嘎、嘎、嘎”的鸣叫声。春季白天活动，夏季多早晚活动，秋季全天活动。主要以蚊类为食。

物种分布 安庆市各地广布。

保护级别 国家“三有”保护物种。

赵凯/摄　背部

张亮/摄　吻端

小弧斑姬蛙 *Microhyla heymonsi*

形态特征 体长 2 cm 左右。背面皮肤较光滑，散有细痣粒，背面颜色变异大，多为粉灰色、浅绿色或浅褐色，从吻端至肛部有 1 条黄色细脊线，在背部脊线上有 1 对或 2 对黑色弧形斑，体两侧有纵行深色纹。肩部中央或头后部有黑色小"()"形斑。腹面肉白色，咽部和四肢腹面有褐色斑纹。

生态习性 栖息于山区、丘陵的稻田、水坑、沼泽泥窝、土穴或草丛中。雄蛙发出低沉而慢的"嘎、嘎、嘎"鸣叫声。捕食昆虫和蛛形纲等小动物，其中蚁类约占 90%左右。

物种分布 安庆市广布。

保护级别 国家"三有"保护物种。

赵凯/摄　背部

赵凯/摄　体侧

合征姬蛙 *Microhyla mixtura*

形态特征 体长 2～3 cm。皮肤较光滑，背面有分散的小疣粒，背面颜色和花斑变异较大，多为灰棕色或棕黄色。两眼间有褐色三角形斑，背部及四肢背面有深浅褐色粗大斑纹，其周围都镶有浅色细边。指端无吸盘，其背面亦无纵沟；趾端具吸盘，其背面有纵沟。

生态习性 多栖息于山区及丘陵的稻田、水坑、溪流或其附近的草丛、土穴中，傍晚至清晨活动。主要捕食各种小昆虫。

物种分布 大别山区广布。

保护级别 国家"三有"保护物种。

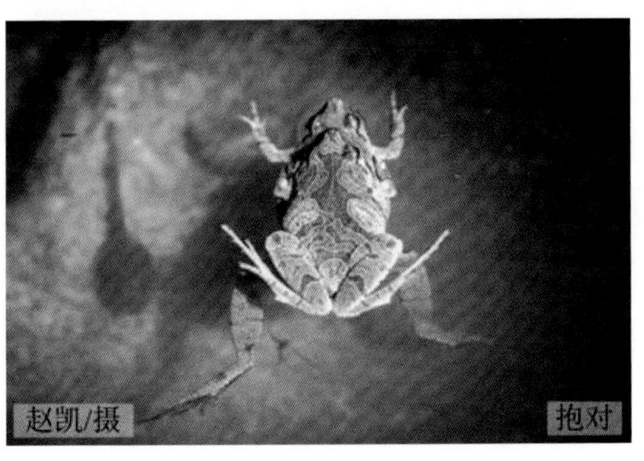
赵凯/摄　抱对

赵凯/摄　背部

爬行纲 Reptilia

龟鳖目 Testudines

鳖科 Trionychidae

中华鳖 *Pelodiscus sinensis*

形态特征 体躯扁平，呈椭圆形，背腹具甲。通体被柔软的革质皮肤，无角质盾片。体色基本一致，无鲜明的淡色斑点。头部粗大，前端略呈三角形。吻端延长呈管状，具肉质长吻突，约与眼径相等。

生态习性 水栖。栖息于河流、湖泊。捕食鱼、虾等。昼夜均活动。无毒。

物种分布 安庆市广布。

保护级别 国家“三有”保护物种；IUCN 红色名录濒危(EN)级别。

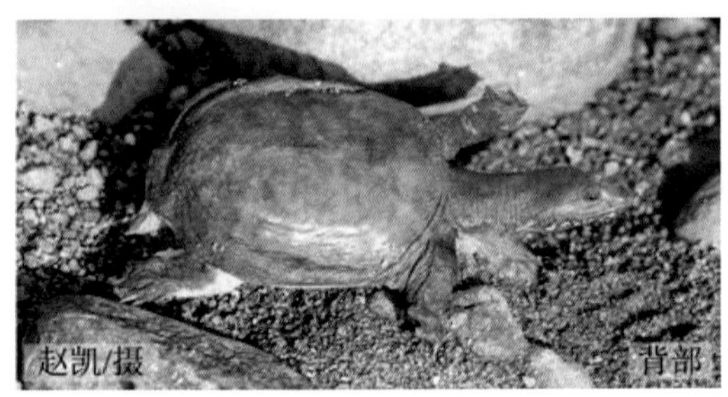
赵凯/摄　背部

赵凯/摄　体侧

平胸龟科 Platysternidae

平胸龟(鹰嘴龟) *Platysternon megacephalum*

形态特征 龟壳扁平，头大尾长，不能缩入壳内。背甲棕黄、暗褐或栗色，腹甲带橘黄色。尾长几乎与体长相等。趾间有半蹼，既利于陆地爬行，又便于水中游泳。

生态习性 水栖。栖居在山区水流湍急的山涧中。捕食鱼、虾、昆虫。夜行性。无毒。

物种分布 岳西县响肠乡新游村胡岭组记录雌性个体 1 只，该种是否在安庆市有稳定野外种群还有待进一步查明。

保护级别 国家二级重点保护物种；IUCN 红色名录极危(CR)级别；CITES 附录 Ⅰ 收录。

朱滨清/摄　背部

张亮/摄　鹰嘴

地龟科 Geoemydidae

乌龟(中华草龟) *Mauremys reevesii*

形态特征 头顶前部光滑,后部覆以不规则的细鳞。棕色背甲上有 3 条纵棱。腹甲棕黄色,每一盾片有黑褐色大斑块。

生态习性 半水栖,一般生活在海拔 600 m 以下的低山、丘陵、平原和圩区,每天在陆地和水中的活动时间约各占一半,常到沙滩或水源附近草丛中活动。杂食,捕食小鱼虾、蠕虫、螺类、虾、小鱼等,也以植物种子、稻谷为食。昼夜均活动。无毒。

物种分布 安庆市广布。

保护级别 国家二级重点保护物种;IUCN 红色名录濒危(EN)级别;CITES 附录Ⅱ收录。

赵凯/摄 成体

赵凯/摄 腹甲

黄缘闭壳龟 *Cuora flavomarginata*

形态特征 吻前端平,上喙有明显的勾曲。背甲高拱,上有 1 条浅色的带状纹,顶部尖,腹甲后缘略尖。

生态习性 半水栖性(偏陆栖性)龟。生活于丘陵山区的林缘、杂草、灌木之中。捕食鱼虾、蚯蚓、黄粉虫、螺、蚌,也吃瓜果蔬菜、大麦、玉米、高粱等植物性食物。昼夜活动。无毒。

物种分布 大别山区历史上有少量分布;2015 年在岳西县衙前河记录 1 只,后再无野生分布记录。

保护级别 国家二级重点保护物种;IUCN 红色名录极危(CR)级别;CITES 附录Ⅱ收录。

朱滨清/摄 成体

朱滨清/摄 成体

有鳞目 Squamata

石龙子科 Scincidae

中国石龙子 *Plestiodon chinensis*

形态特征 体圆柱形，四肢发达。体背棕黄色，体侧黄色，颈侧和体侧有红色小斑点，腹部灰白色。尾巴圆柱形，易断，能再生。幼体尾蓝色，但背上有3条黄线，可与蓝尾石龙子区分。

生态习性 陆栖。常见于低地田野草丛或灌木丛中。冬季钻入洞穴中冬眠。捕食昆虫、蚯蚓、蜗牛。日行性。无毒。卵生，每年5～7月繁殖，每次产5～7枚椭圆球形白色卵。卵多产于石下或草根、树根下的土洞中。

物种分布 分布于安庆市各地，但较为罕见。

保护级别 国家“三有”保护物种。

赵凯/摄　体侧

张亮/摄　吻端

蓝尾石龙子 *Plestiodon elegans*

形态特征 幼体体背面黑褐色；腹面灰白色。吻端和上下唇浅棕色。体背有5条黄白色纵线纹可达尾部；正中1条在顶鳞靠后处分叉，呈断续波浪状向前达吻部。尾部蓝色，会因成长而逐渐褪去。成体背褐色，体侧红色。

生态习性 栖息于山路旁杂草丛中和乱石堆中捕食昆虫。日行性。无毒。

物种分布 大别山区广布。

保护级别 国家“三有”保护物种。

汪文革/摄　背部

赵凯/摄　体侧

宁波滑蜥 *Sincella modesta*

形态特征 背部一般为古铜色，但可随温度与光照变化而发生变化，这可能与其机体的体温调节及逃避天敌有关。蜥体的腹面色彩多样，雄性青黄色至鹅黄色，雌性灰黄色且隐泛粉红色。体侧及尾的两侧各有1条黑褐色纵纹，但断尾后的再生尾侧面看不见纵纹。另外，体鳞上还缀有一些黑褐色的色素斑点。

赵凯/摄　背部

生态习性 陆栖。通常栖息于低山区及路旁落叶丛或林地草丛中。捕食昆虫、蚯蚓。日行性。无毒。

物种分布 大别山区及沿江丘陵地区广布。

保护级别 国家“三有”保护物种。

赵凯/摄　体侧

赵凯/摄　亚成体

铜蜓蜥 *Sphenomorphus indicus*

形态特征 背面光滑无棱，呈古铜色，其上具细碎黑褐色点斑。自眼后沿体侧至胯部有1条黑褐色纵带，纵带边缘较为平齐。腹面灰白色。吻端不下陷。眼睑发达，下眼睑被细鳞。四肢较为短小纤细。

生态习性 栖息于平原、丘陵，以及山区多草木、大石、灌丛处。捕食各种小型无脊椎动物。

物种分布 大别山区广布。据野外观察，大别山区记录的铜蜓蜥体侧黑色纵带为点状间断排列，与其他地区的连续排列有所不同，大别山区该种的准确分类还有待进一步研究。

保护级别 国家“三有”保护物种。

赵凯/摄　亚成体

赵凯/摄　成体

股鳞蜓蜥 *Sphenomorphus incognitus*

形态特征 背面光滑无棱，呈橄榄褐色或古铜色，其上具细碎黑褐色斑点。习性与铜蜓蜥相仿，主要区别在于：股后外侧有1团大鳞；体侧黑褐色纵带较为模糊，边缘较不平齐；腹面黄色。

生态习性 栖息于丘陵、低山近水源林地。捕食各种小型无脊椎动物。

物种分布 2020年7月在岳西天峡记录到1只成年个体，该种可能在大别山区有广泛分布，具体分布情况还有待进一步观察。

张亮/摄 成体

保护级别 国家“三有”保护物种；IUCN红色名录近危（NT）级别。

壁虎科 Gekkonidae

多疣壁虎 *Gekko japonicus*

形态特征 头大，略呈三角形，全身均被粒鳞，平铺排列，体背面灰棕色。头及躯干背面有深褐色斑，并在颈及躯干面形成5～7条横斑。四肢及尾背面有黑褐色横纹；体腹面淡肉色。该种尾基部有3枚大鳞片，前臂和小腿背面均有疣鳞，可与铅山壁虎区分。

生态习性 陆栖，栖息于建筑物内及其附近地区。捕食各种小型昆虫。夜行性。无毒。

物种分布 安庆市各地广布，常见。

保护级别 国家“三有”保护物种。

赵凯/摄 成体

铅山壁虎 *Gekko hokouensis*

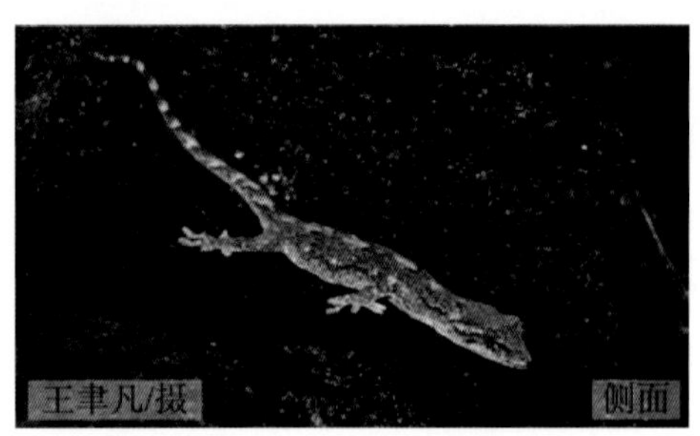
王聿凡/摄　侧面

形态特征 体背主要为褐色或深褐色，有暗褐色与浅褐色规则分布的斑块，由颈部、背部延伸到尾部，形成体背中央极明显的特征。在体背较细小的粒鳞间，夹杂有较大型的疣鳞，扩展的前后肢指端下有单列指瓣。该种尾基部仅有 1 枚大鳞片，前臂和小腿背面均无疣鳞，可与多疣壁虎区分。

生态习性 陆栖，栖息于山区的建筑物墙缝、屋檐下，也栖息于树洞、岩洞、岩石缝隙中。捕食各种小型昆虫及其他无脊椎动物。夜行性。无毒。

物种分布 大别山及沿江丘陵地区常见。

保护级别 国家"三有"保护物种。

王聿凡/摄　背面

赵凯/摄　亚成体

蜥蜴科 Lacertian

北草蜥 *Takydromus septentrionalis*

形态特征 体背部中段有大棱鳞 6 纵行。腹鳞大，8 纵行，强烈起棱，纵横排列，略呈方形。颏片 3 对，鼠蹊窝 1 对。头、体、尾及四肢背面均为棕绿色，腹面灰棕色或灰白色，眼后至肩部有 1 条浅纵纹。雄性背鳞外缘有 1 条鲜绿色纵纹，体侧杂有深色斑。

生态习性 多栖息于海拔 700～1200 m 的山地林下或草地中。主要捕食各类小型昆虫。日行性。无毒。

物种分布 大别山及沿江丘陵地区常见。

保护级别 国家"三有"保护物种。

赵凯/摄　繁殖期

赵凯/摄　非繁殖期

闪皮蛇科 Xenodermatidae

黑脊蛇 *Achalinus spinalis*

形态特征 头较小，与颈区分不明显。背面黑褐色，自颈部到尾末有 1 条黑色脊纹，腹面灰黑色或灰白色。背鳞呈披针形，中段背鳞 23 行，极少见 21 行或 25 行，体表鳞片在光下可反射出彩虹色。

生态习性 栖息于山区、丘陵地带，多营穴居生活。夜晚外出捕食蚯蚓。无毒。

物种分布 2011 年在岳西来榜山坡上记录 1 条，因该种行踪隐秘，不易被记录到，推测该种在大别山区应该有较为广泛的分布。

保护级别 国家“三有”保护物种。

赵凯/摄　成体

赵凯/摄　成体

钝头蛇科 Pareas

平鳞钝头蛇 *Pareas boulengeri*

形态特征 头大，体小，吻端宽钝，头颈区分明显，躯干略侧扁。背面浅棕黄色，其上有由黑点缀连形成的横纹。腹面色浅，黑点无规则星布。头背面自颊鳞有 1 道黑粗线纹，头侧自眼后眶后鳞至口角有 1 道黑色细线纹。

丁利/摄　成体

生态习性 栖息于山区丘陵。夜晚外出捕食蛞蝓、蜗牛等软体动物。无毒。

物种分布 大别山区有分布，罕见。

保护级别 国家“三有”保护物种。

蝰科 Viperidae

短尾蝮 *Gloydius brevicaudus*

形态特征 头部呈三角形，具颊窝。眼后有 1 道宽大的黑褐色眉纹，在其上缘镶以白色细纹。背面黄褐色、红褐色或灰褐色，左右两侧各有 1 行外缘较深的大圆斑，圆斑并排或交错排列，有些地区的个体背脊中央有 1 条棕红色纵线。

生态习性 栖息于平原、丘陵草丛中。捕食鱼类、蛙类、蜥蜴、小型哺乳动物，还曾观察到幼蛇捕食小型无脊椎动物。昼夜活动。剧毒。

物种分布 安庆市分布广泛，山区、平原均较常见。

保护级别 国家“三有”保护物种；IUCN 红色名录近危(NT)级别。

赵凯/摄　体侧

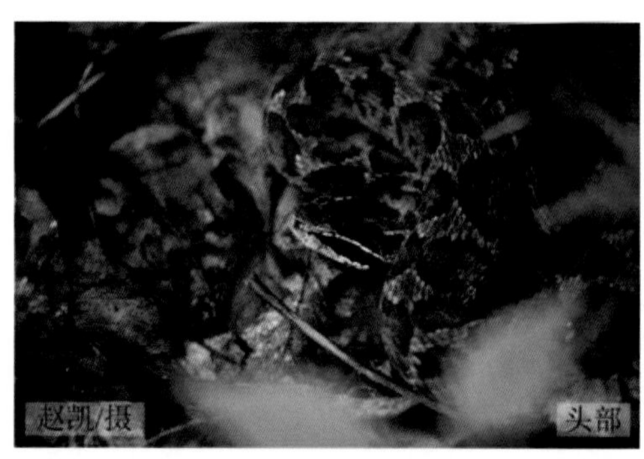
赵凯/摄　头部

大别山原矛头蝮 *Protobothrops dabieshanensis*

形态特征 头大，呈三角形，与颈区分明显，具颊窝。头背有 1 个模糊的“A”形浅色斑，眼后有 1 道较细的褐色眉纹。幼体背面灰白色或浅黄褐色，随着年龄增长，体色逐渐加深并转为黄褐色。体背面具两两相对或相错排列的黑褐色三角斑，三角斑有时相互连接呈锁链状纹路，尾末端呈黄色或红棕色。

生态习性 栖息于山区、丘陵多草木之处。剧毒。

物种分布 2011 年 7 月，在鹞落坪门坎岭记录成年个体 1 条，此后在该地多次记录到被车辆轧死的死亡个体。2020 年 10 月，在古井园姚河河口记录成年个体 1 条。该种可能在大别山区有广泛分布，鹞落坪门坎岭可能是该种集中分布区。

韩德民/摄　成体

宛新靖/摄　成体

原矛头蝮 *Protobothrops mucrosquamatus*

形态特征 头大，呈三角形，与颈区分明显，具颊窝。头背黄褐色无特殊斑纹，眼后有 1 道褐色细眉纹。背面黄褐色或褐色，背脊中央有 1 列镶浅黄边的紫褐色斑，色斑有时连接为锁链状，身体两侧亦各有 1 列较小的色斑。腹面污白色，杂以浅褐色斑点。

生态习性 栖息于山区、丘陵多草木之处。捕食小型哺乳动物、鸟类、蜥蜴、蛙类等。夜行性。剧毒。

物种分布 2020 年 8 月，岳西县菖蒲镇一村民被毒蛇咬伤，经鉴定该种为原矛头蝮。虽然这是该种第 1 次在长江以北被记录，但据我们调查，该种在大别山低海拔地区可能有较广泛的分布，访问得知岳西县几乎每年都有被该蛇咬伤的记录。

保护级别 国家“三有”保护物种。

张亮/摄 背部

张亮/摄 吻端

水蛇科 Homalopsidae

中国水蛇 *Myrrophis chinensis*

形态特征 头略大，区别于颈部。眼小，瞳孔圆形。尾细小，与躯体区分明显。背面棕褐色或橄榄绿色，散布众多黑褐色斑点。头颈部常有 1 条黑褐色纵纹。腹面污白色，腹鳞边缘为黑色，体两侧土红色。

生态习性 栖息于稻田、鱼塘、水渠中。捕食鱼类，偶食蛙类。沟牙毒蛇。

物种分布 该种历史上在沿江平原地区的农田水网中有大量野生分布，是农田常见蛇类之一。2000 年以后，随着农药、除草剂的大量使用，该蛇数量锐减，目前已难觅踪迹。

保护级别 国家“三有”保护物种；IUCN 红色名录易危（VU）级别；安徽省二级重点保护物种。

张亮/摄 背部

张亮/摄 成体

眼镜蛇科 Elapidae

中华珊瑚蛇(丽纹蛇) *Sinomicrurus macclellandi*

形态特征 头椭圆形，较小，与颈区分不明显。受威胁时，身体会往两侧略微扩展变扁，尾巴常盘卷或略微抬起。头背黑色，有2条黄白色横纹，前条细，后条宽大。体背红褐色，自颈后至尾末有数十道镶黄边的黑色细横纹。腹面黄白色，纵向排列数十个大小不一的黑色横斑。

生态习性 栖息于山区丛林中。夜晚活动觅食，捕食小型蛇类及蜥蜴。剧毒。

物种分布 2017年8月，在妙道山森林公园内抓获中华珊瑚蛇成年个体1条。

保护级别 国家"三有"保护物种；IUCN红色名录易危(VU)级别。

张亮/摄　背部

张亮/摄　头部

舟山眼镜蛇 *Naja atra*

形态特征 头部椭圆形与颈不易区分。背面黄褐色、深褐色或黑色，颈后有1条宽大的白色饰纹，形态较为多变。多数个体自颈至尾有多道白色窄横斑。腹面前端黄白色，颈部以下有1条黑褐色宽横带斑，斑前有1对黑斑点，中段以后渐为灰褐色，以至黑褐色。

生态习性 栖息于农田、灌丛、溪边等地。捕食蛙类、蜥蜴、蛇类、鸟类、鱼类和小型哺乳动物等。剧毒。

物种分布 《安徽两栖爬行动物志》记录潜山有该种分布，但多年未见。2015年首次在太湖弥陀记录1条成年个体，2020年3月在牛镇1个山芋窖里记录3条越冬个体。推测该种在大别山南坡有少量分布。

保护级别 国家"三有"保护物种；IUCN红色名录易危(VU)级别；CITES附录Ⅱ收录；安徽省二级重点保护物种。

张亮/摄　正面

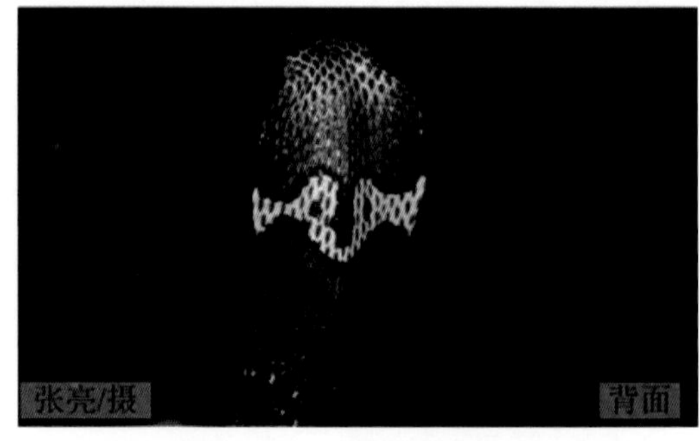
张亮/摄　背面

银环蛇 *Bungarus multicinctus*

形态特征 头椭圆形，略扁。脊棱明显，脊鳞扩大呈六角形。背面黑色，自颈后至尾末有数十道白色横纹。腹面污白色。幼体枕部有1对较大的白色色斑，随年龄增长逐渐褪去。

生态习性 栖息范围广泛，山区、丘陵、平原都能见其踪影。夜晚到水源地附近捕食鱼、蛙、蛇、蜥蜴、小型啮齿动物等。剧毒。

物种分布 2020年4月在安庆市迎江区记录1条，2021年5月1条银环蛇进入桐城市文昌街道一户人家房屋内。推测该种在沿江平原可能有一定数量的分布。

保护级别 国家“三有”保护物种；IUCN红色名录濒危(EN)级别。

游蛇科 Colubridae

赤链蛇(火赤链) *Dinodon rufozonatum*

形态特征 头较宽扁，头部黑色，枕部具红色“∧”形斑，体背黑褐色，具多数(60个以上)红色窄横斑，腹面灰黄色，腹鳞两侧杂以黑褐色点斑。

生态习性 生活于山地、平原、丘陵、田野。捕食蛙类、蟾蜍、蜥蜴、蛇、鼠类，也会捕食鱼类和鸟类。无毒。

物种分布 安庆市各地广泛分布。

保护级别 国家“三有”保护物种。

黄链蛇 *Dinodon flavozonatum*

形态特征 头、体背面黑色，枕部有 1 个黄色“八”字形斑，前端达顶鳞，后端延伸至口角后方。横纹在外侧第 5 行背鳞处分叉延伸至腹鳞，尾后的横纹分叉不明显。腹面白色，腹鳞具侧棱，两侧缘具黑色斑。尾下鳞满布黑色斑。

生态习性 生活于林区。捕食蜥蜴和小蛇。喜攀爬，能树栖，喜夜间活动。无毒。

物种分布 大别山区有少量分布。

保护级别 国家“三有”保护物种。

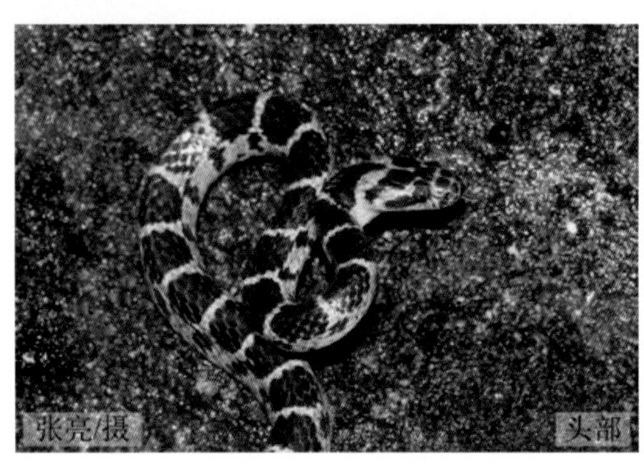
张亮/摄　头部

张亮/摄　背部

黑背白环蛇 *Lycodon ruhstrati*

形态特征 头角扁平，头、颈区分不明显。颊鳞长，但不入眶，亦不与鼻间鳞相接。眶前鳞不接额鳞。体背有白色环纹 35 条，呈半环状；尾部有白色环纹 17 条，环绕全身；环纹中央散有棕色斑点。体腹面白色，散有棕色斑点。

生态习性 喜生活在山地的溪流旁。捕食各种小型蜥蜴。白天隐匿于石下，多夜间活动。无毒。

物种分布 大别山区海拔 500 m 以上的溪流里较为常见。该种易被误认为银环蛇，但该种体型细长，身体横截面呈圆形，白色环不如银环蛇整齐，且背部无六角形脊鳞。

保护级别 国家“三有”保护物种。

黄松/摄　背部

黄松/摄　体侧

刘氏白环蛇 *Lycodon liuchengchaoi*

形态特征 吻较前突且宽圆，头较宽且扁平，与颈部区分明显，颊鳞 1 枚，入眶，矩形。前额鳞接颊鳞，不入眶，额鳞近三角形，长宽相等。身体近圆柱形。头背暗褐色，枕部具淡黄色或黄色宽横斑，延伸到腹面成环状且变为白色，使得腹面横斑为黑白相间。

生态习性 栖息于丘陵及山区等地。捕食蜥蜴等爬行动物。多于傍晚活动。无毒。

物种分布 2020 年 8 月在鹞落坪西冲组记录 1 条，该个体背部黄纹与黑纹几同宽，横纹数量比四川、陕西采集的个体少，具体分类还有待进一步研究。

张运晨/摄　背部

张运晨/摄　体侧

黑眉锦蛇（黑眉晨蛇、黑眉曙蛇）*Elaphe taeniurus*

形态特征 眼后有 1 条明显的黑色斑纹延伸至颈部，状如黑眉，所以有“黑眉锦蛇”之称。背面呈棕灰色或土黄色（地域不同颜色也不同），自体中段开始两侧有明显的黑色纵带直至末端为止，体后有 4 条黑色纹延至尾梢。腹部灰白色。

生态习性 陆栖，栖息于灌丛和树林中。捕食鸟类、鼠类、蝙蝠、蜥蜴。日行性。无毒。

物种分布 安庆市各地广泛分布，常见，城区亦有分布，偶进入房舍捕鼠。

保护级别 国家“三有”保护物种；IUCN 红色名录濒危（EN）级别；安徽省二级重点保护物种。

赵凯/摄　头部

赵凯/摄　背部

王锦蛇(大王蛇) *Elaphe carinata*

形态特征 体粗大,背鳞鳞缘黑色,中央黄色。腹面黄色,体具黑色斑。头背面有似"王"字样的黑纹,故名。身体前段具黄色横斜纹,后段横斜纹消失。

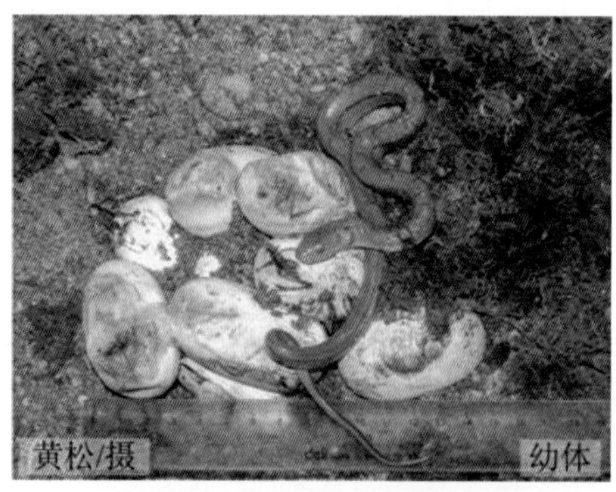
黄松/摄　幼体

生态习性 常发现于山地、丘陵的杂草荒地,在平原地区也有分布。以蛙类、蜥蜴、蛇类、鸟类、鼠类和鸟卵为食,食性广,且贪食。行动迅速且凶猛,善爬树。无毒。

物种分布 安庆市各地广泛分布,常见,偶进入房舍捕鼠。

保护级别 国家"三有"保护物种;IUCN 红色名录濒危(EN)级别;安徽省二级重点保护物种。

赵凯/摄　头部

赵凯/摄　背部

双斑锦蛇 *Elaphe bimaculata*

形态特征 背灰褐色,有深色哑铃状横斑纹,体侧的斑纹与背部的斑纹交错排列,头背有成对的黑色纹,眼后有1条黑带直到口角。

生态习性 栖息于山地、丘陵、平原等地。捕食蜥蜴、壁虎、鼠类。无毒。

物种分布 分布于平原丘陵地区,罕见。

保护级别 国家"三有"保护物种。

李辰亮/摄　侧面

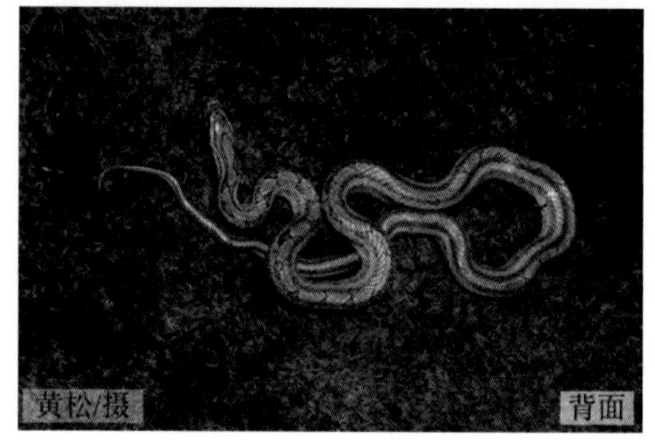
黄松/摄　背面

紫灰锦蛇 *Oreocryptophis porphyraceus*

形态特征 背面绛红色，体尾背面具 2 道黑纵线，自颈后或体后端延至尾末，且等距排列有若干宽横斑，横斑中央浅褐色，外缘镶黑色边。

生态习性 栖息于山区、丘陵等地。捕食小型哺乳动物。昼夜均活动。

物种分布 该种在皖南山区较常见，大别山区仅有零星分布记录。

保护级别 国家“三有”保护物种。

张亮/摄　侧面

张亮/摄　背部

灰腹绿锦蛇 *Gonyosoma frenatum*

形态特征 头部椭圆形，较窄长。瞳孔圆形，虹膜呈黄色。体尾均较细长，尾长占全长的 2/5。通身背面翠绿色，腹面淡黄色，眼后有 1 条黑色纵纹。

生态习性 栖息于植被茂密的丘陵、山区。捕食鼠、蛙、蜥蜴、鸟和鸟卵。无毒。

物种分布 大别山区分布较为广泛，较常见。

保护级别 国家“三有”保护物种。

岑鹏/摄　成体

储文鹏/摄　幼体

玉斑锦蛇 *Euprepiophis mandarinus*

形态特征 体背色斑极为艳丽，背面黄褐色、红褐色或灰色，体尾背面正中有数十个黑色菱形斑，菱形斑中心为黄色，外围镶极细的黄边。头背具 3 道黑斑，前 2 道为横斑，第 3 道呈倒“V”形。腹面白色，左右两侧具有交错排列的黑色方块状色斑。

生态习性 栖息于平原、丘陵、山区。捕食蜥蜴和鼠类。无毒。

物种分布 大别山区分布较为广泛，较常见。

保护级别 国家“三有”保护物种。

汪文革/摄　幼体

赵凯/摄　成体

翠青蛇 *Cyclophiops major*

形态特征 头部稍圆形，眼大，瞳孔圆形。背面纯绿色，腹面浅黄绿色。肛鳞二分。幼体体背有时会出现黑色斑点，随年龄增长逐渐消失。

生态习性 栖息于山林、丘陵、平原等地。性情胆怯，捕食蚯蚓和昆虫幼虫。无毒。

物种分布 大别山区分布较为广泛，较常见。安庆市常有竹叶青的目击记录，但据考证，应该是将翠青蛇或灰腹绿锦蛇误认为竹叶青，安庆市目前无确切的竹叶青分布记录。

保护级别 国家“三有”保护物种。

张亮/摄　背部

赵凯/摄　侧面

乌梢蛇 *Ptyas dhumnades*

形态特征 幼年时背面黄绿色，身体两侧各有 2 条黑色纵线由颈后一直延伸到尾末端。随着年龄的增长，体色愈发暗淡，转为黄褐色或灰褐色，有些个体甚至转为纯黑色，身体前半部黑色纵线仍清晰可见，后半部体色明显变深，黑色纵线变得模糊不清甚至消失。腹面前段白色或黄色，后段颜色逐渐加深至浅黑褐色。

生态习性 栖息于山林、平原、丘陵等地。捕食蛙类、小型哺乳动物等。日行性。无毒。

物种分布 安庆市广泛分布，常见。

保护级别 国家“三有”保护物种；IUCN 红色名录易危（VU）级别；安徽省二级重点保护物种。

张亮/摄　幼体

张亮/摄　成体

福建颈斑蛇 *Plagiopholis styani*

形态特征 头短小，略扁，与颈区分不明显。体圆柱形，短粗，尾短。背面红棕色或棕色，部分鳞缘黑色，形成断续黑网纹。颈部有明显的黑横斑。腹部黄色或浅灰色，两侧有小黑斑点。

生态习性 栖息于山区、竹林中。捕食蚯蚓等。无毒。

物种分布 2012 年，安徽大学整理标本馆时发现 1 条采自鹞落坪的蛇类标本，详细采集日期、地点不详，经鉴定为福建颈斑蛇。该种在大别山区的具体分布情况还有待进一步研究。

保护级别 国家“三有”保护物种。

赵凯/摄　成体

红纹滞卵蛇(红点锦蛇) *Oocatochus rufodsata*

形态特征 背面黄褐色,背脊正中有1条红色纵纹自颈后延伸至尾末。其两侧各有1条黑褐色纵纹,有时断离呈点斑或呈不完整的弧形斑。头背有尖端向前的“V”形斑,眼后有1条黑褐色眉纹,或与体背黑褐色纵纹相连。腹面浅黄色,散以方块状黑斑。

生态习性 栖息于平原、丘陵地区的水塘、稻田、养鱼池等地。半水栖生活。白昼活动。捕食鱼类、蛙类等。无毒。

物种分布 安庆市各地广布。

保护级别 国家“三有”保护物种。

张亮/摄　侧面

张亮/摄　背面

中国小头蛇 *Oligodon chinensis*

形态特征 背面黄褐色或灰褐色,吻背有1条略呈三角形的黑褐色横纹,颈背有1条黑褐色“人”字形斑纹,体尾背面等距排列10余道黑褐色菱形横斑,横斑两两之间常有黑褐色细横纹。部分个体背脊中央有1条橘红色纵脊纹。腹面黄白色,两侧散有方块状灰褐色色斑。

张亮/摄　成体

生态习性 栖息于平原、丘陵、山区。捕食爬行动物的卵。无毒。

物种分布 偶见于大别山区低山地区。

保护级别 国家“三有”保护物种。

水游蛇科 Natricidae

虎斑颈槽蛇(虎斑游蛇) *Rhabdophis tigrinus*

形态特征 体背面翠绿色或草绿色,体前段两侧有粗大的黑色与橘红色斑块相间排列,枕部两侧有1对粗大的黑色“八”形斑。腹面为淡黄绿色。下唇和颈侧为白色。

生态习性 栖息于山地、丘陵、平原地区的河流、湖泊、水库、水渠、稻田附近。捕食蛙、蟾蜍、蝌蚪、小鱼,也吃昆虫、鸟类、鼠类。达氏腺毒蛇。

物种分布 安庆市各县均有广泛分布,主要栖息于山地、丘陵。该种受惊后有类似眼镜蛇的抬头、脖子变扁行为,常被民间误认为是眼镜蛇。

保护级别 国家“三有”保护物种。

赵凯/摄　幼体

赵凯/摄　成体

棕黑腹链蛇 *Hebius sauteri*

形态特征 体色为黄褐色、红褐色至褐色,腹面为白色或淡黄色,上唇有1条白色的条纹向右后方延伸至颈部背面,且呈倒“V”字形,至颈部背面转为黄色,身上有点状细斑连成1条纵线。

生态习性 栖息于山区水源附近。捕食蚯蚓、小型蛙类或蝌蚪。昼夜活动。无毒。

物种分布 该种在皖南山区较为常见,但在大别山区目前仅在鹞落坪有记录,其他地区分布情况不详。

保护级别 国家“三有”保护物种。

赵凯/摄　成体

赤链华游蛇 *Sinonatrix annularis*

形态特征 头背灰黑色(偶见棕色),上唇鳞白色,头颈部有 1 个黑斑,黑斑后缘有 1 个细白横斑,颈部后段常有 1 条黑色细纵纹。体背棕褐色,腹部白色,具腹链纹。

生态习性 生活于山区、丘陵的水田、池塘或溪流沟渠附近,常在水中活动,受惊时潜入水底。主要捕食蜥蜴,偶尔食蛇、蛙。无毒。

物种分布 安庆市分布广泛,较常见。

保护级别 国家“三有”保护物种;IUCN 红色名录易危(VU)级别。

赵凯/摄　侧面

赵凯/摄　背面

乌华游蛇 *Sinonatrix percarinata*

形态特征 头卵圆形,吻钝圆,背面灰橄榄色、深灰色,自颈至尾有不太明显的黑色环纹,体侧每 2 条不明显的黑纹合为 1 道明显的黑横斑,并延伸至腹面呈环状。腹面前段黄白色,无斑,后段及尾下灰白色或具暗灰色点斑。

生态习性 栖息于山区林缘和水田附近的溪流沟渠中。捕食两栖类、鱼类及蝌蚪。昼夜活动。无毒。

物种分布 分布于大别山区,罕见。

保护级别 国家“三有”保护物种;IUCN 红色名录易危(VU)级别。

黄松/摄　侧面

黄松/摄　背面

剑蛇科 Sibynophiidae

黑头剑蛇 *Sibynophis chinensis*

形态特征 头背面为灰黑色，在后部有 2 块黑斑。上唇鳞白色，头腹部呈黄白色，亦间杂以黑褐细斑。背部暗褐色或深棕色，颈部后段常有 1 条黑色细纵纹，但在体后的线纹逐渐不明显。腹部灰绿色或灰白色，具腹链纹。

生态习性 栖息于潮湿的山林、丘陵等地。捕食小型蜥蜴（草蜥、石龙子）、小型蛇类（草腹链蛇、绣腹链蛇、翠青蛇）。无毒。

物种分布 大别山区罕见。

保护级别 国家“三有”保护物种。

赵凯/摄　侧面

赵凯/摄　背面

斜鳞蛇科 Pseudoxenodontidae

大眼斜鳞蛇 *Pseudoxenodon macrops*

形态特征 头和颈部铅色，颈背有 1 个黑色箭形斑，颈部及背中线直到尾端约有 50 个黄色或红砖色斑纹，斑纹边缘黑色。

生态习性 栖息于山地水源附近。捕食蛙类。无毒。

物种分布 2020 年 7 月在岳西大王沟捕获 1 条尾部无纵纹的斜鳞蛇，符合大眼斜鳞蛇的鉴别特征。该种的具体分布情况还有待进一步研究。

保护级别 国家“三有”保护物种。

赵凯/摄　侧面

赵凯/摄　背面

纹尾斜鳞蛇(花尾斜鳞蛇) *Pseudoxenodon stejnegeri*

形态特征 体型、色斑、习性等与大眼斜鳞蛇相仿,主要区别在于:体背花纹自体后段汇合成两侧镶黑色的浅色纵纹,贯穿至尾尖。

生态习性 栖息于山区水源附近。捕食蛙类。无毒。

物种分布 大别山区分布广泛,较常见。

保护级别 国家"三有"保护物种。

汪文革/摄　成体

赵凯/摄　幼体

两头蛇科 Calamariidae

钝尾两头蛇 *Calamaria septentrionalis*

形态特征 背面灰褐色或深灰色,泛虹彩光泽,腹面橘红色。颈部两侧各有 1 个黄白色或肉粉色色斑,尾末端两侧有 2 对较小的黄白色斑。尾短,末端圆钝,形态与头十分相似。

赵凯/摄　头部

生态习性 栖息在平原、丘陵及山区阴湿的土穴中,偶在夜晚或雨后到地表活动。捕食蚯蚓和各种无脊椎动物的幼虫。无毒。

物种分布 在海拔低的大别山区及沿江丘陵地区分布广泛,较常见。

保护级别 国家"三有"保护物种。

赵凯/摄　尾部

赵凯/摄　侧面

鸟纲 Aves

鸡形目 Galliformes

雉科 Phasianidae

鹌鹑(日本鹌鹑) *Coturnix japonica*

形态特征　体长 15～20 cm。具长的白色眉纹和顶冠纹；上体和体侧具显著的黄白色矛状条纹。雄鸟夏羽：眉纹长而白，具白色顶冠纹；头侧、颏、喉及颈前部赤褐色；头顶至后颈黑褐色，羽缘黄色；上体各部浅黄褐色杂以黑色斑块，并具显著的黄白色矛状条纹和波状细横纹；胸部橙黄色，杂以白色羽干纹；两胁栗褐色杂以黑褐色和浅黄色横纹，并具粗白色条纹；腹以下灰白色。雌鸟及雄鸟冬羽：体羽较暗，颈侧具黑褐色带斑，喉部灰白色，余部似雄鸟夏羽；虹膜红褐色；嘴黑褐色；跗蹠及趾红色。

生态习性　在我国新疆西部至内蒙古东部繁殖，在长江流域及其以南地区越冬。栖息于低山丘陵地带的矮草地及农田。多成小群活动，昼伏夜出。以植物的芽、叶、果实及种子为食。

物种分布　安庆市每年 10 月至次年 3 月均有记录，大别山区为旅鸟，在沿江平原地区的开阔草原越冬。

保护级别　国家“三有”保护物种；安徽省二级重点保护物种。

陈光辉/摄　背面

赵凯/摄　侧面

戴美杰/摄　侧面

赵凯/摄　腹面

灰胸竹鸡 *Bambusicola thoracica*

形态特征 体长 27～35 cm。额、眉纹和上胸蓝灰色；颊、耳羽、颈侧栗红色；下体胸以下棕黄色，具黑褐色斑点。成鸟额、眉纹、颈项蓝灰色；颊、耳羽、颈侧栗红色；上背灰褐色，散有栗红色块斑和白色斑点；腰、尾上覆羽橄榄褐色；中央尾羽红棕色密布褐色斑纹；下体颏、喉至胸栗红色；前胸蓝灰色，胸以下棕黄色；两胁具黑褐色块斑。雄雌同色，雄鸟跗蹠部有距。虹膜红褐色；嘴黑褐色；跗蹠绿灰色。

陈军/摄　雌鸟

生态习性 栖息于山区、丘陵的灌木、杂草及竹林丛生地带。喜结小群，夜间宿于竹林或杉树上。杂食，以植物性食物为主。

物种分布 安庆市各地广布，留鸟。

保护级别 国家"三有"保护物种；安徽省二级重点保护物种。

赵凯/摄　雄鸟

董文晓/摄　雄鸟

朱英/摄　育雏

勺鸡(安徽亚种) *Pucrasia macrolopha joretiana*

形态特征 体长 46～53 cm。雄鸟头侧暗灰绿色，头顶具较长的黑色冠羽，颈侧具白色块斑；上体体羽灰白色，具"V"形黑色条纹，状若柳叶；下体胸腹栗色。雌鸟眉纹棕白色而杂以黑色斑点，颈侧具棕白色块斑；上体多棕褐色，密布黑褐色细纹；下体颏、喉棕白色，两侧具黑色髭纹，于颈基部呈三角形块斑；下体多栗黄色，而具黑色条纹；尾下覆羽栗红色而具白色端斑。

胡云程/摄　雄鸟

生态习性 栖息于海拔 500 m 以上的林地，喜在开阔的多岩林地、灌丛单独或成对活动。

物种分布 大别山区广布，罕见，留鸟。

保护级别 国家二级重点保护物种；CITES 附录Ⅲ收录。

吴海龙/摄　雌鸟

夏家振/摄　雌鸟

赵凯/摄　雄鸟

白冠长尾雉 *Syrmaticus reevesii*

形态特征 体长 66～160 cm 的大型陆禽。头顶和上颈白色，中间为 1 条宽阔的黑色环带。眼下具大块白斑。上体金黄色，具黑色羽缘。尾羽中间白色，具金黄色的羽缘和棕黑色横纹，中央 2 对尾羽特别长。

董文晓/摄　雌鸟

生态习性 多栖息于山地阔叶林、针阔叶混交林。单独或成小群活动。性机警而胆怯，善于奔跑和短距离飞翔。杂食性，主要以植物性食物为食。

物种分布 分布于大别山区，高海拔地区更为常见，近些年在桐城、太湖、潜山等低海拔地区越来越多被记录，显示该鸟种群可能处于扩张状态。留鸟。

保护级别 国家一级重点保护物种；IUCN 红色名录濒危(EN)级别；CITES 附录Ⅱ收录。

胡云程/摄　雄鸟

杨剑波/摄　雄鸟

杨剑波/摄　展翅

环颈雉(雉鸡) *Phasianus colchicus torquatus*

形态特征 体长 50～90 cm。雄鸟具白色眉纹,头顶灰褐色;眼周裸皮猩红色,眼后上方有 1 根蓝黑色短冠羽;颈暗蓝色具紫绿色光泽,颈基具白色颈环;尾羽延长,尾羽灰黄色具黑色横纹。雌鸟眼下具白色斑纹;头、颈棕褐色,杂以黑褐色斑纹;上体多黑褐色,杂以黄褐色斑;尾羽短,具黑褐色横纹,下体灰黄。

赵凯/摄　飞行

生态习性 栖息于低山、丘陵乃至平原地区的灌丛、竹丛或草丛中。多对或成小群活动,善于地面疾走。杂食性,主要以植物的种子、浆果和昆虫为食。

物种分布 安庆市各地广布。留鸟。

保护级别 国家"三有"保护物种;安徽省二级重点保护物种。

赵凯/摄　雌鸟

唐建兵/摄　雌鸟

赵凯/摄　雄鸟

唐建兵/摄　雄鸟

雁形目 Anseriformes

鸭科 Anatidae

鸿雁 *Anser cygnoides*

形态特征 体长 80～90 cm。嘴与额基之间有 1 条棕白色细纹；头顶至颈背棕褐色，颈侧棕白色。头顶至后颈中央棕褐色；头侧、颏、喉浅棕色；前颈和颈侧棕白色；上背、肩暗褐色，具浅棕色羽缘，下背和腰黑褐色，具白色周缘；飞羽黑褐色，尾羽灰褐色，具白色羽缘。下体胸部浅黄色，腹至尾下覆羽白色。虹膜褐色；嘴黑色；跗蹠及蹼橙红色。

赵凯/摄　觅食

生态习性 我国东北及西伯利亚的湿地有繁殖，主要在长江中下游地区越冬。主要以草本植物的叶、芽为食，繁殖期兼食部分甲壳类和软体动物。

物种分布 菜子湖、武昌湖常见，华阳河湖群及湖泊偶见。冬候鸟。

保护级别 国家二级重点保护物种；IUCN 红色名录易危(VU)级别。

赵凯/摄　站立

赵凯/摄　游泳

赵凯/摄　飞行

豆雁 *Anser fabalis*

形态特征 体长 70～85 cm。嘴黑色，嘴甲和鼻孔之间具橘黄色块斑；头颈棕褐色，上体多褐色且具浅色羽缘，腰两侧、尾上覆羽和尾下覆羽白色。雌雄相似。头、颈暗棕褐色，背灰褐色具浅黄色羽缘；腰中央黑褐色，腰侧和尾上覆羽白色；初级覆羽和小翼羽灰色，其余翼上覆羽灰褐色且具白色羽缘和端斑；飞羽黑褐色，羽轴白色；尾羽亦黑褐色，羽缘和先端白色；喉至胸浅褐色，两胁具灰褐色横斑；腹以下白色。虹膜暗褐色；跗蹠及蹼橘黄色。

生态习性 繁殖于北极苔原，主要在我国长江中下游地区越冬。性喜集群，主要以植物为食。

物种分布 冬季安庆市沿江各湖泊均有大量分布，花亭湖库尾、皖河流域宽阔河滩也常见迁徙鸟群聚集。冬候鸟。

保护级别 国家“三有”保护物种；安徽省二级重点保护物种。

赵凯/摄　成体

赵凯/摄　飞行

赵凯/摄　群体

赵凯/摄　游泳

灰雁 *Anser anser*

形态特征 体长 70～90 cm。头及上体灰褐色至暗褐色，嘴粉红色。头顶至后颈、颈侧暗褐色，颈基部灰色；上背、肩灰褐色至暗褐色，具白色羽缘；头侧、颏、喉至前颈灰褐色，胸、腹灰白色，腹部具不规则黑褐色斑纹；两胁灰褐色，杂以灰白色横纹；尾下覆羽纯白色，腋羽和翼下覆羽灰色。虹膜褐色，眼圈红色；跗蹠及蹼橘红色。

袁晓/摄 觅食

生态习性 繁殖地在中国东北、内蒙古、青海及其以北地区。越冬期栖息于富有芦苇等挺水植物的河流、湖泊、库塘等水域。主要以植物为食，兼食虾、螺等水生动物。

物种分布 武昌湖、龙感湖常见，沿江其他湖泊偶见。冬候鸟。

保护级别 国家“三有”保护物种；安徽省二级重点保护物种。

赵凯/摄 觅食

赵凯/摄 成体

赵凯/摄 群体

白额雁 *Anser albifrons*

形态特征　体长 60～80 cm。嘴粉红色，额具大块白斑，眼周色暗。上体多褐色而具浅色羽缘，雌雄相似。成鸟额白色，后缘近黑色；头顶至后颈暗褐色，头侧、颈侧灰褐色；上背、肩灰褐色，具浅色羽缘；下背至腰黑色，腰两侧和尾上覆羽白色；尾羽黑色，端部色浅；飞羽黑褐色，羽轴白色；翼上覆羽灰色，中覆羽灰褐色，大覆羽端部白色；颏、喉至前颈暗褐色；胸灰褐色；两胁亦为灰褐色，杂以白色横纹；腹部灰白色；尾下覆羽纯白色，腋羽和翼下覆羽暗褐色。幼鸟似成鸟，额无白斑或不如成体大。虹膜褐色；跗蹠及蹼橘红色。

赵凯/摄　成体

生态习性　繁殖于北极苔原，越冬期主要栖息于河流、湖泊、水库等湿地，常与豆雁、鸿雁混群。主要以植物为食。

物种分布　安庆市各湖泊均常见，常与豆雁混群。冬候鸟。

保护级别　国家二级重点保护物种。

陈军/摄　飞行

赵凯/摄　飞行

赵凯/摄　亚成体

小白额雁 *Anser erythropus*

形态特征　体长 50～60 cm。似白额雁，但体型略小，体色更深；具黄色眼圈，成鸟额部白色斑块延伸至头顶。虹膜褐色，眼圈黄色；嘴粉红色；跗蹠及蹼橘红色。

袁晓/摄　飞行

生态习性　繁殖于北极苔原，主要在我国长江流域及其以南地区越冬。越冬期主要栖息于开阔的河流、湖泊、水库等湿地，常见与豆雁、鸿雁混群。主要以植物的茎叶和种子为食。

物种分布　每年都有数十至数百只小白额雁在安庆市沿江湿地湖泊群越冬，菜子湖是其主要栖息地。冬候鸟。

保护级别　国家二级重点保护物种；IUCN 红色名录易危（VU）级别。

夏家振/摄　站立

胡云程/摄　游泳

赵凯/摄　集群

斑头雁 *Anser indicus*

形态特征 体长 60～85 cm。雌雄相似。头及头侧白色，头顶后部具 2 道黑色横斑；颈侧具白色带纹。成鸟额、头侧、头顶至枕白色，头顶后部具 2 道黑色横斑；后颈黑色至暗棕褐色，颈侧各具 1 道白色纵纹；背、肩灰褐色微沾棕色，羽缘浅色；腰及尾上覆羽灰色，尾羽灰褐色具白色端斑；胸至上腹灰色，下腹及尾下覆羽污白色；两胁暗灰色，具暗栗色宽端斑。幼鸟头顶后部无黑色横斑，颈灰褐色，两侧无白色纵纹。虹膜暗棕色；嘴橙黄色，嘴甲黑色；跗蹠和蹼橙黄色。

陈军/摄　觅食

生态习性 繁殖于高原、湖泊、湿地，越冬期栖息于开阔的河流、湖泊、沼泽等湿地。成小群活动，主要以禾本科和莎草科植物为食，兼食虾、螺等水生动物。

物种分布 2016 年 11 月 5 日，菜子湖记录过一群 20 只。迷鸟。

保护级别 国家“三有”保护物种；安徽省二级重点保护物种。

赵凯/摄　游泳

赵凯/摄　站立

胡云程/摄　飞行

雪雁 *Anser caerulescens*

形态特征 体长 60～85 cm 的中大型游禽。雌雄羽色相似。成鸟初级飞羽黑色，初级覆羽灰色，体羽余部白色。虹膜暗褐色；嘴红色；跗蹠及蹼红色。幼鸟头、后颈及上体多灰色。

生态习性 繁殖于北极苔原，高度适应高原生活。冬季偶见于中国东部开阔的湖泊、沼泽地及附近的农耕地。性喜集群。主要以植物性食物为食。

物种分布 近些年，几乎每年都能在菜子湖记录到 1 只，常与豆雁混群。迷鸟。

保护级别 国家“三有”保护物种；安徽省二级保护物种。

尹莉/摄　站立

尹莉/摄　觅食

薄顺奇/摄　飞行

黑雁 *Branta bernicla*

形态特征 体长 56～89 cm。雌雄羽色相似。成鸟头、颈和胸黑色，前颈上端具白色横斑，并延伸至颈侧；上体暗褐色，飞羽和尾羽黑褐色，尾上覆羽及其两侧白色；上腹和两胁灰褐色，杂以白色斑纹，下腹至尾下覆羽白色。虹膜褐色；嘴黑色；跗蹠及蹼黑色。幼鸟前颈上端无白斑。

生态习性 繁殖于北极沿岸苔原低洼地，冬季多于我国东部沿海地带越冬。性喜集群，主要以植物性食物为食，兼食部分动物性食物。

物种分布 2017 年 1 月 23 日在菜子湖记录 1 只，常与豆雁、白额雁混群。迷鸟。

保护级别 国家“三有”保护物种；安徽省二级保护物种。

赵凯/摄　成体

戴美杰/摄　游泳

小天鹅 *Cygnus columbianus*

形态特征 体长 110～140 cm。似大天鹅，成鸟通体白色。但嘴基部黄色区域相对较小，沿嘴缘向前延伸不过鼻孔。幼鸟体羽白色沾灰，头部褐色较重；嘴粉红色，端部黑色。虹膜黑色；跗蹠及蹼黑色。

赵凯/摄　亚成体

生态习性 迁徙期经过我国西北、华北及东北地区，长江流域及其以南地区是其主要越冬地。栖息于多水生植物的湖泊、河流、库塘等水域。

物种分布 安庆市沿江各地的湖泊及附近的养殖塘常见，长江中的洲滩附近水域也有分布。

保护级别 国家二级重点保护物种；IUCN 红色名录近危(NT)级别。

赵凯/摄　成体

赵凯/摄　飞行

赵凯/摄　群体

翘鼻麻鸭 *Tadorna tadorna*

形态特征 体长 50～65 cm 的中等游禽。雄鸟嘴基部具明显的皮质肉瘤，嘴红色上翘；头和上颈黑色，具绿色光泽；肩羽黑色，上背至胸有 1 条宽阔的栗色环带，上体余部白色；初级飞羽黑色，翼镜绿色；3 级飞羽栗色，翼上覆羽多白色；尾下覆羽棕黄色，腹中央至尾下覆羽有 1 条宽的黑色纵带，下体余部以及翼下覆羽白色。雌鸟似雄鸟，但嘴基无瘤状突起，额基具白色斑块。虹膜暗褐色；跗蹠及蹼粉红色。

赵凯/摄 雌鸟

生态习性 主要繁殖于我国东北、内蒙古北部及新疆北部，黄河流域及其以南地区。栖息于河流、湖泊、库塘等水域。性喜集群，主要以水生动物为食，兼食少量植物性食物。

物种分布 安庆沿江各湖泊均有分布，常见。冬候鸟。

保护级别 国家“三有”保护物种；安徽省二级重点保护物种。

赵凯/摄 雄鸟

赵凯/摄 飞行

赵凯/摄 群体

赤麻鸭 *Tadorna ferruginea*

形态特征 体长 50～70 cm 的中大型游禽。雄鸟额和头棕白色，体羽多赤褐色，下颈基部有 1 条窄的黑色颈环；初级飞羽、初级覆羽黑褐色，其余翼覆羽白色微沾棕黄；翼镜灰绿色；尾上覆羽和尾羽黑色，腋羽和翼下覆羽白色。雌鸟似雄鸟，但无黑色颈环，额、头顶、眼周近白色。虹膜褐色；嘴、跗蹠及蹼黑色。

生态习性 繁殖于我国东北至西藏一线以北，在长江流域及其以南地区越冬。栖息于河流、湖泊、库塘等水域。性喜集群，多成小群活动。主要以水生植物的茎叶等为食，兼食甲壳动物等水生动物。

物种分布 安庆市沿江各湖泊及长江主要支流均有分布，常见。冬候鸟。

保护级别 国家“三有”保护物种；安徽省二级重点保护物种。

赵凯/摄 雌鸟

赵凯/摄 雄鸟

赵凯/摄 左雄右雌

鸳鸯 *Aix galericulata*

形态特征 体长 40～45 cm。雌雄异色。雄鸟眼周及眉纹白色，枕后具栗色冠羽；眼先和颊橙黄色，前颈和颈侧赤褐色；上体及翼上覆羽多褐色，肩羽和次级飞羽蓝、绿、白色相间；最后 1 枚 3 级飞羽特化成橙黄色帆状饰羽；上胸紫蓝色，胸侧绒黑而具数条白色条纹；两胁棕黄色，下体余部白色。雌鸟头及上体灰橄榄褐色，具白色眼圈和眼后线。虹膜褐色；雄鸟嘴红色，雌鸟嘴黑色；跗蹠及蹼橙黄色。

生态习性 多在中国东北、内蒙古繁殖，在黄河流域及其以南地区越冬。栖息于多水草的河流、湖泊、库塘等水域。成对或成小群活动，主要以水生植物的芽、叶为食，兼食水生动物。营巢于靠近水域的树洞。

赵凯/摄　左雄右雌

物种分布 大别山区的宽阔溪流及水库库尾有鸳鸯越冬。2017 年 8 月在菜子湖记录 1 只成体，2020 年 9 月在岳西青天记录 1 对成体，推测该种在安庆市有少量繁殖。

保护级别 国家二级重点保护物种；IUCN 红色名录近危(NT)级别。

赵凯/摄　雌鸟

赵凯/摄　雄鸟

赵凯/摄　群体

棉凫 *Nettapus coromandelianus*

形态特征 体长约 30 cm。雌雄异色。雄鸟额至头顶黑色，颈基具黑绿色环带；上体以及翼上覆羽多黑褐色，具绿色金属光泽；飞羽黑褐色，初级飞羽大部及次级飞羽端部白色；头侧、后颈及下体白色，翼下覆羽黑褐色。雌鸟具黑褐色贯眼纹，无黑色颈环。虹膜红褐色；雄鸟嘴黑色，雌鸟下嘴侧缘黄褐色；跗蹠和蹼黄绿色。

汪混/摄　左雌右雄

生态习性 在我国主要繁殖于四川至长江流域及其以南地区。栖息于多水草的河流、湖泊、库塘等水域。成对或成小群活动，主要以水生植物的芽、叶为食，兼食水生动物。繁殖期为 5～7 月，营巢于靠近水域的树洞。

物种分布 沿江地区有水草的水塘及湖泊静水水域有分布，罕见。夏候鸟。

保护级别 国家二级重点保护物种；IUCN 红色名录濒危(EN)级别。

赵凯/摄　雄鸟

汪混/摄　雌鸟

汪混/摄　飞行

赤膀鸭 *Anas strepera*

形态特征 体长 44～54 cm。雌雄异色。雄鸟头颈暗棕褐色，头侧色浅；上背暗褐色而具白色波状细纹，下背至尾上覆羽绒黑色；翼镜黑、白两色；胸部暗褐色，具新月形白色羽缘；腹部白色；尾下覆羽绒黑色，腋羽和翼下覆羽白色。雌鸟上体暗褐色，具棕白色羽缘；下体胸和两胁浅黄褐色，杂以暗褐色斑纹。虹膜褐色；雄鸟嘴黑色，雌鸟嘴峰黑色，两侧橙黄色；跗蹠及蹼橘黄色。

生态习性 主要繁殖于我国东北及新疆北部，主要在西藏至长江中下游一线及其以南地区越冬。栖息于河流、湖泊、库塘等开阔水域。主要以水生植物为食。

董文晓/摄　左雌右雄

物种分布 安庆市无稳定越冬种群，多为旅鸟，偶见与其他鸭类混群。每年 11 月中下旬抵达安徽省，次年 3 月上旬北去繁殖。

保护级别 国家“三有”保护物种；安徽省二级重点保护物种。

薄顺奇/摄　雄鸟

薄顺奇/摄　雌鸟

袁晓/摄　左雌右雄

罗纹鸭 *Anas falcata*

形态特征 体长 40～52 cm。雌雄异色。雄鸟头顶暗栗色，头侧、后颈铜绿色；背、肩灰白色，密布暗褐色波状细纹；腰至尾上覆羽暗褐色，尾上覆羽黑色；翼镜绿黑色，上下缘白色；3 级飞羽绒黑色，延长呈镰状；颏、喉和前颈白色，前颈基部具黑色颈环；胸部暗褐色，密布白色新月形斑；下体余部与背同色，翼下覆羽白色。雌鸟头颈暗棕褐色，上体黑褐色具黄褐色羽缘，而呈"V"形斑；下体胸及两胁棕黄色，密布暗褐色新月形斑。虹膜褐色；嘴黑灰色；跗蹠及蹼暗灰色。

赵凯/摄　雄鸟

生态习性 在我国东北繁殖，在黄河流域及其以南地区越冬。栖息于河流、湖泊、水库等开阔水域。性喜集群，多成小群活动。主要以水生植物为食，兼食部分无脊椎动物。

物种分布 安庆市见于沿江湖泊，冬候鸟。

保护级别 国家"三有"保护物种；安徽省二级重点保护物种。

袁晓/摄　雌鸟

赵凯/摄　雌鸟

袁晓/摄　雄鸟

赤颈鸭 *Anas penelope*

形态特征 体长 41～52 cm。雌雄异色。雄鸟额至头顶乳黄色，头颈余部赤褐色；背、肩灰白色，具暗褐色波状细纹；翼具大型白斑，3 级飞羽绒黑色延长；翼镜翠绿色；下体胸部浅赤褐色，腹部白色；尾上覆羽和尾下覆羽均为绒黑色，腋羽和翼下覆羽灰白色。雌鸟头颈暗棕褐色，上体暗褐色而具浅色羽缘；翼镜灰褐色；胸及两胁棕褐色，下体余部白色。虹膜棕色；嘴蓝灰色，先端黑色；跗蹠铅蓝色。

董文晓/摄　雄鸟

生态习性 繁殖于我国东北地区，在西藏至黄河流域及其以南地区越冬。栖息于江河、湖泊、库塘等开阔水域。善潜水，性喜集群，常与其他鸭类混群。

物种分布 安庆市见于沿江湖泊，冬候鸟。

保护级别 国家“三有”保护物种；安徽省二级重点保护物种。

汪湜/摄　雄鸟

汪湜/摄　雌鸟

赵凯/摄　飞行

绿头鸭 *Anas platyrhynchos*

形态特征 体长 47～62 cm 的中等游禽。雌雄异色。雄鸟头、颈亮绿色且具金属光泽，颈基部具白色颈环；上背及体侧暗灰色，具灰白色波状细纹；尾上覆羽和中央尾羽绒黑色；翼镜紫蓝色，上下边缘各具较窄的黑纹和白色宽边；白色颈环以下至上胸暗栗色，腹部灰白色，尾下覆羽黑色。雌鸟具黑褐色贯眼纹，上体黑褐色，具浅黄褐色羽缘，形成明显的“V”形斑；下体棕白色，满布黑褐色斑纹。虹膜暗褐色；雄鸟嘴黄绿色，嘴甲黑色，雌鸟嘴峰黑褐色，侧缘黄褐色；跗蹠及蹼橘红色。

赵凯/摄　雄鸟

生态习性 大部分在黄河以北地区繁殖，在黄河以南地区越冬。栖息于湖泊、河流、库塘、沼泽等水域。杂食性，主要以植物性食物为食，兼食部分水生动物。本种为家鸭祖先。

物种分布 我国大部分地区都有分布，沿江各地的河流、湖泊均有分布，2016 年以来已逐渐形成较大规模的稳定繁殖种群。多为冬候鸟，部分留鸟。

保护级别 国家“三有”保护物种；安徽省二级重点保护物种。

赵凯/摄　雌鸟

赵凯/摄　雌鸟

赵凯/摄　飞行

斑嘴鸭 *Anas poecilorhyncha*

形态特征 体长 52～64 cm。雌雄羽色相似。嘴黑色具黄色端斑为本种标识性特征；翼镜蓝色，上下缘具较窄的白色带纹；眉纹白色而贯眼纹黑褐色，头侧皮黄色，颊部有 1 条暗褐色条纹；头顶及上体黑褐色，肩羽及翼覆羽具浅黄褐色羽缘；尾下覆羽黑色，腋羽和翼下覆羽白色。虹膜棕褐色；跗蹠及蹼橘红色。

生态习性 在我国黄河流域及其以北地区繁殖，以南地区越冬，南方已形成较大规模的留鸟种群。栖息于河流、湖泊、库塘、沼泽等湿地。常成小群活动，冬季与其他鸭类混群。主要以水生植物为食，兼食部分水生动物。

赵凯/摄　飞行

物种分布 沿江各地的河流、湖泊、水库均有分布。多为冬候鸟，部分留鸟。

保护级别 国家"三有"保护物种；安徽省二级重点保护物种。

赵凯/摄　游泳

赵凯/摄　站立

赵凯/摄　飞行

针尾鸭 *Anas acuta*

形态特征 体长 43～70 cm。雌雄异色。雄鸟头及头侧棕褐色，后颈中部黑褐色，颈侧有 1 条白色细带纹融入下体；肩羽黑色延长呈条状，具棕白色羽缘；上体余部和体侧暗灰色，密布暗褐色波状细纹；翼镜铜绿色，具红褐色上缘和白色下缘；中央 2 枚尾羽特别延长，绒黑色。雌鸟头棕褐色，上体黑褐色，具红褐色羽缘和点状斑；体侧暗褐色，具宽阔的棕白色羽缘，呈“V”形斑纹。虹膜褐色；嘴黑色；跗蹠及蹼黑色。

赵凯/摄　雄鸟

生态习性 繁殖于我国华北北部，在长江以南地区越冬。栖息于开阔的河流、湖泊、库塘、沼泽等湿地。性喜集群，主要以水生植物为食，兼食部分昆虫和水生动物。

物种分布 安庆市沿江湖泊均可见分布，以武昌湖和菜子湖最为常见。冬候鸟。

保护级别 国家“三有”保护物种；安徽省二级重点保护物种。

胡云程/摄　雄鸟

赵凯/摄　雌鸟

赵凯/摄　左雄右雌

绿翅鸭 *Anas crecca*

形态特征 体长 30～47 cm。雌雄异色。雄鸟头颈深栗色，头侧自眼周向后有 1 条宽阔的蓝绿色带纹；上背及体侧暗灰色，具白色虫蠹状细纹；外侧肩羽呈白色条状，具绒黑色羽缘；翼镜翠绿色，上下边缘白色，外侧绒黑色；下体棕白色，胸具黑色斑点；尾下覆羽绒黑色，两侧具乳黄色斑块。雌鸟具黑色贯眼纹，头颈褐色沾棕；上体黑褐色，具浅红褐色羽缘；下体近白色，胸和两胁具褐色斑点，尾下覆羽及腋羽白色。虹膜棕褐色；嘴黑色；跗蹠及蹼黄色。

陈军/摄　雌鸟

生态习性 繁殖于我国华北北部，在黄河流域及其以南大部分地区越冬。性喜集群。主要以水生植物为食，兼食小型水生动物。

物种分布 安庆市沿江各湖泊、河流、沟渠及池塘常见。冬候鸟，少数留鸟。

保护级别 国家“三有”保护物种；安徽省二级重点保护物种。

赵凯/摄　雄鸟

赵凯/摄　雌鸟

夏家振/摄　飞行

琵嘴鸭 *Anas clypeata*

形态特征 体长 43～51 cm。雌雄异色。上嘴先端扩大呈铲状是本种标识性特征。雄鸟头顶黑褐色，余部暗绿色且具金属光泽；上背、外侧肩羽白色，上体余部黑褐色；翼镜翠绿色；胸部白色，腹和两胁栗褐色。雌鸟上体暗褐色，具较窄的棕白色羽缘；翼上覆羽蓝灰色，体侧暗褐色具较宽的红褐色羽缘。雄鸟虹膜黄色，雌鸟虹膜褐色；雄鸟嘴黑色，雌鸟嘴黄褐色；跗蹠及蹼橙红色。

薄顺奇/摄 飞行

生态习性 繁殖于我国东北及新疆西北部，主要在长江以南地区越冬。栖息于河流、湖泊、水塘、沼泽等开阔水域。常成对或成小群活动。主要以软体动物等为食，兼食少量水生植物。

物种分布 安庆市沿江各湖泊及附近静水水塘有分布。冬候鸟。

保护级别 国家“三有”保护物种；安徽省二级重点保护物种。

赵凯/摄 雄鸟

赵凯/摄 雌鸟

赵凯/摄 觅食

白眉鸭 *Anas querquedula*

形态特征 体长 32～48 cm。雌雄异色。雄鸟头顶至后颈中央黑色，具粗白色眉纹；颊、颈侧巧克力色，杂以白色细纹；上体多黑褐色，具棕白色羽缘；肩羽和翼上覆羽蓝灰色；翼镜绿色，上下各具宽阔的白边；胸部棕褐色，密布暗褐色斑纹；体侧灰白色，具褐色波状斑纹；下体余部及腋羽白色。雌鸟具棕白色眉纹和黑褐色贯眼纹，头颈褐色沾棕，上体黑褐色具棕白色羽缘；胸和体侧棕褐色，具白色羽缘。虹膜褐色；嘴黑色；跗蹠及蹼黑色。

生态习性 繁殖于我国新疆和东北地区，在华南和东南沿海地区越冬。栖息于开阔的湖泊、江河、库塘等水域。常成对或成小群活动，或与其他鸭类混群。多在富有水草的浅水处觅食，主要以水生植物为食，兼食部分水生动物。

汪湜/摄 飞行

物种分布 安庆市沿江湖泊及水库偶见，大部分为迁徙鸟，少量冬候鸟。每年 9 月下旬至 10 月上旬抵达安徽省，次年 3 月下旬北去繁殖。

保护级别 国家“三有”保护物种；安徽省二级重点保护物种。

袁晓/摄 雄鸟

赵凯/摄 雌鸟

汪湜/摄 集群

花脸鸭 *Anas formosa*

形态特征 体长 37～44 cm。雌雄异色。雄鸟头顶黑色，头侧乳黄色被黑色细带纹一分为二，其后方为翠绿色大型斑；上背、两肋石板灰色，上体余部多褐色；肩羽呈柳叶状，由黑、白、红褐色组成；翼镜自上而下由红、绿、黑、白 4 色构成；胸部红棕色具黑褐色点斑，腹部白色。雌鸟头顶褐色沾棕，头侧色浅；嘴基具白色圆斑，眼后具浅棕色眉纹；上体和两肋暗褐色，肩羽绒黑色，均具红褐色羽缘。虹膜棕褐色；嘴黑色；跗蹠及蹼黄色。

赵凯/摄　雌鸟

生态习性 在我国华中、华东、华南地区越冬。多栖息于富有水生植物的开阔水域。常成小群或与其他野鸭混群。主要以藻类等水生植物的芽、嫩叶、果实和种子为食。

物种分布 安庆市沿江湖泊偶有记录，2022 年 1 月在武昌湖观察到上万只集群。

保护级别 国家二级重点保护物种；IUCN 红色名录近危（NT）级别；CITES 附录Ⅱ收录。

赵凯/摄　雌鸟

赵凯/摄　雄鸟

陈军/摄　雄鸟

红头潜鸭 *Aythya ferina*

形态特征 体长 42～49 cm。雌雄异色。雄鸟头和上颈栗红色，下颈和胸部棕黑色；腰至尾上覆羽和尾下覆羽黑色，上体余部灰白色，具黑色波状细纹；翼上覆羽灰褐色，翼镜白色，下体余部以及腋羽和翼下覆羽白色。雌鸟头、颈、胸、下体体侧棕褐色，上体暗褐色，翼镜灰色。虹膜红色；嘴基部和端部黑色，中间蓝灰色；跗蹠及蹼灰褐色。

生态习性 繁殖于我国华北北部，在长江流域及其以南地区越冬。栖息于富有水生植物的河流、湖泊、库塘等开阔水域。成群或混群活动，善于潜水。主要以水藻等水生植物为食，兼食软体动物等水生动物。

物种分布 安庆市沿江地区常见，多见于有水草的静水湖汊、池塘、沟渠。冬候鸟。

保护级别 国家“三有”保护物种；安徽省二级重点保护物种。

董文晓/摄　雌鸟

董文晓/摄　雄鸟

陈军/摄　雄鸟

赵凯/摄　雌鸟

青头潜鸭 *Aythya baeri*

形态特征　体长 42～47 cm。雌雄异色。雄鸟头颈暗绿色且具金属光泽，上体黑褐色；翼镜白色且宽阔；胸部栗色，两胁棕褐色杂以白色；下体余部以及腋羽和翼下覆羽白色。雌鸟头颈暗栗色，嘴基具栗红色斑；上体和翼上覆羽黑褐色，翼镜白色；胸棕褐色，体侧栗褐色杂以白色。雄鸟虹膜白色，雌鸟虹膜褐色；嘴深灰色，嘴甲黑色；跗蹠及蹼铅灰色。

生态习性　在我国东北、华北、华中地区繁殖，在长江流域及其以南地区越冬。栖息于富有水草的湖泊、库塘、沼泽等开阔水域。常成对或成小群活动，善潜水和游泳。杂食性，主要以水草等植物为食，兼食软体动物、甲壳动物等。

黄丽华/摄　雌鸟

物种分布　安庆市偶见于有水草的静水湖汊、池塘，常与白眼潜鸭混群，罕见。2022 年 7 月在华阳河记录 1 对繁殖个体。

保护级别　国家一级重点保护物种；IUCN 红色名录极危(CR)级别。

董文晓/摄　雄鸟

武明录/摄　雄鸟

武明录/摄　飞行

白眼潜鸭 *Aythya nyroca*

形态特征 体长 33～43 cm。雌雄相近。雄鸟虹膜白色；头、颈、胸深栗色，颈基部具黑色颈环；上体黑褐色，翼镜白色；体侧棕褐色，上腹白色，下腹浅棕褐色；尾下覆羽、腋羽、翼下覆羽白色。雌鸟似雄鸟，但虹膜灰白色，体羽栗色部分较暗，呈暗棕褐色。嘴蓝灰色；跗蹠及蹼灰褐色。

生态习性 在我国西北地区繁殖，在西南至长江中下游一线以南越冬。栖息于水草丰富的湖泊、库塘、沼泽等开阔湿地。成对、小群或与其他鸭类混群。善潜水觅食，主要以水生植物为食，兼食部分水生动物。

武明录/摄　雄鸟

物种分布 安庆市偶见于有水草的静水湖汊、池塘。冬候鸟。

保护级别 国家“三有”保护物种；IUCN红色名录近危（NT）级别；安徽省二级重点保护物种。

黄丽华/摄　雌鸟

陈军/摄　雄鸟

黄丽华/摄　左雄右雌

凤头潜鸭 *Aythya fuligula*

形态特征 体长 39～49 cm。雌雄异色。雄鸟头颈紫黑色，具明显的冠羽；上体、两翼及翼上覆羽黑褐色，翼镜白色；胸和尾下覆羽黑色，腹、体侧及腋羽和翼下覆羽白色。雌鸟羽冠较短，额基具浅色斑块；头、颈、胸棕褐色，上体黑褐色，两胁浅棕褐色，腹以下灰白色。虹膜黄色；嘴铅灰色，先端黑色；跗蹠及蹼灰褐色。

生态习性 在我国西部和东北地区繁殖，在长江流域及其以南地区越冬。主要栖息于湖泊、河流、库塘等开阔水域。性喜集群，善潜水，常与其他鸭类混群。主要以水生动物为食，兼食少量水生植物。

董文晓/摄　雄鸟

物种分布 安庆市沿江有水草的湖泊、池塘有分布，华阳河湖群、泊湖、武昌湖常见。冬候鸟，淮北平原为旅鸟。每年 10 月下旬抵达安徽省，次年 3 月下旬北去繁殖。

保护级别 国家“三有”保护物种；安徽省二级重点保护物种。

夏家振/摄　雌鸟

董文晓/摄　雌鸟

董文晓/摄　左雌右雄

斑背潜鸭 *Aythya marila*

形态特征 体长 42～49 cm。雌雄异色。雄鸟头颈黑色，具绿色金属光泽；上背、腰和尾上覆羽黑色；下背、肩羽白色，密布黑色波浪状细纹；翼镜白色；下体胸黑色，腹部和两胁白色。雌鸟嘴基具明显的白色块斑；头、颈、胸棕褐色，两胁浅棕褐色；上体黑褐色，翼镜白色。虹膜黄色；嘴铅灰色；跗蹠及蹼铅灰色。

生态习性 主要在我国长江中下游及其以南地区越冬，栖息于湖泊、河流、库塘等开阔水域。成对或集群活动，善潜水。主要以小型鱼类、甲壳类、软体动物等水生动物为食，兼食水藻等水生植物。

袁晓/摄　飞行

物种分布 安庆市偶见于沿江湖泊及附近水塘。冬候鸟。

保护级别 国家"三有"保护物种；安徽省二级重点保护物种。

朱英/摄　雌鸟

赵凯/摄　雄鸟

袁晓/摄　集群

鹊鸭 *Bucephala clangula*

形态特征 中型鸭类，体长 32～69 cm，体重 0.5～1 kg。嘴短粗，颈亦短，尾较尖。雄鸭头黑色，两颊近嘴基处有大型白色圆斑。上体黑色，颈、胸、腹、两胁和体侧白色。嘴黑色，眼金黄色，脚橙黄色。飞行时头和上体黑色，下体白色，翅上有大型白斑，特征极明显，容易识别。雌鸟略小，嘴黑色，先端橙色，头和颈褐色，眼淡黄色，颈基有白色颈环；上体淡黑褐色，上胸、两胁灰色；其余下体白色。

生态习性 在我国西北及东北地区繁殖，在华北及其以南地区均可见到越冬个体。主要栖息于平原森林地带中的溪流、水塘和水渠中，尤喜湖泊与流速缓慢的江河附近的林中溪流与水塘。善潜水，一次能在水下潜泳 30 s 左右。食物主要为昆虫及其幼虫、蠕虫、甲壳类虫、软体动物、小鱼、蛙以及蝌蚪等。

物种分布 安庆市沿江湖泊有少量鹊鸭越冬，破罡湖、武昌湖、菜子湖均有记录。

保护级别 国家“三有”保护物种；安徽省二级重点保护物种。

袁晓/摄　雌鸟

董文晓/摄　雄鸟

孔德茂/摄　左雄右雌

斑头秋沙鸭（白秋沙鸭）*Mergellus albellus*

形态特征 体长 36～46 cm。雌雄异色。雄鸟眼先和眼周黑色，形似熊猫眼；枕部两侧各有 1 条黑色带纹，头颈余部白色；上背前缘白色，两侧各有 1 条狭细的黑色条纹延伸至胸侧；内侧肩羽、中覆羽以及 3 级飞羽白色，上体余部黑色；下体白色，两胁具褐色波状细纹。雌鸟眼先黑褐色，头顶至后颈栗色；上体仅中覆羽和外侧 3 级飞羽白色，余部黑褐色，颊、颈侧白色，胸及两胁暗褐色，下体余部白色。虹膜褐色；嘴黑色；跗蹠及蹼黑褐色。

薄顺奇/摄　飞行

生态习性 繁殖于我国东北及西北地区，在华北及其以南地区越冬。主要栖息于河流、湖泊、库塘等开阔水域。成群活动，善游泳和潜水。主要以鱼类、甲壳类等水生动物为食，兼食部分水生植物。

物种分布 安庆市沿江湖泊偶见，菜子湖、武昌湖均有观测记录。

保护级别 国家二级重点保护物种。

许杰/摄　雄鸟

张忠东/摄　雄鸟

董文晓/摄　集群

普通秋沙鸭 *Mergus merganser*

形态特征 体长 54～68 cm。雌雄异色。雄鸟头、上颈黑色，具绿色金属光泽；内侧肩羽、次级飞羽、中覆羽和大覆羽白色，上体余部黑褐色；下颈、下体以及腋羽和翼下覆羽白色。雌鸟头、上颈栗色，下颈及下体灰白色，体侧灰褐色；初级飞羽黑褐色，翼镜白色，上体余部灰褐色。虹膜褐色；嘴红色细长，端部呈钩状；跗蹠及蹼红色。

朱英/摄　雄鸟

生态习性 在我国东北及西北地区繁殖，在黄河流域及其以南地区越冬。栖息于河流、湖泊、库塘等开阔水域。多成小群活动，潜水。主要以小型鱼类、软体动物等水生动物为食。

物种分布 安庆市沿江湖泊及水库均有越冬记录，偶见于皖河、潜河。

保护级别 国家“三有”保护物种；安徽省二级重点保护物种。

赵凯/摄　雌鸟

袁晓/摄　雄鸟

朱英/摄　左雄右雌

中华秋沙鸭 *Mergus squamatus*

形态特征 体长 58～64 cm。似普通秋沙鸭，但体侧具明显的黑褐色鳞状斑纹。雄鸟头颈黑色且具绿色金属光泽，头后部具簇状冠羽；上背、内侧肩羽黑色，上体余部白色，密布黑色横纹；次级飞羽、大覆羽以及中覆羽白色，两翼余部黑色；下体棕白色，具两胁。雌鸟头颈棕褐色，眼先及眼周黑色；上体及翼上覆羽暗褐色，杂以白色波纹。虹膜黑褐色；鳞状斑纹褐色；嘴细窄，橘红色；跗蹠及蹼橘红色。

生态习性 在我国东北地区繁殖，在长江流域及其以南地区越冬。栖息于阔叶林或针阔混交林附近的溪流、河谷、库塘等僻静的水域。成对或成小群活动。主要以山溪鱼类等水生动物为食。

物种分布 花亭湖有稳定的越冬种群。

保护级别 国家一级重点保护物种；IUCN 红色名录濒危(EN)级别。

陈军/摄　左雄右雌

赵凯/摄　左雌右雄

赵凯/摄　中间普通秋沙鸭

赵凯/摄　集群

鸊鷉目 Podicipediformes

鸊鷉科 Podicipedidae

小鸊鷉 *Tachybaptus ruficollis poggei*

形态特征　体长 25～32 cm。雌雄体色相似，成鸟体羽均为绒羽，上体黑褐色，下体灰白色，翼灰褐色，尾短白色，趾间具瓣蹼。繁殖期头侧红褐色，嘴角具乳黄色斑块，非繁殖期消失。虹膜浅黄色；繁殖期嘴黑色，非繁殖期嘴侧缘黄色；跗蹠和蹼黑色。幼鸟头具白色条纹，嘴粉红色。

生态习性　栖息于水草丛生的湖泊、池塘等湿地。善潜泳，几乎不离开水。性怯懦，遇惊扰立即潜入水下或隐匿于水草间。繁殖期为 4～6 月，以水草营造水上浮巢。主要以鱼、虾等水生动物为食。

物种分布　安庆市各地广泛分布。留鸟。

保护级别　国家“三有”保护物种。

赵凯/摄　幼鸟

赵凯/摄　飞行

赵凯/摄　繁殖羽

赵凯/摄　非繁殖羽

凤头䴙䴘 *Podiceps cristatus*

形态特征 体长45～55 cm的中等游禽。雌雄体色相似。成鸟头顶具黑色冠羽，颈修长，上体黑褐色，下体白色。繁殖期具斗篷状红褐色和黑色饰羽，冬季消失；头侧和颈侧白色。虹膜橙红色；嘴峰黑褐色，两侧粉红色；跗蹠和蹼黑色。幼鸟头具黑白相间条纹，嘴粉红色。

赵凯/摄　幼鸟

生态习性 栖息于多水草的河流、湖泊、水库等开阔水域。单独或成小群活动。善潜水，主要以鱼、虾、软体动物等水生动物为食，兼食部分水生植物。繁殖期为5～7月；以水草、芦苇等营造水面浮巢。

物种分布 安庆市各地广布，主要分布于湖泊、水库、城市公园等开阔水域。留鸟。

保护级别 国家"三有"保护物种。

赵凯/摄　非繁殖羽

赵凯/摄　繁殖羽

赵凯/摄　过渡羽

赵凯/摄　飞行

鸽形目 Columbiformes

鸠鸽科 Columbidae

山斑鸠 *Streptopelia orientalis*

形态特征　体长 31～35 cm。成鸟颈侧具黑和蓝灰色相间的斜行条纹，上体具扇贝形斑纹，头及下体葡萄红色。雌雄相似。幼鸟似成鸟，但颈侧斑纹不明显。虹膜橙红色；嘴铅蓝色；胫被羽；跗蹠及趾红色。

生态习性　广泛分布于各种有林区域，地面取食。主要以植物的种子、昆虫等为食。

物种分布　安庆市各地广泛分布，常见。留鸟。

保护级别　国家"三有"保护物种。

赵凯/摄　成鸟

赵凯/摄　亚成鸟

赵凯/摄　飞行

火斑鸠 *Streptopelia tranquebarica*

形态特征 体长 21～24 cm。后颈基部具黑色半颈环。雄鸟头、颈、颏蓝灰色，上体背、肩葡萄红色，腰和尾上覆羽蓝灰色；飞羽黑褐色，翼上覆羽与背同色；尾暗灰色，外侧尾羽具白色端斑；喉至腹部葡萄红色，尾下覆羽白色，两胁、腋羽及翼下覆羽蓝灰色。雌鸟似雄鸟，但羽色均较暗，黑色半颈环上下缘均为浅蓝灰色。虹膜暗褐色；嘴黑色；跗蹠及趾暗红色，爪黑褐色。

赵凯/摄　　飞行

生态习性 栖息于丘陵和开阔的平原地带。主要以植物的浆果、种子和果实为食，兼食昆虫。繁殖期为 5～7 月。

物种分布 安庆市各地均有分布，罕见。夏候鸟。每年 4 月下旬至 9 月下旬可见。

保护级别 国家“三有”保护物种。

赵凯/摄　　雌鸟

赵凯/摄　　雄鸟

赵凯/摄　　左雌右雄

珠颈斑鸠 *Streptopelia chinensis*

形态特征　体长 27～32 cm。成鸟颈基部具宽阔的由黑白相间的点斑构成的半颈环，头顶蓝灰色，下体葡萄红色，上体灰褐色具浅褐色羽缘。雌雄相似。幼鸟颈基部黑白相间的珍珠斑不明显。虹膜黄色；嘴黑色；跗蹠及趾红色。

生态习性　栖息于各种有林区域。常成小群活动，地面取食。主要以植物的种子、昆虫等为食。

物种分布　安庆市各地广泛分布。留鸟。

保护级别　国家“三有”保护物种。

赵凯/摄　育雏

赵凯/摄　成鸟

赵凯/摄　亚成鸟

孙葆根/摄　飞行

夜鹰目 Caprimulgiformes

夜鹰科 Caprimulgidae

普通夜鹰 *Caprimulgus indicus jotaka*

形态特征　体长 35～45 cm。雌雄羽色相似。成鸟头、羽冠及后颈黑色且具金属光泽，后颈基部白色形成半颈环；上体黑色且具蓝绿色金属光泽，两翼栗红色，飞羽端部褐色；尾凸形，黑色且具蓝灰色光泽；颏、喉橙色；胸腹灰白色；尾下覆羽黑色，翼下覆羽橙色。虹膜红褐色；嘴黑色弓形；跗蹠及趾近黑色。

生态习性　栖息于低山、丘陵及平原地区的林缘开阔地带。多单独活动，在空中盘旋飞行捕捉飞虫。主要以白蚁、鳞翅目的昆虫及其幼虫为食。繁殖期营巢于多砂石的草坪或突出的石块上。叫声响亮尖利，为重复的 6 个音节，类似冲锋枪的声音。

赵凯/摄　幼鸟

物种分布　安庆市各地均有分布，但数量稀少。夏候鸟。

保护级别　国家“三有”保护物种；安徽省一级重点保护物种。

董文晓/摄　成鸟

董文晓/摄　成鸟

袁晓/摄　成鸟

鹃形目 Cuculiformes

杜鹃科 Cuculidae

小鸦鹃 *Centropus bengalensis*

形态特征 体长 30～40 cm。雌雄相似。成鸟头、颈、上背及下体黑色，具浅色羽干纹和蓝色金属光泽；两翼栗色；下背、肩、飞羽栗色；翼上覆羽亦为栗色，具明显的白色羽干纹；虹膜红褐色；嘴黑色；跗蹠及趾灰褐色。

生态习性 栖息于丘陵、平原地区的矮树丛或灌木丛，自身营巢于灌木或小枝杈上。单独或成对活动。主要以昆虫、蛙类等小型动物为食，兼食植物果实。叫声起始似母鸡低沉的“咯、咯、咯”，继以一连串单音节的“喔、喔、喔”，音速越来越快，音调逐渐降低。

赵凯/摄 成鸟

物种分布 安庆市沿江平原及低山丘陵地区较常见。夏候鸟。

保护级别 国家二级重点保护物种。

赵凯/摄 捕食

赵凯/摄 成鸟

胡云程/摄 飞行

红翅凤头鹃 *Clamator coromandus*

形态特征 体长 35～45 cm。雌雄羽色相似。成鸟头、羽冠及后颈黑色且具金属光泽，后颈基部白色形成半颈环；上体黑色且具蓝绿色金属光泽，两翼栗红色，飞羽端部褐色；尾凸形，黑色且具蓝灰色光泽；颏、喉橙色；胸腹灰白色；尾下覆羽黑色，翼下覆羽橙色。虹膜红褐色；嘴黑色弓形；跗蹠及趾近黑色。

生态习性 栖息于低山、丘陵及平原地区的矮林和灌木林中。主要以白蚁、鳞翅目的昆虫及其幼虫为食。繁殖期为 5～7 月，本种与其他杜鹃一样自身不营巢，将卵寄生在其他雀形目鸟类的巢中。叫声粗哑而响亮，为重复的 2 个音节。

夏家振/摄　背面

物种分布 大别山区及沿江丘陵地区均有分布，但数量稀少。夏候鸟。

保护级别 国家“三有”保护物种；安徽省一级重点保护物种。

夏家振/摄　侧面

胡云程/摄　侧面

胡云程/摄　飞行

噪鹃 *Eudynamys scolopaceus*

形态特征　体长 37～43 cm。雄鸟通体黑色，雌鸟黑色具白色斑点或斑纹。虹膜红色；嘴浅黄色；跗蹠及趾浅灰绿色。亚成鸟通体黑色，具稀疏白色斑纹(雄)，或体羽斑纹或点斑呈皮黄色(雌)。

胡云程/摄　雌鸟

生态习性　栖息于山地、丘陵地区稠密的阔叶乔木上。多单独活动，常隐蔽于树冠茂密的枝叶丛中鸣叫。叫声为重复的 2 个音节，音调和音速渐增。巢寄生。主要以植物果实为食，兼吃昆虫。

物种分布　安庆市各地广泛分布，常见。夏候鸟。

保护级别　国家“三有”保护物种；安徽省一级重点保护物种。

陈军/摄　雄鸟

胡云程/摄　雄亚成鸟

胡云程/摄　雌鸟

大鹰鹃 *Cuculus sparverioides*

胡云程/摄　腹面

形态特征 体长 38～40 cm。雌雄羽色相似。成鸟头颈暗石板灰色，上体及翼上覆羽暗褐色；飞羽黑褐色具皮黄色点斑，尾灰褐色具宽阔的黑色次端斑；下体白色，喉至上胸具棕褐色纵纹，下胸至上腹具褐色横斑。幼鸟上体暗褐色，具棕色羽缘；下体具黑褐色纵纹或点斑。眼圈黄色，虹膜黄色；嘴黑色；跗蹠及趾黄色。

生态习性 栖息于山地、丘陵地区的阔叶林中，喜开阔林地。多单独活动，常隐蔽于茂密的大树上层鸣叫。主要以昆虫及其幼虫为食。繁殖期为 4～7 月，卵寄生于喜鹊等其他雀形目鸟类的巢中。叫声清脆，为重复的 3 个音节，音调逐渐增强。

物种分布 安庆市各地广泛分布，常见。夏候鸟。

保护级别 国家“三有”保护物种；安徽省一级重点保护物种。

夏家振/摄　背面

夏家振/摄　腹面

朱英/摄　飞行

小杜鹃 *Cuculus poliocephalus*

形态特征 体长 20～28 cm。体羽似大杜鹃，尾羽黑灰色，无横纹但两侧具白色斑点；下体黑色横纹较宽。眼圈黄色，虹膜暗红褐色；上嘴黑色，下嘴基部黄色，端部黑色；跗蹠及趾黄色。

生态习性 栖息于山地、丘陵的次生林和林缘地带。成对或单独活动，常隐藏在枝叶茂密的乔木上鸣叫，鸣声为 5 个音节的急促哨音，谐音为"点灯捉蛇蚤"或"阴天打酒喝"。无固定的栖居地。主要以昆虫及其幼虫为食。繁殖期为 5～7 月，卵寄生于雀形目莺科、画眉科鸟类的巢中，义亲育雏。

物种分布 偶见于大别山区。夏候鸟。

保护级别 国家"三有"保护物种；安徽省一级重点保护物种。

董文晓/摄　腹面

朱英/摄　腹面

黄丽华/摄　背面

四声杜鹃 *Cuculus micropterus*

朱英/摄 雌鸟

形态特征 体长 35～38 cm。上体暗褐色，尾具宽阔的黑色次端斑和狭窄的白色端斑，喉和上胸浅灰色，下胸和腹白色具宽阔的黑色横斑。雌雄相似。虹膜暗红褐色，眼圈黄色；上嘴黑色，下嘴基部黄色；跗蹠及趾黄色。

生态习性 栖息于山地、丘陵或平原森林及次生林的上层。性懦怯，多隐伏在树冠的叶丛中。巢寄生。主要以昆虫及其幼虫为食。叫声舒缓，为重复的 4 个音节“布谷、布谷”，容易辨识。

物种分布 安庆市各地均有分布。夏候鸟。

保护级别 国家“三有”保护物种；安徽省一级重点保护物种。

夏家振/摄 雄鸟

夏家振/摄 雄鸟

中杜鹃 *Cuculus saturatus*

形态特征　体长 32～34 cm。似大杜鹃，但本种翼下覆羽斑纹少且不清晰；翅缘白色，无斑纹；下体横斑较大（杜鹃更粗）。棕色型雌鸟上体红褐色，腰部具黑褐色横斑。眼圈黄色，虹膜黄褐色；嘴黑褐色，基部黄色；跗蹠及趾橘黄色。

夏家振/摄　幼鸟

生态习性　栖息于山地针叶林、针阔叶混交林、阔叶林等茂密的森林中。主要以昆虫及其幼虫为食。繁殖期为 5～7 月，卵寄生于雀形目鸟类的巢中。叫声为 4 或 5 个连续的爆破音“不、不、不、不”，重复几次。

物种分布　大别山区常见。夏候鸟。

保护级别　国家“三有”保护物种；安徽省一级重点保护物种。

袁晓/摄　成鸟

袁晓/摄　亚成鸟

董文晓/摄　飞行

大杜鹃 *Cuculus canorus*

形态特征 体长 30～34 cm。成鸟头顶、后颈及上体为暗灰色；尾羽黑色，两侧具近乎对称的白色斑点；头侧、颈侧及下体的颏、喉至上胸浅灰色，下体余部白色，具黑褐色细横纹。幼鸟枕部具白色块斑，肩羽和翼上覆羽暗褐色，杂以红褐色斑纹和白色羽缘。虹膜及眼圈黄色；上嘴黑褐色，下喙黄色；跗蹠及趾黄色。

生态习性 栖息于山地、丘陵和平原的开阔有林地带，尤其喜欢近水林地。多单独活动，喜欢晨间在树叶丛中鸣叫，叫声为重复的 2 个音节“布谷”。偶尔停息在电线或树冠上。巢寄生。主要以昆虫及其幼虫为食。

物种分布 安庆市各地常见。夏候鸟。

保护级别 国家“三有”保护物种；安徽省一级重点保护物种。

赵凯/摄 飞行

赵凯/摄 成鸟

赵凯/摄 成鸟

胡云程/摄 义亲

鹤形目 Gruiformes

秧鸡科 Rallidae

普通秧鸡 *Rallus indicus*

形态特征　体长 25～29 cm。雌雄羽色相似。成鸟头顶至后颈黑褐色，头侧蓝灰色，贯眼纹黑褐色；上体橄榄褐色，具黑褐色纵纹；颏白色，下体多蓝灰色，具浅褐色端斑；两胁及尾下覆羽黑褐色，具醒目的白色斑纹。虹膜红褐色；嘴橘红色，嘴峰黑色；跗蹠及趾暗红色。

生态习性　繁殖于我国东北及华北地区，在长江流域及其以南地区越冬。栖息于湖泊、沟渠等水域岸边的草丛、灌丛，以及水稻田中。多晨昏单独或成对活动，白天多匿藏在茂密的草丛或灌丛中。杂食性，兼食鱼、虾等小型水生动物和植物性食物。

物种分布　沿江平原偶见。冬候鸟。每年 7 月下旬至次年 2 月下旬均有分布记录。

保护级别　国家"三有"保护物种。

董文晓/摄　背面

董文晓/摄　侧面

董文晓/摄　腹面

薄顺奇/摄　觅食

红脚田鸡(红脚苦恶鸟) *Amaurornis akool*

形态特征 体长 24～30 cm。雌雄羽色相似。成鸟头顶、后颈及上体橄榄褐色,头侧、颈侧、胸、腹蓝灰色;颏、喉白色,两胁及尾下覆羽与上体同色。虹膜红褐色;嘴黑褐色,下嘴基部黄绿色;胫裸露部分、跗蹠和趾红色。幼鸟上体暗灰褐色,下体蓝灰沾黑色。雏鸟黑色。

生态习性 栖息于低山、丘陵和平原地带水草丰茂的河流、湖泊、灌渠和库塘等湿地。单独或成小群活动。杂食性,主要以昆虫等无脊椎动物为食,兼食植物种子。繁殖期为 4～6 月,营巢于水域附近的灌丛、草丛或水田中。

物种分布 安庆市各地均有分布,常见。留鸟。

保护级别 国家"三有"保护物种。

汪湜/摄　觅食

唐建兵/摄　育雏

胡云程/摄　游泳

赵凯/摄　成鸟

白胸苦恶鸟 *Amaurornis phoenicurus*

形态特征 体长 25～29 cm。雌雄羽色相似。成鸟头、颈及上背和肩暗石板灰色；下背至尾羽棕褐色；额、眼先、颊及下体自颏至腹中央纯白色，腹以下红棕色。虹膜红褐色；嘴黄绿色，上嘴基部红色；胫裸露部分、跗蹠以及趾黄色。幼鸟背橄榄褐色，下体灰白色。

生态习性 栖息于水生植物丰茂的湖泊、池塘、沼泽地及水稻田等湿地。单独或成对活动。杂食性，主要以昆虫等无脊椎动物为食，兼食种子等植物组织。繁殖期为 4～6 月，求偶鸣声单调重复，营巢于近水的草丛或灌丛等隐秘处。

物种分布 安庆市各地均有分布。夏候鸟。

保护级别 国家“三有”保护物种。

胡云程/摄　觅食

赵凯/摄　成鸟

赵凯/摄　成鸟

董鸡 *Gallicrex cinerea*

形态特征 体长 36～40 cm。雌雄异色。雄鸟繁殖羽：额甲红色，末端游离，头颈、背及下体黑色；上体余部及翼羽褐色沾棕，尾羽黑褐色。雌鸟及雄鸟非繁殖羽：额甲不显，头顶至后颈灰褐色，上体黑褐色具宽阔的黄褐色羽缘；头侧、颈侧及下体黄色，两胁具黑褐色波状细纹。虹膜黄褐色；嘴黄色；胫、跗蹠和趾绿色。

生态习性 栖息于湖泊、河流等水域岸边的草、灌丛中，富有水生植物的库塘、沟渠及农田等人工湿地。成对或单独活动。杂食性，主要以无脊椎动物和小型脊椎动物为食。繁殖期为 5～7 月，营巢于水域附近的草丛、芦苇丛中。

夏家振/摄　雄鸟

物种分布 历史上安庆市各地均有分布，农田水网尤其常见。21 世纪以后，随着除草剂、农药的大量使用，该种在安庆市已非常罕见。夏候鸟。每年 4 月中下旬抵达安徽省，10 月初南迁越冬。

保护级别 国家“三有”保护物种。

袁晓/摄　雄鸟

王灵芝/摄　雌鸟

夏家振/摄　飞行

黑水鸡(红骨顶) *Gallinula chloropus*

赵凯/摄　亚成鸟

形态特征 体长 30～35 cm 的中等涉禽。成鸟额甲红色，头及上体多黑色，两胁具白色条纹，尾下覆羽两侧纯白色。幼鸟体羽多灰褐色，无红色额甲。雌雄相似。虹膜红褐色；嘴基红色，端部黄色；胫红色，跗蹠及趾绿色。

生态习性 栖息于富有挺水植物的各类淡水湿地。多成对或成小群活动，杂食性。

物种分布 安庆市各地广泛分布，常见。留鸟。

保护级别 国家“三有”保护物种。

赵凯/摄　成鸟

陈军/摄　成鸟

赵凯/摄　育雏

白骨顶(骨顶鸡) *Fulica atra*

形态特征 体长 40～43 cm。雌雄羽色相似。成鸟嘴白色，具白色额甲；头、颈黑色，体羽灰黑沾棕；最外侧飞羽外侧边缘白色，内侧飞羽端部白色，飞行时可见。虹膜红褐色；胫裸出部分橙黄色，跗蹠及趾灰绿色，趾间具瓣蹼。幼鸟头顶黑褐色杂有白色细纹，头侧、下体灰白色。

生态习性 大致以淮河秦岭一线以北地区为繁殖地，以南地区为越冬地。栖息于开阔的河流、湖泊等水域。多集群活动。杂食性，主要以鱼、虾等水生动物为食，兼食水生植物。

陈军/摄 成鸟

物种分布 安庆市沿江有水草分布的湖汊、水塘、沟渠常见。冬候鸟。每年 10 月中下旬抵达安徽省，次年 3 月中下旬北去繁殖。

保护级别 国家“三有”保护物种。

赵凯/摄 成鸟

赵凯/摄 飞行

赵凯/摄 成鸟

鹤科 Gruidae

白鹤 *Grus leucogeranus*

形态特征 体长 120～140 cm。雌雄羽色相似。成鸟额至眼后缘裸露无羽，朱红色；通体白色，但初级飞羽、初级覆羽和小翼羽黑色。幼鸟头、颈、上背及翼上覆羽棕黄色，初级飞羽黑色。虹膜浅黄色；嘴赭红色；胫跗裸出部分、跗蹠部及趾暗红色。

生态习性 我国无繁殖种群，自西伯利亚沿我国东北至黄河三角洲一线迁徙至长江中下游地区越冬。栖息于开阔的河流、湖泊的滩头、沼泽等湿地。冬季集群，喜于浅水滩头或沼泽地觅食。主要以湿地植物的茎和块根为食，兼食部分水生动物。每年 10 月中下旬抵达安徽省，次年 3 月上旬北去繁殖。

物种分布 安庆市沿江湖泊偶见，菜子湖、武昌湖、泊湖及江心洲均有分布。大别山区太湖、岳西等地有受伤个体救护记录。冬候鸟。

保护级别 国家一级重点保护物种；IUCN 红色名录极危（CR）级别；CITES 附录 I 收录。

赵凯/摄　家庭群

陈军/摄　成鸟

赵凯/摄　亚成鸟

赵凯/摄　飞行

沙丘鹤 *Grus canadensis*

形态特征 体长 110～120 cm。雌雄羽色相似。成鸟眼先、额、前头裸露无羽，鲜红色；颊、耳羽近白色，后颈浅灰色；体羽多为石板灰色，缀有褐色；翼上覆羽与背同色，飞羽内侧暗褐色，3 级飞羽延长呈弓形。虹膜黄色；嘴暗褐色；胫跗裸出部分、跗蹠部及趾黑褐色。

生态习性 主要分布于北美，我国多地有迷鸟记录。栖息于开阔的河流、湖泊的滩头、沼泽等湿地。成家族群活动。主要以植物的茎、叶、芽及种子为食。

物种分布 2015 年 12 月在菜子湖记录到 1 只，常与白头鹤混群。迷鸟。

保护级别 国家二级重点保护物种；CITES 附录Ⅱ收录。

董文晓/摄　成鸟

江红星/摄　成鸟

白枕鹤 *Grus vipio*

形态特征 体长约 100 cm。雌雄羽色相似。成鸟眼周露皮红色，嘴基绒毛近黑色；头顶、枕部、后颈白色，体羽及前颈和颈侧带纹暗石板灰色；外侧飞羽和初级覆羽黑褐色，3 级飞羽灰色延长呈“弓”形。虹膜黄色；嘴黄色；胫、跗蹠及趾红色。幼鸟头部棕褐色。

生态习性 在我国黑龙江北部有繁殖，在长江中下游地区越冬。栖息于河流、湖泊的浅水区，以及多水草的沼泽地带。多成小群活动，偶尔单独活动。主要以植物的种子、茎、叶等为食，兼食部分水生动物。

汪湜/摄　左亚成鸟

物种分布 安庆市沿江湖泊偶见。旅鸟。潜山水吼、岳西河图等地有该种受伤个体救护记录。

保护级别 国家一级重点保护物种；IUCN 红色名录濒危（EN）级别；CITES 附录Ⅰ收录。

赵凯/摄　觅食

赵凯/摄　飞行

赵凯/摄　成鸟

灰鹤 *Grus grus*

形态特征 体长 100～110 cm。雌雄羽色相似。成鸟头、颈黑色，头顶裸出部分红色，自眼后有 1 条白色宽纹经耳区、后枕延伸至上背；飞羽和尾羽黑色，3 级飞羽灰色延长弯曲呈"弓"形，羽枝呈毛发状；其余体羽多灰色。虹膜黄色；嘴黄色；胫、跗蹠及趾黑褐色。幼鸟顶冠被羽，体羽灰色沾棕。

生态习性 在我国东北、新疆有少量繁殖，在华北、华东至西南及其以南地区越冬。栖息于开阔的湖泊、河漫滩和沼泽等湿地。杂食性，主要以植物性食物为食，兼食鱼、虾等水生动物。

张忠东/摄　飞行

物种分布 安庆市沿江湖泊迁徙期偶见。旅鸟。

保护级别 国家二级重点保护物种；IUCN 红色名录近危(NT)级别；CITES 附录Ⅱ收录。

袁晓/摄　左亚成鸟

董文晓/摄　与白鹤混群

陈军/摄　成鸟

白头鹤 *Grus monacha*

形态特征 体长 95～110 cm。雌雄羽色相似。成鸟头、颈白色，前头裸皮朱红色；体羽多深灰色，飞羽黑褐色，内侧飞羽羽枝松散，延长弯曲成“弓”形。虹膜红褐色；嘴黄绿色；胫裸出部分和跗蹠灰黑色，趾红色。幼鸟头颈棕黄色，嘴粉红色。

生态习性 我国内蒙古锡林郭勒及东北有少量繁殖，长江中下游的季节性湖泊为其主要越冬场所。栖息于河流、湖泊的浅水滩头及沼泽地和湿草地。多以家庭为单位的小群活动。杂食性，兼食鱼、虾等水生动物及农作物的种子。

陈军/摄　成鸟

物种分布 安庆市菜子湖、武昌湖是该种重要的越冬栖息地之一。冬候鸟。每年 10 月下旬抵达安徽省，次年 3 月中旬北去繁殖。

保护级别 国家一级重点保护物种；IUCN 红色名录濒危（EN）级别；CITES 附录Ⅱ收录。

赵凯/摄　飞行

赵凯/摄　家庭群

赵凯/摄　集群

鸻形目 Charadriiformes

反嘴鹬科 Recurvirostridae

鹮嘴鹬 *Ibidorhyncha struthersii*

形态特征 体长约 40 cm。额、头顶、脸、颏和喉连成 1 块黑斑，四周围以窄的白色边缘。后颈、颈侧、前颈和上胸蓝灰色。胸具 1 条宽阔的黑色横带；在黑色胸带和上胸的灰色之间又有 1 道较窄的白色胸带，黑色胸带下的其余下体概为白色。背、肩等整个上体灰褐色。翅上飞羽黑褐色。翅缘白色。虹膜红色。嘴长而向下弯曲，呈弧形，繁殖期为亮红色，其他季节为暗红色。脚在繁殖期为亮红色，其他季节多呈灰粉红色。

生态习性 繁殖于我国西部及华北以北地区。栖息于山地、高原和丘陵地区的溪流和多砾石的河流沿岸，从东部的近海平面到西部的 4500 m 左右的高山地区。冬季多到低海拔的溪流间道活动。以小型水生动物为食。

物种分布 2020 年 1 月 17 日，在潜山水吼的潜水河河滩记录 1 只。迷鸟。

保护级别 国家二级重点保护物种；IUCN 红色名录近危(NT)级别。

董文晓/摄　成鸟

董文晓/摄　成鸟

黑翅长脚鹬 *Himantopus himantopus*

形态特征 体长 33～41 cm。雄鸟虹膜红褐色，嘴黑色细长，腿修长粉红色；上体及翼上覆羽黑色，具蓝绿色金属光泽；下背至腰有 1 条白色带纹与尾上覆羽相连；体羽余部白色，头顶至后颈的黑色区域个体间变异较大。雌鸟似雄鸟，但上体棕褐色。幼鸟上体褐色，具明显的浅色羽缘。

赵凯/摄　亚成鸟

生态习性 在我国东北、新疆西北及华北地区繁殖，在华南地区越冬。栖息于开阔的河流、湖泊等湿地的浅水滩头及沼泽地。集群活动，主要以鱼类、甲壳类等水生动物为食。

物种分布 安庆市沿江地区的农田、浅水河滩迁徙期常见，岳西天堂衙前河也有多次记录。

保护级别 国家“三有”保护物种。

赵凯/摄　雌鸟

赵凯/摄　雄鸟

赵凯/摄　左雌右雄

反嘴鹬 *Recurvirostra avosetta*

形态特征 体长 33～43 cm。雌雄羽色相似。成鸟嘴黑色，细长而上翘；头顶至后颈、肩羽及外侧初级飞羽黑色，翼上覆羽具大块黑斑，其余体羽白色。虹膜褐色；胫、跗蹠及趾绿灰色。幼鸟似成鸟，但体羽黑色部分为暗褐色或灰褐色所替代。

生态习性 在我国东北、西北及华东沿海地区繁殖，在长江流域及其以南地区越冬。栖息于开阔水域的浅水区或沼泽地。单独或成对活动，迁徙时集大群。用嘴在泥水中左右扫动以觅食小型水生动物。

物种分布 安庆市沿江湖泊常见。冬候鸟。

保护级别 国家“三有”保护鸟类。

赵凯/摄　飞行

赵凯/摄　成鸟

赵凯/摄　集群

鸻科 Charadriidae

凤头麦鸡 *Vanellus vanellus*

形态特征 体长 29～34 cm。雌雄羽色相似。成鸟繁殖羽：头顶黑色，冠羽长而向上反曲；头侧和后颈白色，眼后具短的黑色条纹；上体灰绿色且具金属光泽，尾上覆羽白色；飞羽黑色，外侧飞羽具白色端斑；喉至胸黑色，尾下覆羽浅棕色，下体余部及腋羽和翼下覆羽纯白色。成鸟非繁殖羽：颏、喉白色。虹膜暗褐色；嘴黑褐色；胫、跗蹠和趾暗红色。

生态习性 繁殖于我国东北及新疆西北部，主要在长江中下游及其以南地区越冬。栖息于河流、湖泊、沼泽等湿地，以及附近的农田等区域。喜成群活动，主要以无脊椎动物和小型脊椎动物为食。

物种分布 安庆市沿江湖泊的浅滩常见。冬候鸟。

保护级别 国家“三有”保护物种；IUCN 红色名录近危（NT）级别。

赵凯/摄　成鸟

赵凯/摄　飞行

赵凯/摄　成鸟

灰头麦鸡 *Vanellus cinereus*

形态特征 体长 33～35 cm。头、颈灰色；上体赭褐色；胸带黑色，胸以下白色。雌雄相似。幼鸟黑色胸带不明显。眼圈黄色，虹膜红褐色；嘴黄色，端部黑色；胫、跗蹠和趾黄色。

生态习性 在我国东北至华东地区繁殖，在华南地区越冬。栖息于低山丘陵，平原的河流、湖泊沿岸的开阔地，以及沼泽、农田、湿草地等区域。多成对或成小群活动。护幼行为十分强烈，遇异常情况亲鸟立马升空，不停地绕圈飞行鸣叫。杂食性，主要以无脊椎动物和小型脊椎动物为食。

物种分布 安庆市沿江平原的湖滩、河岸、草滩、农田均非常常见。夏候鸟，每年最早在2月就到达安庆市。

保护级别 国家“三有”保护物种。

赵凯/摄　雏鸟

赵凯/摄　飞行

赵凯/摄　成鸟

金鸻(金斑鸻) *Pluvialis fulva*

形态特征 体长 23～25 cm。雌雄羽色相似。成鸟繁殖羽:头及上体黑褐色,满布金黄色斑点;自眼先经颈侧达胸侧和两胁有 1 条宽阔的白色条带,将金色的上体与黑色的下体分开;头侧及下体黑色,两胁和尾下覆羽白色具黑褐色斑纹。虹膜暗褐色;嘴黑色;胫、跗蹠和趾黑褐色,后趾缺失。幼鸟似成鸟非繁殖羽。

赵凯/摄 飞行

生态习性 栖息于河流、湖泊的滩涂,以及沼泽地、稻田等地。单独或成小群活动,主要以无脊椎动物和小型脊椎动物为食。

物种分布 每年 3～5 月、9～11 月见于沿江湖泊及附近湿地。旅鸟。

保护级别 国家"三有"保护物种。

赵凯/摄 非繁殖羽

袁晓/摄 亚成鸟

赵凯/摄 繁殖羽

灰鸻(灰斑鸻) *Pluvialis squatarola*

形态特征 体长 27～30 cm。雌雄羽色相似。成鸟繁殖羽：头侧和体侧的白色带纹及黑色的下体似金鸻。头及上体黑褐色，杂以白色斑纹；尾羽白色，具黑色横纹；腹以下白色，腋羽黑色，翼下覆羽灰白色。成鸟非繁殖羽：头侧白色带纹和下体黑色消失；上体灰褐色，具浅色羽缘；胸部灰褐色，腹以下白色。幼鸟似成鸟非繁殖羽。虹膜暗褐色；嘴黑色；胫、跗蹠及趾暗褐色。

赵凯/摄　飞行

生态习性 栖息于河流、湖泊沿岸及其附近的滩头或沼泽地。喜集群活动，主要以鱼、虾、蟹等水生动物为食，也捕食昆虫。

物种分布 每年 2 月下旬至 5 月上旬、9～11 月见于沿江湖泊及附近湿地。旅鸟。

保护级别 国家“三有”保护物种。

赵凯/摄　非繁殖羽

赵凯/摄　亚成鸟

袁晓/摄　过渡羽

长嘴剑鸻 *Charadrius placidus*

形态特征 体长 19～22 cm。似金眶鸻，但眼圈不为金黄色。额、眉纹和颈环白色，白色的颈环下方继以完整的黑色环带。夏羽前头具黑色斑块，冬羽消失。雌雄相似。成鸟冬羽与幼鸟额上方无黑色斑纹，眉纹浅黄褐色，胸带灰褐色。虹膜暗褐色；嘴黑色，下嘴基部黄色；胫、跗蹠及趾黄褐色。

赵凯/摄　非繁殖羽

生态习性 栖息于山地、丘陵及平原地区的河流、湖泊岸边、滩头、沼泽地等区域。单独或成小群活动，主要以昆虫等无脊椎动物为食。

物种分布 安庆市各地广泛分布。夏候鸟。

保护级别 国家“三有”保护物种；IUCN 红色名录近危(NT)级别。

赵凯/摄　繁殖羽

赵凯/摄　飞行

赵凯/摄　配对

金眶鸻 *Charadrius dubius*

形态特征 体长 15～17 cm。眼圈金黄色；颈环白色且宽阔，胸带黑色且完整；额黑色，近基部有 1 个白色斑块；额后缘有 1 条白色线条与左右白色眉纹相连。冬羽额棕白色，环绕额的黑色带纹消失，黑色的胸带变为浅黑褐色。幼鸟似成鸟冬羽。虹膜暗褐色；嘴黑褐色，下嘴基部红色；胫、跗蹠和趾橙黄色。

生态习性 栖息于低山、丘陵、平原地区的河流、湖泊的滩头，以及沼泽地。单独或成对活动，偶尔也成小群。主要以昆虫等无脊椎动物为食。

物种分布 安庆市各地广泛分布。夏候鸟。

保护级别 国家“三有”保护物种。

汪混/摄　繁殖羽

赵凯/摄　非繁殖羽

赵凯/摄　觅食

赵凯/摄　繁殖羽

环颈鸻 *Charadrius alexandrinus*

形态特征 体长 17～18 cm。雄鸟繁殖羽：具白色颈环和不完整的黑褐色胸带；眉纹白色与额部的白色区域相连；额上方具黑色斑块，但不与贯眼纹相连；头顶及后颈棕褐色，上体褐色沾棕；飞羽黑褐色，翼具白色翅斑。雄鸟非繁殖羽：额无黑色斑块，繁殖羽中的黑色部分为灰色所替代。雌鸟似雄鸟非繁殖羽。虹膜暗褐色；嘴黑色；胫、跗蹠和趾黑褐色。幼鸟上体具浅色羽缘。

赵凯/摄　雄鸟非繁殖羽

生态习性 栖息于河流、湖泊的滩头以及沼泽地。喜集群活动，主要以昆虫等无脊椎动物为食。

物种分布 安庆市沿江平原地区的湖泊、农田、浅水滩地广泛分布。冬候鸟，部分留鸟。

保护级别 国家“三有”保护物种。

汪湜/摄　雌鸟

赵凯/摄　雄鸟繁殖羽

陈军/摄　左雌右雄

彩鹬科 Rostratulidae

彩鹬 *Rostratula benghalensis*

形态特征 体长 24～25 cm。雌雄异色，本种雌鸟较雄鸟色彩艳丽。雄鸟繁殖羽：眼圈、眼后短眉纹黄白色；头、颈、胸及上体多灰黄，杂以暗绿色和白色斑纹；肩部具宽阔的白色带纹，胸以下白色。雌鸟繁殖羽：眉纹白色，头侧、颈和上胸棕红色，头顶、上体多绿灰色杂以黑褐色虫蠹状斑；肩具白带，胸以下白色。虹膜褐色；嘴橙黄色；胫、跗蹠及趾黄绿色。幼鸟似雄鸟。

生态习性 栖息于丘陵、平原地区的库塘、沼泽、沟渠等湿地以及水稻田中。性机警，单独或成对活动。主要以小型脊椎动物为食，兼食植物组织。一雌多雄，繁殖期为 4～6 月，营巢于沼泽或水田附近的水草丛中。

物种分布 安庆市沿江平原地区的农田区常见，大别山区开阔河谷区也有。夏候鸟。

保护级别 国家“三有”保护物种。

赵凯/摄　雌鸟侧面

陈军/摄　雌鸟正面

唐建兵/摄　飞行

汪湜/摄　雄鸟育雏

水雉科 Jacanidae

水雉 *Hydrophasianus chirurgus*

形态特征 体长 35～42 cm。雌雄羽色相似。成鸟繁殖羽：头、颈侧以及下体颏至前颈白色，枕具黑色斑块，后颈金黄色；上体多棕褐色，腰以下黑色，中间 4 枚尾羽特别延长；外侧初级飞羽黑褐色，其余飞羽以及翼覆羽白色；下体颈以下棕褐色，腋羽和翼下覆羽白色。幼鸟头顶黄褐色，上体灰褐色具黄褐色羽缘，头侧及下体多污白色，胸具褐色斑纹。

生态习性 栖息于富有挺水和漂浮植物的淡水湖泊、池塘和沼泽地。单独或成对活动，步履轻盈，善在挺水植物上行走。主要以小型无脊椎动物和水生植物为食。繁殖期为 5～7 月，营巢于芡实等浮叶植物上。

物种分布 分布于安庆市沿江平原地区有浮叶植物生长的湖汊、水塘。夏候鸟。

保护级别 国家二级重点保护物种；IUCN 红色名录近危(NT)级别。

赵凯/摄　成鸟

赵凯/摄　觅食

胡云程/摄　亚成鸟

胡云程/摄　展翅

鹬科 Scolopacidae

丘鹬 *Scolopax rusticola*

形态特征 体长 32～34 cm。雌雄羽色相似。外形似沙锥，但头顶和后颈具 4 条宽阔的黑褐色横斑；上体赤褐色，杂以黑色或灰褐色斑纹；颏、喉灰白色，下体余部灰色沾棕，具黑褐色横纹。虹膜暗褐色；嘴基部近粉色，端部黑褐色；跗蹠及趾黄色。

生态习性 栖息于林间沼泽、湿草地和林缘灌丛地带。多夜间活动，白天隐伏。主要以蚯蚓、蜗牛等小型无脊椎动物为食，兼食植物的根、浆果和种子。

物种分布 迁徙期各地都可见。旅鸟。

保护级别 国家“三有”保护物种。

董文晓/摄　成鸟

袁晓/摄　成鸟

袁晓/摄　成鸟

裴志新/摄　成鸟

针尾沙锥 *Gallinago stenura*

形态特征 体长 21～27 cm。雌雄羽色相似。成鸟头顶黑褐色杂以黄褐色斑纹，头顶中央具近白色的冠纹；眉纹浅黄色，贯眼纹黑褐色；上体及翼上覆羽多黑褐色，具宽阔的白色羽缘和黄褐色斑纹；前颈和胸浅黄褐色，杂以黑褐色斑纹；下体余部污白色，体侧具黑褐色横纹；翼下密被黑褐色斑纹。虹膜褐色；嘴基部灰黄，端部黑褐色；胫、跗蹠及趾绿色。易与扇尾沙锥和大沙锥混淆。本种最外侧 7 对尾羽成针状，嘴约为头长的 1.5 倍，基部较粗往端部渐细；次级飞羽羽缘无明显白色；飞行时脚伸出尾后较多，受惊时呈“Z”字形线路飞行。

生态习性 栖息于河流、湖泊的岸边浅水区、沼泽地和水稻田等湿地。常单独或成小群活动。主要以昆虫等无脊椎动物为食，兼食植物种子。

物种分布 每年 4 月中下旬、8 月下旬至 9 月上旬见于沿江湖泊及附近浅水沼泽。旅鸟。

保护级别 国家“三有”保护物种。

夏家振/摄　侧面

夏家振/摄　背面

袁晓/摄　侧面

大沙锥 *Gallinago megala*

形态特征 体长 26～28 cm。外形似针尾沙锥喙，长约为头长的 1.5 倍，翼下密布暗褐色横斑，次级飞羽羽缘无白色；但尾羽 20 枚，从中央向外侧逐渐变窄；肩羽外侧羽缘宽，内侧羽缘相对较窄；飞行时脚几乎与尾等齐，受惊时作短距离直线飞行。

夏家振/摄　背面

生态习性 栖息于河流、湖泊的岸边浅水区、沼泽地和水稻田等湿地。常单独或成松散的小群活动。主要以昆虫等无脊椎动物为食，兼食植物种子。

物种分布 每年 4 月中下旬、8 月下旬至 9 月上旬见于沿江湖泊及附近浅水沼泽。旅鸟。

保护级别 国家“三有”保护物种。

夏家振/摄　侧面

裴志新/摄　亚成鸟

夏家振/摄　侧面

扇尾沙锥 *Gallinago gallinago*

形态特征 体长 22～27 cm。外形与针尾沙锥和大沙锥相似。但嘴基部和端部粗细相差不大，嘴长约为头长的 2 倍；肩羽外侧羽缘远较内侧宽阔；次级飞羽羽缘白色，翼下覆羽白色；受惊时呈"Z"字形路线飞行；尾羽 14 枚，各尾羽宽度相当。

唐建兵/摄　侧面

生态习性 栖息于河流、湖泊的岸边浅水区、沼泽地和水稻田等湿地。常单独或成小群活动。主要以昆虫、软体动物等无脊椎动物为食，兼食植物种子。

物种分布 安庆市沿江湖泊及附近湿地常见。冬候鸟。

保护级别 国家"三有"保护物种。

赵凯/摄　成体

陈军/摄　腹面

赵凯/摄　成体

黑尾塍鹬 *Limosa limosa*

形态特征 体长 36～41 cm。雌雄羽色相近。成鸟繁殖羽：头、颈和胸红褐色，头顶具黑褐色细纹；上体黑褐色具红褐色和白色羽缘；尾上覆羽和翼覆羽白色，尾羽黑色；翼上覆羽灰褐色，飞羽黑褐色具明显的白色翅斑；胸以下白色，具黑褐色和红褐色斑。成鸟非繁殖羽：头、上体及胸部灰褐色，胸以下白色。虹膜暗褐色；嘴长而直，基部红色或黄色，端部黑色；胫、跗蹠及趾黑褐色。幼鸟似成鸟非繁殖羽。

生态习性 在我国东北及西北地区繁殖，在长江中下游及其以南地区越冬。栖息于河流、湖泊的浅水区、沼泽等湿地。单独或成小群活动，善用长嘴插入泥中搜寻食物。主要以昆虫、甲壳类等无脊椎动物为食。

物种分布 迁徙期偶见于沿江湖泊及附近的农田。旅鸟。

保护级别 国家“三有”保护物种。

赵凯/摄　繁殖羽

赵凯/摄　展翅

陈军/摄　非繁殖羽

斑尾塍鹬 *Limosa lapponica*

形态特征 体长 36～41 cm。雌雄羽色相似。成鸟繁殖羽：头侧及下体全为棕栗色。成鸟非繁殖羽：头、颈、上体及胸灰褐色，具黑褐色纵纹。虹膜暗褐色；嘴细长而上翘，基部红色而端部黑色；胫、跗蹠及趾黑色。似黑尾塍鹬。但嘴细长而明显上翘；腰、尾上覆羽及翼下覆羽白色，密布黑褐色斑纹；尾羽暗灰褐色，亦具黑褐色横纹。

生态习性 栖息于河流、湖泊的浅水区、沼泽等湿地。多成小群活动，善用长嘴插入泥中搜寻食物。主要以甲壳类等无脊椎动物为食。

物种分布 迁徙期于沿江湖泊罕见。

保护级别 国家“三有”保护物种；IUCN 红色名录近危(NT)级别。

赵凯/摄　繁殖羽

赵凯/摄　非繁殖羽

赵凯/摄　飞行

白腰杓鹬 *Numenius arquata*

形态特征 体长 57～63 cm。雌雄羽色相似。成鸟头、颈、胸黄褐色，具黑褐色纵纹；上体黑褐色，具浅黄褐色羽缘；下背至腰纯白色，尾羽亦白色，但具暗褐色横纹；初级飞羽和初级覆羽黑褐色，两翼余部灰褐色，具白色横斑；腹以下及翼下覆羽纯白色。虹膜暗褐色；嘴黑褐色，下嘴基部红色；胫、跗蹠和趾近灰褐色。本种较中杓鹬体型更大，嘴更长；似大杓鹬，但下背至腰、腋羽和翼下覆羽均为纯白色。

生态习性 栖息于河流、湖泊的浅水区、沼泽湿地等区域。常成小群活动，利用长而下弯的嘴从泥中探觅食物。主要以鱼、虾等水生动物为食。

物种分布 安庆市沿江湖泊偶见越冬个体。

保护级别 国家二级重点保护物种；IUCN 红色名录近危(NT)级别。

赵凯/摄　飞行

夏家振/摄　腹面

赵凯/摄　觅食

赵凯/摄　成鸟

鹤鹬 *Tringa erythropus*

形态特征 体长 26～33 cm。雌雄羽色相似。成鸟繁殖羽：眼圈白色，头、颈及下体黑色，上背、肩及翼上覆羽黑色，具白色羽缘斑；下背和腰白色，尾上覆羽至尾羽灰白色，具黑褐色横纹。成鸟非繁殖羽：头、颈及上体灰褐至暗褐色，翼上覆羽具白色羽缘；下背和腰白色，尾上覆羽具黑褐色横纹；下体及翼下覆羽白色。嘴黑褐色，仅下嘴基部红色，嘴端微下弯。虹膜暗褐色；嘴细长，下嘴基部红色，端部微下弯；胫、跗蹠及趾红色。

夏家振/摄　繁殖羽

生态习性 在我国新疆西北部繁殖，迁徙期于华东及东部沿海地区常见，主要在东南沿海省份越冬。栖息于河流、湖泊岸边，库塘，沼泽及农田等湿地。主要以甲壳动物、软体动物等小型水生动物为食。

物种分布 迁徙期在沿江湖泊及附近的河流、沼泽广泛分布，冬季固定栖息在菜子湖、武昌湖、石门湖等湖泊浅滩中，常见。冬候鸟。

保护级别 国家“三有”保护物种。

赵凯/摄　繁殖羽

赵凯/摄　非繁殖羽

赵凯/摄　成鸟

泽鹬 *Tringa stagnatilis*

形态特征 体长20～25 cm。雌雄羽色相似。成鸟繁殖羽：头、颈灰白色，具黑褐色细纵纹；背、肩及翼上覆羽浅黄褐色，具黑色枫叶状斑纹；下背至尾上覆羽白色，尾羽具黑褐色斑纹；下体白色，前颈和体侧具黑色斑点，翼下覆羽白色。成鸟非繁殖羽：上体灰褐色，具白色羽缘；颈侧及下体白色。虹膜暗褐色；嘴黑色，细长而直；胫、跗蹠及趾黄绿色。

赵凯/摄　繁殖羽

生态习性 在我国东北繁殖，在长江流域及其以南地区越冬。栖息于河流、湖泊的岸边浅水区及沼泽等湿地。单独或成小群活动，主要以甲壳类、软体动物等水生动物为食。

物种分布 迁徙期在安庆市沿江湖泊及附近的浅水沼泽、水田中常见。旅鸟。

保护级别 国家“三有”保护物种。

赵凯/摄　飞行

袁晓/摄　非繁殖羽

夏家振/摄　繁殖羽

青脚鹬 *Tringa nebularia*

形态特征 体长 30～35 cm。雌雄羽色相似。成鸟繁殖羽：头、颈灰白色，密布黑褐色细纹；上背、肩及翼上覆羽灰褐色至黑褐色，具黑色斑纹和白色羽缘；下背至尾上覆羽纯白色，尾羽白色具暗褐色横纹；下体白色，胸及体侧具黑褐色斑纹。成鸟非繁殖羽：上体灰褐色，具黑褐色羽干纹和白色羽缘；下体白色。虹膜黑褐色；嘴粗基部蓝灰色，端部黑色微上翘；胫、跗蹠及趾黄绿色。

赵凯/摄　非繁殖羽

生态习性 栖息于沼泽、河流和湖泊的浅滩等湿地。多单独或成小群活动，常用嘴在泥水中左右扫荡觅食。

物种分布 安庆市沿江平原地区的湖泊、河流常见，大别山区的宽阔河滩也有。冬候鸟。

保护级别 国家“三有”保护物种。

赵凯/摄　觅食

赵凯/摄　飞行

赵凯/摄　繁殖羽

白腰草鹬 *Tringa ochropus*

形态特征 体长 20～24 cm。雌雄羽色相似。成鸟繁殖羽：眼圈白色，眉纹白色和贯眼纹黑色均仅限于眼前方；头、颈灰褐色，密布白色细纹；上体暗褐色，具白色点状斑纹；尾上覆羽纯白色，尾羽具宽阔的黑色横斑；下体白色，胸具黑褐色纵纹。成鸟非繁殖羽似繁殖羽，上体斑点明显减少。虹膜暗褐色；嘴基部黄绿色，端部黑褐色；胫、跗蹠及趾黄绿色。

赵凯/摄　飞行

生态习性 主要栖息于河流、湖泊的浅水区，以及沼泽、水塘、农田等湿地。常单独或成对活动。主要以甲壳类、软体动物为食。

物种分布 安庆市沿江湖泊、河流、农田水网，乃至山区河谷均有分布。冬候鸟。

保护级别 国家“三有”保护物种。

赵凯/摄　繁殖羽

陈军/摄　非繁殖羽

赵凯/摄　非繁殖羽

林鹬 *Tringa glareola*

形态特征 体长 21～23 cm。雌雄羽色相似。成鸟繁殖羽：眉纹白色，贯眼纹黑褐色；头、颈黑褐色，密布白色细纹；上体及翼上覆羽黑褐色，具醒目的黄白色碎斑；尾上覆羽纯白色，尾羽白色具黑褐色横斑；下体白色，上胸密布黑褐色点状斑纹。成鸟非繁殖羽：上体暗褐色，具较宽的白色羽缘；颈和胸灰褐色，具纤细的羽干纹。虹膜暗褐色；嘴黑色；胫、跗蹠及趾近黄色。

汪湜/摄　过渡羽

生态习性 栖息于河流、湖泊的浅水区及沼泽、农田等湿地。主要以甲壳类、软体动物、昆虫等小型动物为食。

物种分布 迁徙期安庆市沿江湖泊及附近的农田水网均有分布。旅鸟。

保护级别 国家“三有”保护物种。

赵凯/摄　过渡羽

陈军/摄　过渡羽

赵凯/摄　过渡羽

翘嘴鹬 *Xenus cinereus*

形态特征 体长 22～25 cm。雌雄羽色相似。成鸟繁殖羽：头及上体灰褐色，具黑褐色羽干纹；内侧肩羽黑褐色，形成 1 条粗黑色纵带；次级飞羽白色，形成显著的白色翅斑；颈侧和胸灰白色具黑褐色纵纹，下体余部及翼下覆羽白色。成鸟非繁殖羽：肩部纵纹消失，下体白色。虹膜暗褐色；嘴长黑色上翘，冬季基部橙黄色；胫、跗蹠及趾橙黄色。

生态习性 栖息于河流、湖泊的浅水滩头。单独或成小群分散觅食。主要以甲壳类、软体动物、昆虫等小型无脊椎动物为食。

物种分布 迁徙期偶见于安庆市沿江湖泊。旅鸟。

保护级别 国家“三有”保护物种。

赵凯/摄　繁殖羽

袁晓/摄　繁殖羽

袁晓/摄　飞行

矶鹬 *Actitis hypoleucos*

形态特征 体长 18～20 cm。似白腰草鹬，但眉纹和贯眼纹均超过眼后缘；翅折叠时明显短于尾，翼角处具白斑；腰与背同色，飞行时可见。成鸟繁殖羽：头及上体橄榄褐色，具黑褐色羽干纹；次级飞羽基部白色形成明显的白色翅斑，外侧尾羽具宽阔的白色端斑；下体白色，胸具暗褐色纵纹。成鸟非繁殖羽：肩羽和翼上覆羽具明显的黑褐色次端斑和浅黄褐色端斑。虹膜暗褐色；嘴黑色；胫、跗蹠及趾绿色。

生态习性 栖息于低山丘陵和山脚平原的河流、湖泊、库塘等水域岸边。多单独或成小群活动。主要以昆虫等小型无脊椎动物为食。

物种分布 迁徙期安庆市各地湖泊、河流、农田水网等湿地均可见到，在鹞落坪海拔 1000 m 的河滩上也有记录。旅鸟。

保护级别 国家"三有"保护物种。

赵凯/摄　飞行

赵凯/摄　非繁殖羽

赵凯/摄　繁殖羽

夏家振/摄　过渡羽

三趾滨鹬 *Calidris alba*

形态特征 体长 19～21 cm。雌雄羽色相似，后趾退化。成鸟繁殖羽：头、颈和上胸红褐色，杂以黑褐色纵纹，胸以下白色；上体多黑色具红褐色斑纹，腰和尾上覆羽两侧白色。成鸟非繁殖羽：头及上体灰褐色，上体具黑褐色羽干纹和浅色羽缘；翼前缘黑褐色，翼上具白色翅斑；前额及下体纯白色。虹膜暗褐色；嘴黑色，粗短；胫、跗蹠及趾黑色。

袁晓/摄　亚成鸟

生态习性 栖息于河流、湖泊岸边。多集群活动，喜在水边快速行走觅食。主要以甲壳类、软体动物、昆虫等小型无脊椎动物为食。

物种分布 迁徙期安庆市各地湖泊及附近的农田水网偶见。旅鸟。

保护级别 国家“三有”保护物种。

赵凯/摄　繁殖羽

赵凯/摄　非繁殖羽

赵凯/摄　过渡羽

红颈滨鹬 *Calidris ruficollis*

形态特征 体长 14～16 cm。雌雄羽色相似。成鸟繁殖羽：头、颈红褐色，头顶和后颈杂以黑褐色细纵纹；上体黑褐色，背、肩和翼覆羽杂有红褐色，腰和尾上覆羽两侧白色；飞羽黑褐色，具白色翅斑；上胸具褐色斑纹，胸以下白色。成鸟非繁殖羽：头及上体灰褐色，具暗褐色斑纹；下体白色，胸侧具褐色斑纹。虹膜暗褐色；嘴黑色，粗短而微下弯；胫、跗蹠及趾黑色。

赵凯/摄　过渡羽

生态习性 栖息于湖泊、河流岸边浅水滩头。多成群活动。主要以甲壳类、环节动物等小型无脊椎动物为食。

物种分布 迁徙期安庆市各地湖泊及附近的农田水网偶见。旅鸟。

保护级别 国家“三有”保护物种；IUCN红色名录近危(NT)级别。

赵凯/摄　非繁殖羽

赵凯/摄　繁殖羽

赵凯/摄　集群

青脚滨鹬 *Calidris temminckii*

形态特征 体长 14～15 cm。雌雄羽色相似。成鸟非繁殖羽：头及上体暗灰色，具黑褐色羽干纹；飞羽黑褐色，翼具白色翅斑；下体胸污灰色，胸以下纯白色。成鸟繁殖羽：头、颈及胸浅黄褐色，上体多灰色，肩及翼上覆羽具粗黑色斑块和黄褐色羽缘。虹膜暗褐色；嘴黑色，短而微下弯，下嘴基部黄色；胫、跗蹠及趾黄绿色。

刘子祥/摄　非繁殖羽

生态习性 栖息于河流、湖泊的浅水滩头及水田中。多集群活动，于浅水滩头行走觅食。主要以甲壳类、昆虫等无脊椎动物为食。

物种分布 迁徙期安庆市各地湖泊及附近的农田水网偶见。旅鸟。

保护级别 国家“三有”保护物种。

赵凯/摄　亚成鸟

夏家振/摄　觅食

夏家振/摄　飞行

长趾滨鹬 *Calidris subminuta*

形态特征 体长 14～16 cm 的小型涉禽。雌雄羽色相似，中趾几与嘴等长。成鸟繁殖羽：具长而显著的白色眉纹，头顶红褐色杂以黑褐色纵纹；上体多黑褐色，具宽阔的红褐色羽缘；胸浅红褐色，具黑褐色纵纹，并沿胸侧延伸至两胁；下体余部及腋羽纯白色。成鸟非繁殖羽：头、上体及胸部红褐色变浅。虹膜暗褐色；嘴黑色，下嘴基部沾黄；胫、跗蹠及趾黄褐色。

夏家振/摄　亚成鸟

生态习性 栖息于河流、湖泊岸边及沼泽等湿地。单独或结群活动。主要以昆虫、软体动物为食。

物种分布 迁徙期安庆市各地湖泊及附近的农田水网偶见，常与红颈滨鹬、鹤鹬、金鸻等混群。旅鸟。

保护级别 国家“三有”保护物种。

赵凯/摄　繁殖羽

陈军/摄　非繁殖羽

夏家振/摄　集群

尖尾滨鹬 *Calidris acuminata*

形态特征 体长 19～21 cm。雌雄羽色相似。成鸟繁殖羽：具白色长眉纹，头部栗褐色杂以黑褐色细纹；上体及翼上覆羽黑褐色，具红褐色羽缘；胸红褐色，胸和两胁具“V”形黑褐色斑纹，腹以下白色。成鸟非繁殖羽：白色眉纹更明显，头顶栗色变浅，上体灰褐色具浅色羽缘，下体污白色具不明显的褐色纵纹。虹膜暗褐色；嘴短微下弯，基部黄色，端部黑褐色；胫、跗蹠及趾黄绿色。

赵凯/摄　　过渡羽

生态习性 栖息于河流、湖泊岸边浅滩及沼泽地。单独或成小群活动。主要以昆虫、软体动物等小型无脊椎动物为食。

物种分布 迁徙期安庆市各地湖泊及附近的农田水网偶见，常与红颈滨鹬混群。旅鸟。

保护级别 国家“三有”保护物种。

夏家振/摄　　过渡羽

袁晓/摄　　过渡羽

赵凯/摄　　繁殖羽

流苏鹬 *Philomachus pugnax*

形态特征 体长 28～29 cm。头小，腿长，嘴短。雌雄非繁殖羽相近：头顶至后颈灰白色，杂以暗褐色斑纹；上体黑褐色具浅色羽缘，腰和尾上覆羽两侧白色；两翼黑褐色，具白色翼线；下体白色，前颈、胸和两胁具灰褐色斑。雄鸟繁殖羽：通常具发达而多彩的耳簇羽和胸前饰羽，色彩丰富多变。过渡羽头、胸及上体多红褐色。虹膜暗褐色；嘴黑色；胫、跗蹠及趾橘黄色。

夏家振/摄　过渡羽

生态习性 栖息于河流、湖泊岸边浅水处。多集群活动，涉水觅食，主要以软体动物、甲壳动物等无脊椎动物为食，兼食少量植物性食物。

物种分布 迁徙期安庆市各地湖泊及附近的农田水网偶见。旅鸟。

保护级别 国家“三有”保护物种。

孔德茂/摄　繁殖羽

孔德茂/摄　繁殖羽

夏家振/摄　雌鸟

黑腹滨鹬 *Calidris alpina*

形态特征 体长 20～21 cm 的小型涉禽。雌雄羽色相似。成鸟繁殖羽：头及上体多红褐色，具黑褐色斑纹；飞羽黑褐色，基部白色形成明显的翅斑；下体胸具黑褐色点状斑纹，腹具大型黑色斑块。成鸟非繁殖羽：上体灰褐色，下体白色，胸侧灰褐色。虹膜暗褐色；嘴黑色，明显较腿粗，端部微下弯；胫、跗蹠及趾黑色。

夏家振/摄　亚成鸟

生态习性 栖息于海滨沼泽及内陆河流、湖泊岸边浅水处。冬季多成小群活动。主要以甲壳类、软体动物、昆虫等为食。

物种分布 安庆市沿江湖泊有稳定的越冬种群，常集数百至数千只的大群栖息于湖泊浅水区。冬候鸟。

保护级别 国家"三有"保护物种。

董文晓/摄　非繁殖羽

薄顺奇/摄　繁殖羽

张忠东/摄　飞行

三趾鹑科 Turnicidae

黄脚三趾鹑 *Turnix tanki*

形态特征　体长12～18 cm。雌雄羽色相似。似鹌鹑，后趾退化。成鸟头顶黑褐色，具皮黄色顶冠纹，后颈、颈侧及胸棕栗色；上体灰褐色，杂有黑色和栗色斑块；翼上覆羽和体侧浅黄色，具黑褐色圆斑；尾短；前颈和上胸橙栗色，下胸和两胁浅黄色具黑色圆斑，腹以下白色。虹膜白色；上嘴黑褐色，下嘴黄色；跗蹠及趾黄色。

生态习性　栖息于低山丘陵和山脚平原地带的灌丛、草地和农田地带。单独或成对活动，善藏匿于灌丛或草丛中，难以发现。杂食性，主要以植物性食物为食，兼食昆虫等无脊椎动物。繁殖期为5～8月，营巢于草丛或作物丛中。一雌多雄，雌鸟交配产卵后离开，另觅配偶，雄鸟负责孵卵和育雏。

物种分布　安庆市沿江平原地区有分布。夏候鸟。该种行踪隐秘不易被发现，夏季在安庆机场拦鸟网上经常发现撞网个体。

夏家振/摄　雌鸟

袁晓/摄　雄鸟

燕鸻科 Glareolidae

普通燕鸻 *Glareola maldivarum*

形态特征 体长 22～24 cm 的小型涉禽。雌雄羽色相似。成鸟繁殖羽：皮黄，外缘具黑色环带；上体茶褐色，尾上覆羽白色；飞羽黑褐色，翼收拢时达尾端；尾略呈叉形，基部白色而端部黑褐色；胸部灰褐色，腹以下白色，腋羽及翼下覆羽栗红色。成鸟非繁殖羽：喉灰褐色，外缘黑色环带不明显。虹膜暗褐色；嘴黑色，嘴角红色；胫、跗蹠和趾黑褐色。幼鸟头及上体黑灰色，散有白色斑点。

生态习性 栖息于开阔平原地区的湖泊、河流、沼泽等湿地，以及农田、湿草地。喜成群活动。主要以无脊椎动物和小型脊椎动物为食。

物种分布 安庆市沿江平原的开阔湖滩、草地有繁殖。夏候鸟。

保护级别 国家“三有”保护物种。

汪湜/摄　育雏

赵凯/摄　雌鸟

赵凯/摄　雄鸟

赵凯/摄　亚成鸟

赵凯/摄　飞行

鸥科 Laridae

红嘴鸥 *Larus ridibundus*

形态特征 体长 37～41 cm。雌雄羽色相似。成鸟繁殖羽：头、颈上部深巧克力色，眼周具新月形白斑；下背、腰和翼上覆羽浅灰色，上体余部白色；最外侧数枚飞羽白色，外缘黑色或具黑色端斑，其余飞羽与翼覆羽同色。成鸟非繁殖羽：头灰白色，眼先和耳区具黑褐色斑。虹膜暗褐色，后缘具白色斑；嘴红色，冬季先端近黑色；胫、跗蹠及趾红色。幼鸟似成鸟非繁殖羽，但上体具褐色斑纹，翼后缘和尾后缘均具黑褐色横带，翼前缘白色。

赵凯/摄　成鸟

生态习性 栖息于开阔的河流、湖泊、库塘及城市公园的湖泊。集群活动。主要以鱼、虾、甲壳类、软体动物等水生动物为食。

物种分布 沿江平原地区的湖泊、养殖塘及宽阔河流常见。冬候鸟。

保护级别 国家“三有”保护物种。

赵凯/摄　亚成鸟

张忠东/摄　亚成鸟

陈军/摄　左繁殖羽

黑嘴鸥 *Larus saundersi*

形态特征 体长 31～37 cm。成鸟繁殖羽:头和上颈黑色,眼周具新月形白斑。虹膜黑色;嘴黑色;胫、跗蹠及趾红色。成鸟非繁殖羽:似红嘴鸥,但嘴黑色,头顶与后枕具较淡的黑色斑纹,耳区具黑色点状斑。雌雄羽色相似。幼鸟似成鸟非繁殖羽,但上体和翼覆羽具褐色斑纹,尾末端具黑褐色横带。

生态习性 栖息于沿海滩涂,内陆开阔的湖泊、河流。常成小群活动。主要以鱼类、甲壳类等动物为食。

物种分布 2016 年 11 月在菜子湖有记录。旅鸟。

保护级别 国家一级重点保护物种;IUCN 红色名录易危(VU)级别。

赵凯/摄　繁殖羽

赵凯/摄　非繁殖羽

赵凯/摄　过渡羽

董文晓/摄　右亚成鸟

西伯利亚银鸥(织女银鸥) *Larus vegae*

形态特征 体长 59～67 cm。雌雄羽色相似。成鸟夏羽：头、颈、上背及下体白色，下背、肩及翼上覆羽蓝灰色，尾上覆羽和尾羽白色；外侧初级飞羽黑色并具白色尖端，翼合拢时可见 5 个大小相近的白色羽尖。成鸟冬羽：头、颈背密布褐色细纹。虹膜黄色；嘴黄色，下嘴近端部具红色点斑；胫、跗蹠及趾粉红色。幼鸟上体暗褐色具浅色羽缘或斑点，嘴黑色，尾黑褐色。随着年龄的增长，背部灰色增多，头、颈及下体白色逐渐增多，嘴逐渐变黄。

赵凯/摄　亚成鸟

生态习性 栖息于沿海及内陆开阔的河流、湖泊等水域。多成小群活动。主要以鱼类及湿地附近的鼠类为食。

物种分布 安庆市沿江湖泊、长江及花亭湖常见。冬候鸟。

保护级别 国家“三有”保护物种。

赵凯/摄　捕食

赵凯/摄　飞行

赵凯/摄　成鸟

小黑背银鸥(灰林银鸥) *Larus heuglini*

形态特征 似西伯利亚银鸥。但成鸟上体深灰色，羽色明显更深；胫、跗蹠及趾黄色；冬羽头顶具灰褐色细纹，颈背及颈侧具明显的灰褐色斑纹。

生态习性 栖息于沿海及内陆开阔的河流、湖泊等水域。多成小群活动。主要以鱼类及湿地附近的鼠类为食。

物种分布 偶见于安庆市沿江湖泊。冬候鸟。

保护级别 国家“三有”保护物种。

薄顺奇/摄 亚成鸟

董文晓/摄 成鸟

薄顺奇/摄 亚成鸟

薄顺奇/摄 成鸟

红嘴巨燕鸥 *Hydroprogne caspia*

形态特征　体长 50～55 cm。雌雄羽色相似。嘴红色粗大，尾羽叉状。成鸟繁殖羽：头顶黑色，背、肩及两翼大部银灰色；初级飞羽黑灰色，羽轴白色；其余体羽白色。成鸟非繁殖羽：头顶白色杂以黑色斑纹。幼鸟似成鸟非繁殖羽，但上体和翼上覆羽具褐色斑纹，尾具褐色次端斑。虹膜暗褐色；嘴鲜红色，粗长而直；跗蹠及趾黑色。

胡云程/摄　飞行

生态习性　栖息于河流、湖泊等开阔水域。常成小群在水域上空飞翔。主要以鱼、虾等动物为食。

物种分布　11 月中下旬偶见于菜子湖，春季尚无记录。

保护级别　国家“三有”保护物种。

胡云程/摄　成鸟

胡云程/摄　亚成鸟

白额燕鸥 *Sterna albifrons*

形态特征 体长 21～25 cm。雌雄羽色相似。成鸟繁殖羽：嘴黄色，尖端黑色；头顶至后颈黑色，前额白色；上体及两翼多灰色，外侧飞羽黑褐色，尾上覆羽和尾羽白色，最外侧尾羽延长；其余体羽纯白色。成鸟非繁殖羽：嘴黑色，头顶黑色变浅杂以白纹。幼鸟似成鸟非繁殖羽，但上体及翼上覆羽具褐色斑纹。虹膜褐色；胫、跗蹠及趾繁殖期橙红色，冬季暗红色。

赵凯/摄　降落

生态习性 栖息于湖泊、河流、库塘、沼泽等湿地。成对或成小群活动。主要以鱼、虾等水生动物为食。

物种分布 每年 4 月中下旬及 9 月中下旬途经安庆市沿江平原，湖泊、河流、鱼塘均有分布。旅鸟。

保护级别 国家“三有”保护物种。

赵凯/摄　飞行

袁晓/摄　非繁殖羽

赵凯/摄　繁殖羽

普通燕鸥 *Sterna hirundo*

形态特征 体长 32～37 cm。尾呈深叉形，翼收拢时过尾尖。雌雄羽色相似。成鸟繁殖羽：嘴基部红色，端部黑色；头顶至后颈黑色，上体及两翼灰色；初级飞羽先端黑灰色，次级飞羽后缘白色；头侧、颈侧、颏、喉及尾上覆羽白色，胸、腹浅灰褐色。成鸟非繁殖羽：嘴黑色，额白色，头顶黑色杂以白纹，后颈黑色；外侧尾羽羽缘黑褐色。幼鸟似成鸟非繁殖羽，但上体具褐色斑纹。虹膜暗褐色；胫、跗蹠及趾暗红色。

袁晓/摄　　展翅

生态习性 栖息于河流、湖泊等开阔水域。常成小群在水域上空飞翔。主要以鱼、虾等动物为食。

物种分布 每年 4 月中下旬及 9 月中下旬途经安庆市沿江平原，湖泊、河流、鱼塘均有分布。旅鸟。

保护级别 国家“三有”保护物种。

赵凯/摄　　繁殖羽

赵凯/摄　　非繁殖羽

灰翅浮鸥(须浮鸥) *Chlidonias hybridus*

形态特征 体长 28～29 cm。雌雄羽色相似。成鸟繁殖羽：头顶至后颈黑色，上体及两翼大部灰色；最外侧飞羽黑褐色，尾羽灰白色，浅叉状；头侧眼以下、颏、喉及尾下覆羽白色，下体余部黑色；腋羽和翼下覆羽灰白色。成鸟非繁殖羽：额白色，头顶黑白相杂，枕至后颈黑色，下体白色。幼鸟似成鸟非繁殖羽，但上体具棕褐色斑纹。虹膜暗褐色；嘴夏季红色，冬季黑色；胫、跗蹠及趾红色。

陈军/摄　繁殖羽

生态习性 栖息于开阔的湖泊、库塘、沼泽等湿地。多集群活动。主要以鱼、虾、昆虫等动物为食。繁殖期为 5～7 月，于浮叶植物上营巢。

物种分布 沿江平原地区的湖泊、鱼塘、河流常见。夏候鸟。

保护级别 国家“三有”保护物种。

赵凯/摄　非繁殖羽

胡云程/摄　育雏

赵凯/摄　繁殖羽

白翅浮鸥 *Chlidonias leucopterus*

形态特征 体长 20～27 cm。雌雄羽色相似。成鸟繁殖羽：头、颈、体羽大部及腋羽和翼下覆羽黑色，尾羽及尾上和尾下覆羽白色；初级飞羽黑褐色，小覆羽白色，两翼余部灰色。成鸟非繁殖羽：额白色，头后部及眼后黑色，颈基部白色无斑，下体白色。幼鸟似成鸟非繁殖羽，但上体及翼上覆羽多褐色。虹膜黑色；嘴黑色；胫、跗蹠及趾红色。

赵凯/摄　背面

生态习性 栖息于河流、湖泊等湿地。多成小群活动，喜在水面上方低空飞行。主要以鱼、虾等水生动物为食。

物种分布 每年 4 月中下旬及 9 月中下旬途经安庆市沿江平原，湖泊、河流、鱼塘均有分布。旅鸟。

保护级别 国家“三有”保护物种。

夏家振/摄　繁殖羽

赵凯/摄　繁殖羽

赵凯/摄　非繁殖羽

赵凯/摄　过渡羽

潜鸟目 Gaviiformes

潜鸟科 Gaviidae

红喉潜鸟 *Gavia stellata*

形态特征 体长 53～69 cm。繁殖羽头和颈淡灰色，前额和头顶具黑色羽轴纹，后颈具黑白相间排列的纵纹；上体和翅上覆羽灰黑褐色，有时具白色细小斑纹；前颈具显著的栗色三角形斑；下体白色，胸侧有黑色纵纹，两胁具黑色斑纹；尾下覆羽具黑色横斑。冬羽从前额、头顶、后颈一直到尾呈黑褐色，背部缀有白色细小斑点；头侧、颏、喉、前颈和整个下体白色。虹膜红色或栗色，嘴黑色或淡灰色，细而微向上翘。

董文晓/摄　游泳

生态习性 繁殖于北极苔原，在我国东部沿海地区越冬。善游泳和潜水，以各种鱼类为食。也吃甲壳类、软体动物、鱼卵、水生昆虫和其他水生无脊椎动物。

物种分布 2019 年 12 月 2 日在岳西来榜记录 1 只。迷鸟。

保护级别 国家“三有”保护物种。

薄顺奇/摄　飞行

薄顺奇/摄　非繁殖羽

戴美杰/摄　飞行

鹳形目 Ciconiiformes

鹳科 Ciconiidae

黑鹳 *Ciconia nigra*

形态特征 体长 100～120 cm。雌雄羽色相似。成鸟头、颈、胸及上体各部黑色，具多种金属光泽，胸以下白色；腋羽白色，翼下覆羽黑色。虹膜褐色；眼周裸皮、嘴、胫、跗蹠及趾均为红色。幼鸟头、颈和上胸棕褐色，上体暗褐色，胸以下白色，嘴暗红色。

生态习性 冬季主要栖息于开阔的湖泊、河岸和沼泽地带。多单独或成小群活动。主要以鱼、蛙、蜥蜴及昆虫等动物为食。

物种分布 安庆市沿江地区的菜子湖、七里湖、龙感湖及江心洲等地均有记录，罕见。冬候鸟。

保护级别 国家一级重点保护物种；IUCN 红色名录易危（VU）级别；CITES 附录Ⅱ收录。

陈军/摄　成鸟

胡云程/摄　亚成鸟

胡云程/摄　成鸟

胡云程/摄　觅食

东方白鹳 *Ciconia boyciana*

形态特征 体长 110～130 cm。雌雄羽色相似。成鸟头、颈、体羽、小覆羽和中覆羽及腋羽和翼下覆羽白色，前颈具披针状饰羽；飞羽和大覆羽黑色且具金属光泽，但内侧初级飞羽和次级飞羽外翈灰白色。虹膜白色；嘴黑色粗壮；胫、跗蹠及趾红色。

生态习性 栖息于开阔的湖泊、河滩、沼泽等湿地。多成对或成小群活动，站立休息时颈常缩成"S"形。主要以鱼、蛙等动物为食，兼食昆虫等其他动物。

物种分布 安庆市沿江有稳定的越冬种群，最大集群可达 300 余只，在湖泊浅水区、养殖塘等地迁飞觅食。2000～2010 年，安庆市沿江的武昌湖发现东方白鹳的繁殖群体，2005 年共记录 8 窝，出飞 7 只。2020 年在菜子湖亦发现越夏个体，但未见筑巢。2021 年 10～11 月，岳西县天堂镇西边的一座海拔约 600 m 的山顶，出现一群 50 多只东方白鹳，在此逗留约 20 天，推测大别山区特定环境可以作为该种迁徙经停的重要场所，具体情况还有待进一步研究。

保护级别 国家一级重点保护物种；IUCN 红色名录濒危（EN）级别；CITES 附录 Ⅰ 收录。

陈军/摄　成鸟

赵凯/摄　飞行

董文晓/摄　成鸟

胡云程/摄　飞行

鲣鸟目 Suliformes

鸬鹚科 Phalacrocoracidae

普通鸬鹚 *Phalacrocorax carbo*

形态特征 体长 70～90 cm。雌雄体色相似。成鸟通体黑色而具紫绿色或紫铜色金属光泽；嘴角和喉囊黄色，下颈和喉白色。繁殖期头、颈杂有白色丝状羽，嘴角具红斑，腰部两侧具白色斑块，冬季消失。虹膜翠绿色；嘴灰褐色，端部弯曲呈钩状；跗蹠及蹼黑褐色。幼鸟上体黑褐色，下体污白色。

赵凯/摄　非繁殖羽

生态习性 栖息于开阔的河流、湖泊等水域。集群活动，善于潜水捕鱼，主要以鱼类为食。

物种分布 安庆市沿江各湖泊及花亭湖水库均常见。冬候鸟。

保护级别 国家“三有”保护物种。

赵凯/摄　亚成鸟

赵凯/摄　繁殖羽

赵凯/摄　集群

鹈形目 Pelecaniformes

鹮科 Threskiornithidae

白琵鹭 *Platalea leucorodia*

形态特征 体长70～90 cm。雌雄羽色相似。成鸟通体白色，眼与上嘴基部有黑色细纹相连，颏、喉裸皮黄色。繁殖期枕部具橙黄色丝状冠羽，前颈具橙黄色颈环，冬季羽冠和橙黄色颈环均消失。虹膜暗红色；嘴黑色上下扁平，端部黄色且扩大，形如琵琶；胫、跗蹠及趾黑色。幼鸟通体白色，飞羽具黑褐色羽轴，最外侧飞羽具黑褐色条纹或端斑。

生态习性 栖息于河流、湖泊、水库的浅水区及开阔的沼泽地。多成小群活动，极少单独活动，休息时常呈“一”字形散开。主要以鱼类、虾、蟹、昆虫等动物为食。

物种分布 沿江湖泊常见越冬种群，2021年10月在岳西天堂衙前河有记录。冬候鸟，大别山区为旅鸟。

保护级别 国家二级重点保护物种；IUCN红色名录近危（NT）级别；CITES附录Ⅱ收录。

陈军/摄　飞行

赵凯/摄　集群

夏家振/摄　非繁殖羽

赵凯/摄　非繁殖羽

黑脸琵鹭 *Platalea minor*

形态特征 体长 70～80 cm。通体白色，似白琵鹭，但眼先、眼周及颊的裸出部分均为黑色；嘴上下扁平，端部扩大呈琵琶状，但端部亦为黑色而非黄色。

汪湜/摄　繁殖羽

生态习性 栖息于河流、湖泊、水库的浅水区及开阔的沼泽地。喜集群或与白琵鹭等其他鹭类混群。主要以鱼类、虾、蟹、昆虫等动物为食。

物种分布 偶见于沿江湿地，与白琵鹭混群。冬候鸟。

保护级别 国家一级重点保护物种；IUCN 红色名录濒危(EN)级别。

董文晓/摄　飞行

董文晓/摄　觅食

陈军/摄　繁殖羽

鹭科 Ardeidae

大麻鳽 *Botaurus stellaris*

形态特征　体长约 70 cm。雌雄羽色相似。头顶、眼先及颊下纹黑褐色，颊和耳羽黄褐色，后颈、颈侧、上体各部及翼覆羽黄褐色，密杂以黑褐色斑纹；飞羽、初级覆羽红褐色，具黑褐色横斑；下体皮黄色，具棕褐色纵纹；两胁和翼下覆羽皮黄色，具褐色横纹。虹膜黄色；嘴黄绿色，嘴峰黑褐色；胫、跗蹠及趾黄绿色。

袁晓/摄　成鸟

生态习性　栖息于山地、丘陵和平原地区的河流、湖泊、池塘边的沼泽地或芦苇丛、草丛和灌丛中。多单独或成对活动，受惊时常头、颈向上伸直，体色和斑纹与周围枯草、芦苇融为一体，不易被发现。主要以鱼、虾、蛙、水生昆虫等动物为食。

物种分布　安庆市各地均有分布，多见于湖泊沼泽及浅水沟渠。冬候鸟。

保护级别　国家“三有”保护物种。

赵凯/摄　成鸟

赵凯/摄　飞行

赵凯/摄　成鸟

黄斑苇鳽 *Ixobrychus sinensis*

形态特征 体长 30～40 cm。成鸟头顶及冠羽黑色，背、肩栗褐色，腰至尾上覆羽灰褐色；飞羽和尾羽黑色，翼上覆羽黄褐色，翼下覆羽白色；下体皮黄色，具棕褐色纵纹。虹膜黄色；嘴黄褐色但嘴峰黑褐色；胫、跗蹠及趾黄绿色。幼鸟上体黄褐色，黑褐色纵纹；下体黄白色，具褐色纵纹。

生态习性 栖息于富有挺水植物的河流、湖泊、池塘及沼泽地，常见于芦苇丛中。多单独或成对活动，性机警。主要以鱼、蛙等水生生物为食。繁殖期为 5～7 月，营巢于芦苇丛和蒲草丛中。

物种分布 安庆市各地均有分布，荷花塘、有水草的沟渠最为常见。夏候鸟。

保护级别 国家"三有"保护物种。

赵凯/摄　雄鸟

赵凯/摄　雌鸟

胡云程/摄　飞行腹面

赵凯/摄　飞行背面

紫背苇鳽 *Ixobrychus eurhythmus*

形态特征 体长 30～40 cm。雌雄异色。雄鸟头顶暗褐色，头侧、后颈、背、肩紫栗色，腰至尾上覆羽暗灰色；尾羽、飞羽及初级覆羽黑褐色，小覆羽与肩同色，其余覆羽灰黄色；下体土黄色，喉至胸中央具黑褐色纵纹。雌鸟上体及翼上覆羽栗褐色，具白色斑点；下体皮黄色，中央具粗黑褐色纵纹，两侧具较细的褐色纵纹。虹膜黄色，瞳孔后缘与虹膜相连；眼先、上嘴基部和下嘴黄色，嘴峰黑褐色；胫、跗蹠及趾黄绿色。幼鸟似雌鸟，翼覆羽具皮黄色羽缘。

薄顺奇/摄 雌鸟

生态习性 栖息于岸边植物丰茂的河流、湖泊、库塘附近，或沼泽、农田等干湿地附近。性机警，多晨昏单独活动。主要以鱼、虾等水生动物及昆虫为食。繁殖期为 5～7 月，营巢于植物茂盛的湿草地或沼泽地。

物种分布 安庆市各地均有分布，罕见。夏候鸟。

保护级别 国家“三有”保护物种。

刘子祥/摄 雄鸟

刘子祥/摄 雄鸟

朱英/摄 雌鸟

栗苇鳽 *Ixobrychus cinnamomeus*

形态特征 体长 30～40 cm。雌雄异色。雄鸟头、上体各部及翼栗红色，颈侧具白斑；下体浅黄褐色，喉至胸中央具黑褐色带纹。雌鸟头及上体暗栗色，杂以细小浅棕色斑点；下体土黄色，自喉至胸具数条黑褐色纵纹，中央纵纹较粗。虹膜黄色，嘴黄色，胫、跗蹠及趾黄绿色。幼鸟似雌鸟，但上体黑褐色，羽缘皮黄色。

生态习性 栖息于溪流、湖泊、池塘的芦苇及水草丛中。性机警，常于芦苇丛或草丛中活动。主要以鱼、蛙、昆虫等动物为食。繁殖期为 4～7 月，营巢于草丛或芦苇丛中。

物种分布 安庆市各地均有分布，罕见。夏候鸟。

保护级别 国家“三有”保护物种。

陈军/摄　雄鸟

夏家振/摄　雄鸟

夏家振/摄　左雄右雌

黑苇鳽 *Dupetor flavicollis*

形态特征 体长 50～60 cm。雄鸟头、上体及翼黑色，具蓝灰色金属光泽；颈侧橙黄色，前颈至胸暗栗色，杂以白色条纹；胸以下黑褐色。雌鸟似雄鸟，但上体褐色而少金属光泽。虹膜红褐色；嘴暗红褐色，嘴峰黑褐色；胫、跗蹠及趾暗褐色，繁殖期暗红色。幼鸟似成鸟，但上体和翼羽具浅色羽缘，构成鳞状斑纹。

夏家振/摄　腹面

生态习性 栖息于湖泊、池塘、稻田、沼泽等水生植物茂密的湿地。多于晨昏单独或成对活动。主要以鱼、虾、昆虫等动物为食。繁殖期为 5～7 月，营巢于芦苇或灌丛。

物种分布 安庆市各地均有分布，常见。夏候鸟。

保护级别 国家“三有”保护物种。

夏家振/摄　飞行

汪湜/摄　侧面

赵凯/摄　飞行

夜鹭 *Nycticorax nycticorax*

形态特征 体长 50～60 cm。雌雄羽色相似。成鸟额基部、眉纹及丝状冠羽白色；头及上体绿黑色，翼灰色，下体白色。虹膜红色；嘴黑色；胫、跗蹠及趾黄色，繁殖期红色。幼鸟上体和翼上覆羽暗褐色，具皮黄色或白色点状斑纹；下体白色，具暗褐色纵纹。虹膜橙黄色；嘴黑色，下嘴基部黄绿色；脚黄绿色。

赵凯/摄　繁殖羽

生态习性 栖息于山溪、河流、湖泊、池塘等水域附近。常成小群活动或单独伫立于水边伺机捕鱼。主要以鱼、蛙等水生动物为食。繁殖期为 4～7 月，常于其他鹭类混群，营巢于枝叶茂密的树杈上。

物种分布 安庆市各地均有分布。以夏候鸟为主，冬候鸟、旅鸟皆有。

保护级别 国家“三有”保护物种。

赵凯/摄　亚成鸟

赵凯/摄　飞行

赵凯/摄　非繁殖羽

绿鹭 *Butorides striatus*

形态特征 体长 35～50 cm。雌雄羽色相似。成鸟眼先黄绿色，头及冠羽绿黑色，嘴角处有 1 条黑色条纹；背和肩具灰绿色披针形矛状羽，腰及尾上覆羽灰黑色；飞羽和翼上覆羽黑褐色，具狭窄的黄白色羽缘，构成本种特征性的网状斑纹；颈侧和体侧灰色，下体中央白色。虹膜黄色；嘴黑色；胫、跗蹠和趾黄绿色。幼鸟上体暗褐色，翼上覆羽羽端具白色斑点；下体皮黄色，胸具黑褐色纵纹。

生态习性 栖息于山溪、河流、湖泊、池塘等水域岸边。性孤独，多单独活动。主要以鱼、虾等水生动物及昆虫为食。繁殖期为 4～6 月，营巢于枝叶茂密的乔木树杈或灌木上。

物种分布 安庆市各地均有分布，在大别山区多见于山溪附近，在沿江平原见于各类湿地，但不如其他鹭类常见。夏候鸟。

保护级别 国家“三有”保护物种。

胡云程/摄　繁殖羽

汪湜/摄　非繁殖羽

胡云程/摄　飞行

赵凯/摄　亚成鸟

池鹭 *Ardeola bacchus*

形态特征 体长约 47 cm。雌雄羽色相似。成鸟飞羽、翼、尾羽及下体腹以下白色。繁殖期眼周和眼先黄绿色，嘴基浅蓝色，中间黄而端黑；胫、跗蹠和趾暗红色至黄色；头、颈和前胸深栗色；上体蓝黑色，羽毛呈披针状蓑羽。冬羽上体暗褐色，头、颈和胸皮黄色密具褐色纵纹。虹膜黄色，上嘴黑褐色，下嘴基部黄绿色；胫、跗蹠及趾黄绿色。幼鸟似成鸟冬羽。

赵凯/摄　非繁殖羽

生态习性 栖息于多水草的河流、湖泊、池塘及稻田等湿地。多单独活动。主要以鱼、虾、蛙及昆虫等小型动物为食。繁殖期为 4～7 月，常与其他鹭类混群，营巢于近水乔木的树杈上。

物种分布 安庆市均有分布。夏候鸟。

保护级别 国家“三有”保护物种。

赵凯/摄　飞行

夏家振/摄　繁殖羽

赵凯/摄　繁殖羽

牛背鹭 *Bubulcus ibis*

形态特征 体长 45～55 cm。雌雄羽色相似，嘴和颈明显较白鹭等其他鹭类粗短。繁殖期嘴、脚红色，头、颈和胸橙黄色，背和胸具橙黄色发丝状长形饰羽。非繁殖期通体白色，少数个体头部微缀黄色；虹膜黄色；嘴黄色；胫、跗蹠及趾黑色。

赵凯/摄　飞行

生态习性 栖息于近水草地、耕地、农田、沼泽地等干湿区域。喜与牛为伴，常见在牛背上觅食，主要以昆虫为食，兼食鱼、虾等动物。繁殖期为 4～7 月，常与其他鹭类混群，营巢于近水杉树等乔木的树杈上。

物种分布 安庆市各地均有分布。夏候鸟。

保护级别 国家“三有”保护物种。

陈军/摄　繁殖羽

赵凯/摄　非繁殖羽

赵凯/摄　非繁殖羽

苍鹭 *Ardea cinerea*

形态特征 体长 75～110 cm。雌雄羽色相似。成鸟头、颈白色，头顶两侧及辫状冠羽黑色；上体苍灰色，飞羽黑褐色；前颈具数列纵行黑斑，体侧自前胸至肛周具黑色带纹；两胁和翼下覆羽蓝灰色。虹膜黄色；嘴橙黄色，冬季上嘴黑褐色；胫、跗蹠及趾红褐色，冬季暗褐色。幼鸟头及上体灰褐色而少黑色。

陈军/摄　繁殖

生态习性 栖于河流、湖泊的浅滩、水田、沼泽等湿地。春夏多单独或成对涉水觅食，或长时间静立水边伺机捕猎，冬季集群。飞行时颈缩成“Z”形，两脚向后伸直。主要以鱼、虾、蛙等水生动物为食。繁殖期为 4～6 月，营巢于杉木林等处。

物种分布 安庆市各地均有分布。以冬候鸟为主，夏候鸟、旅鸟皆有。

保护级别 国家“三有”保护物种。

赵凯/摄　飞行

赵凯/摄　亚成鸟

赵凯/摄　成鸟

草鹭 *Ardea purpurea*

形态特征 体长 75～100 cm。雌雄羽色相似，成鸟额、头顶至颈背蓝黑色，枕具灰黑色辫状冠羽；颈棕褐色，颈侧具黑褐色带纹；上体及翼上覆羽灰褐色，飞羽和尾羽黑褐色；下体胸以下黑色，翼下覆羽红棕色；肩和前颈基部具灰白色矛状长羽。虹膜黄色；上嘴褐色、下嘴黄色；胫、跗蹠及趾黄褐色。幼鸟体羽多棕褐色，颈侧黑色纵纹不明显。

赵凯/摄　亚成鸟

生态习性 栖息于水草丰盛的湖泊、河流、库塘的浅水区域，或沼泽湿地。常 3～5 只小群活动，飞行时颈缩成“Z”形，两脚向后伸直。主以要鱼、虾、蛙等水生动物为食。

物种分布 迁徙期见于沿江湖泊、沼泽等湿地。旅鸟。每年春季 3 月，秋季 8 月下旬至 10 月中旬，途径安徽省。

保护级别 国家“三有”保护物种。

赵凯/摄　捕食

汪湜/摄　飞行

赵凯/摄　成鸟

大白鹭 *Egretta alba modesta*

形态特征 体长约 100 cm。雌雄体色相似。成鸟通体白色，颈部“S”形扭结明显，嘴裂超过眼睛后缘。繁殖期嘴黑色，眼先蔚蓝色，胫、跗蹠及趾暗红色；背部具白色长蓑羽，超过尾部。非繁殖期背部蓑羽消失，嘴黄色，眼先和嘴黄至黄绿色，胫、跗蹠及趾黑色。虹膜浅黄色。

陈军/摄　求偶

生态习性 栖息于河流、湖泊、库塘等水域的浅水区。单独或成小群活动，颈常弯曲成“S”形，飞行时腿向后伸直。主要以鱼、蛙、甲壳类、软体动物等动物为食。繁殖期为 4～7 月，营巢于高大乔木的树杈上。

物种分布 沿江平原的湖泊、农田、河流、沟渠等湿地生境常见。冬候鸟为主，夏候鸟、旅鸟皆有。

保护级别 国家“三有”保护物种。

赵凯/摄　非繁殖羽

赵凯/摄　繁殖羽

赵凯/摄　飞行

中白鹭 *Egretta intermedia*

形态特征 体长约 70 cm。似大白鹭，通体白色，但体型较小，嘴裂不过眼后缘。繁殖期嘴黑色，眼先黄色，背和胸均具丝状蓑羽。非繁殖期背和胸部饰羽消失，嘴黄色而端部黑褐色。虹膜浅黄色；胫、跗蹠及趾黑色。

生态习性 栖息于河流、湖泊的浅水区域，以及沼泽、稻田等湿地。单独或成小群活动，飞行时颈部缩成"S"形，腿向后伸直，超过尾端。主要以鱼、虾等水生动物及其他小型无脊椎动物为食。繁殖期为 4～6 月，常与其他鹭类混群，营巢于杉树等乔木树杈上。

物种分布 沿江平原的湖泊、沼泽、农田水网常见。夏候鸟。

保护级别 国家"三有"保护物种。

赵凯/摄　非繁殖羽

赵凯/摄　飞行

陈军/摄　育雏

赵凯/摄　繁殖羽

白鹭 *Egretta garzetta*

形态特征 体长 45～65 cm。雌雄相似。通体白色，明显较大白鹭和中白鹭小。虹膜浅黄色；嘴黑色；胫、跗蹠亦为黑色，但爪黄色。繁殖期眼先粉红色，头后部具 2 根辫状冠羽，背和上胸具蓬松的蓑羽。非繁殖期眼先黄绿色，所有饰羽均消失。

赵凯/摄　飞行

生态习性 栖息于河流、湖泊、库塘沿岸，以及稻田、沼泽等浅水湿地。单独或集群活动，飞行姿态同其他鹭类，颈部缩成"S"形，腿向后伸直超出尾端。主要以鱼、虾等水生动物和昆虫等小型无脊椎动物为食。繁殖期为 4～6 月，常与其他鹭类混群，营巢于杉树等乔木的树杈上。

物种分布 安庆市各地均常见。留鸟。

保护级别 国家"三有"保护物种。

汪滉/摄　繁殖

赵凯/摄　繁殖羽

赵凯/摄　非繁殖羽

鹈鹕科 Pelecanidae

卷羽鹈鹕 *Pelecanus crispus*

形态特征 体长 160～180 cm。通体灰白色，似白鹈鹕，但体型更大，颈背具卷曲冠羽，额基部羽毛内凹呈月牙形，飞行时翼下黑色部分较少，仅限于飞羽端部。虹膜浅黄色；上嘴铅灰色，端部黄色且弯曲呈钩状，下嘴和喉囊橙红色；跗蹠及蹼黑褐色。与白鹈鹕区别在于眼周裸皮非粉红色，颈背具卷曲羽簇，仅初级飞羽黑色且基部具白色羽轴。

生态习性 栖息于淡水湖泊、沼泽、河口等湿地。在我国新疆北部有少量繁殖，在东南沿海地区越冬，内蒙古东部至沿江一线以东为其迁徙路线。多集群活动。主要以鱼类、软体类、甲壳类等水生动物为食。

物种分布 安庆市处于卷羽鹈鹕的迁徙路线西缘，安徽沿江湖泊有卷羽鹈鹕观测记录。旅鸟。2005 年 5 月在安徽灵璧有白鹈鹕救护记录，2010 年 10 月至 11 月先后在安庆市石门湖和池州升金湖有白鹈鹕（*Pelecanus conocrotalus*）的记录，但白鹈鹕与该种在野外难以区分，且白鹈鹕存在逃逸个体，具体分布情况还有待进一步确认。

保护级别 国家一级重点保护物种；IUCN 红色名录濒危（EN）级别；CITES 附录 I 收录。

董文晓/摄　成鸟

朱英/摄　成鸟

朱英/摄　飞行

董文晓/摄　亚成鸟

鹰形目 Accipitriformes

鹗科 Pandionidae

鹗 *Pandion haliaetus*

形态特征 体长 50～65 cm。雌雄羽色相似。成鸟头顶和后颈白色，贯眼纹黑褐色；上体暗褐色，下体白色，胸部具褐色斑纹；腋羽和翼下覆羽白色，微具褐色斑纹。虹膜黄色；蜡膜灰色，嘴黑色；跗蹠及趾黄色，爪黑色。

生态习性 栖息于江河、湖泊、水库等水域附近的森林中。单独或成对活动，迁徙期成小群。趾底具刺突，外趾能反转使 4 趾变成两前两后，适于捕鱼，主要以鱼类为食。

物种分布 安庆市沿江湖泊迁徙期可见，3 月更为常见。旅鸟。

保护级别 国家二级重点保护物种；IUCN 红色名录近危(NT)级别；CITES 附录Ⅱ收录。

胡云程/摄　侧面

胡云程/摄　飞行

胡云程/摄　飞行背面

朱英/摄　腹面

鹰科 Accipitridae

黑翅鸢 *Elanus caeruleus*

形态特征 体长30～34 cm。雌雄羽色相似。成鸟贯眼纹黑色，颊部白色；头及上体蓝灰色，中覆羽和小覆羽黑色，飞翔时极为明显；翅长尾短，两翅收拢时超过尾羽末端；下体及翼下覆羽白色，初级飞羽腹面黑色。虹膜红色；蜡膜黄色，嘴黑色；跗蹠及趾黄色。幼鸟贯眼纹和翼上黑斑似雄鸟，但上体褐色具浅黄色羽缘。

生态习性 栖息于稀树田野、草坡等地。单独或成对活动，能够振羽悬停于空中寻找猎物。主要以鼠类、野兔、小型爬行动物和鸟类为食。

物种分布 安庆市沿江各地均有分布，偶见。主要为冬候鸟，少量留鸟。

保护级别 国家二级重点保护物种；IUCN红色名录近危（NT）级别；CITES附录Ⅱ收录。

汪湜/摄　觅食

汪湜/摄　飞行

胡云程/摄　亚成鸟

董文晓/摄　成鸟

黑冠鹃隼 *Aviceda leuphotes*

形态特征　体长 26～31 cm。雌雄羽色相似。成鸟头部及上体黑色，具蓝灰色金属光泽；头后部具竖立的冠羽，肩羽和飞羽缀有锈红色和白色斑块；上胸具白色大斑块，下胸至上腹具白色和暗栗色相间的横纹；下体余部、腋羽和翼下覆羽黑色。虹膜红色；蜡膜灰色，嘴角质色；跗蹠及趾铅灰色。

胡云程/摄　背面

生态习性　栖息于山地森林、低山丘陵，尤喜溪边及林间空地。成对或成小群活动。主要以蜥蜴、鼠类等小型脊椎动物为食。繁殖期为 4～7 月，营巢于溪流附近高大的乔木上。

物种分布　大别山区海拔 700 m 以上广泛分布，较常见。夏候鸟。

保护级别　国家二级重点保护物种；CITES 附录Ⅱ收录。

夏家振/摄　飞行

胡云程/摄　飞行

胡云程/摄　腹面

蛇雕 *Spilornis cheela*

形态特征 体长 61～73 cm。雌雄羽色相似。成鸟眼与嘴之间的裸皮黄色，头顶和后颈黑色杂以白斑；上体暗褐色，飞羽黑褐色；尾黑色，具宽阔的白色中央带斑；下体棕褐色具虫蠹状细横纹，胸以下密布白色斑点；腋羽和翼下覆羽棕褐色，密布不规则白色斑点；飞羽腹面黑褐色，具宽阔的白色带状次端斑。虹膜黄色；蜡膜黄色，嘴黑褐色；跗蹠及趾黄色。幼鸟头、颈白色，尾暗褐色，具 2 道白色横纹。

生态习性 栖息于山地森林及林缘开阔地带。单独或成对活动，常在高空翱翔和盘旋，停飞时多栖息于枯树顶端枝杈上。主要以蛇类、蜥蜴、鼠类等脊椎动物为食。繁殖期为 4～6 月，营巢于高大乔木顶端枝杈上。

物种分布 大别山南缘的花亭湖、大龙山均有分布记录。留鸟。

保护级别 国家二级重点保护物种；IUCN 红色名录近危(NT)级别；CITES 附录Ⅱ收录。

赵凯/摄　背面

夏家振/摄　飞行

林雕 *Ictinaetus malayensis*

形态特征 体长约 75 cm。雌雄羽色相似。成鸟通体黑褐色，尾及尾上覆羽具明显的灰白色横斑；尾长具浅色横纹，飞行时明显较乌雕长；翼指 7 根，翼收拢时超过尾端。虹膜褐色；蜡膜和嘴黄色；跗蹠被羽，趾黄色，爪黑色。幼鸟上体灰褐色具皮黄色羽缘，翼下覆羽黄褐色。

生态习性 栖息于中低山的阔叶林和混交林地带。觅食飞行时两翅扇动缓慢，追捕猎物时能在浓密林中快速穿梭。主要以鼠类、雉鸡、蛇类、蜥蜴、蛙类等小型脊椎动物为食。繁殖期为每年 11 月至次年 3 月，营巢于高大乔木的上部。

物种分布 安庆市大龙山有记录，大别山区尚未记录有分布。留鸟。

保护级别 国家二级重点保护物种；IUCN 红色名录易危(VU)级别；CITES 附录Ⅱ收录。

董文晓/摄　腹面

戴美杰/摄　背面

乌雕 *Clanga clanga*

形态特征 体长 63～73 cm。雌雄羽色相似。成鸟鼻孔圆形(其他雕类椭圆形);通体暗褐色,尾短呈扇形,尾上覆羽具"V"形白斑;飞行时两翅平直,不上举。虹膜黄褐色;蜡膜黄色,嘴黑色;跗蹠被羽,趾黄色,爪黑褐色。幼鸟肩、翼上覆羽具白色斑点,大覆羽具白色端斑。

生态习性 栖息于低山丘陵及平原湿地,迁徙时见于开阔地区。多单独活动,主要以蛇类、蛙类、鱼类及鸟类等脊椎动物为食。

物种分布 安庆市沿江湿地有越冬个体,武昌湖等地有记录。冬候鸟。

保护级别 国家一级重点保护物种;IUCN 红色名录濒危(EN)级别;CITES 附录Ⅱ收录。

薄顺奇/摄　成鸟

董文晓/摄　亚成鸟

金雕 *Aquila chrysaetos*

周卫国/摄　亚成鸟

形态特征 体长 75～90 cm。雌雄羽色相似。成鸟头顶后部至后颈赤褐色,体羽多黑褐色;尾羽基部灰褐色,端部黑褐色;尾下覆羽和覆腿羽赤褐色。亚成鸟尾羽基部、翼下初级飞羽基部白色。虹膜黄色;蜡膜黄色,嘴黑色;跗蹠被羽,趾黄色,爪黑色。

生态习性 栖息于山地针叶林、针阔混交林以及林间开阔地。多单独活动。主要以大型鸟类和兽类为食。

物种分布 大别山区岳西牛草山及太湖北中均有分布记录,罕见。留鸟。

保护级别 国家一级重点保护物种;IUCN 红色名录易危(VU)级别;CITES 附录Ⅱ收录。

董文晓/摄　飞行

董文晓/摄　成鸟

白腹隼雕 *Hieraaetus fasciatus*

形态特征 体长 67～70 cm。雌雄羽色相似。成鸟头部及上体暗褐色，飞羽黑褐色；尾羽灰褐色具黑色细横纹和端斑；下体白色具黑色纵纹；翼下覆羽黑褐色。虹膜黄色；蜡膜黄色，嘴黑色；跗蹠被羽，趾黄色，爪黑色。幼鸟上体及翼上覆羽土黄色，飞羽黑褐色；下体及翼下覆羽黄褐色，具黑褐色纵纹；虹膜棕褐色。

生态习性 栖息于山地、丘陵富有灌丛的荒山、河谷边的岩石地带，冬季见于山脚平原近水源区域。成对或单独活动。主要以鸟类和小型哺乳动物为食。繁殖期为 3～5 月，营巢于高大乔木或峭壁上。

物种分布 大别山区及沿江丘陵均有分布，是安庆市最常见的雕类。留鸟。

保护级别 国家二级重点保护物种；IUCN 红色名录易危（VU）级别；CITES 附录Ⅱ收录。

赵凯/摄　亚成鸟

朱英/摄　亚成鸟

胡云程/摄　育雏

赵凯/摄　成鸟

凤头鹰 *Accipiter trivirgatus*

形态特征 体长 36～50 cm。翼指 6 根，具明显的喉中线；头黑褐色，上体暗褐色；下体白色，胸具褐色纵纹，腹及两胁具褐色横纹；尾具黑褐色宽横纹，尾下覆羽白色蓬松。幼鸟上体暗褐色，具皮黄色羽缘；下体皮黄色，喉中央具黑色纵纹，胸、腹均为纵行的黑色点状斑纹。

赵凯/摄　成鸟

生态习性 栖息于山地森林、山脚林缘地带，偶见于平原地区的岗地。主要以蛙、蜥蜴、鼠类等小型脊椎动物为食。

物种分布 大别山区及沿江丘陵均有分布，是安庆市最常见的鹰类。留鸟。

保护级别 国家二级重点保护物种；IUCN 红色名录近危（NT）级别；CITES 附录Ⅱ收录。

赵凯/摄　成鸟飞行

胡云程/摄　亚成鸟

胡云程/摄　育雏

陈军/摄　亚成鸟飞行

赤腹鹰 *Accipiter soloensis*

形态特征 体长 26～31 cm。翼指 4 根，蜡膜突出，橙红色；头及上体蓝灰色，初级飞羽黑褐色；下体棕色（雌）或棕白色（雄）。幼鸟头及上体暗褐色，下体白色，喉具中央纵纹，胸具棕褐色纵纹，两胁为横斑。

生态习性 栖息于山地森林、低山丘陵和山麓平原的林缘、开阔地带。常单独或成小群活动，休息时多停息在树顶或电线杆上。主要以蛙、蜥蜴、鼠类等小型脊椎动物为食。

物种分布 大别山区及沿江丘陵均有分布，夏季较常见。夏候鸟。

保护级别 国家二级重点保护物种；CITES 附录Ⅱ收录。

唐建兵/摄　育雏

汪湜/摄　雄鸟

陈军/摄　亚成鸟

赵凯/摄　雌鸟

松雀鹰 *Accipiter virgatus*

形态特征　体长 30～36 cm。翼指 5 根，具显著的喉中央纵纹；成鸟上体黑灰色，下体白色，胸具黑褐色纵纹，腹以下具棕褐色横纹。幼鸟胸具滴状纵纹，腹部纵纹呈心形，两胁为横纹。雌雄相似。

胡云程/摄　飞行

生态习性　主要栖息于山地针叶林、阔叶林以及针阔混交林，属典型的森林猛禽。主要以小型脊椎动物为食。

物种分布　大别山区及沿江丘陵均有分布，较常见。留鸟。

保护级别　国家二级重点保护物种；CITES 附录Ⅱ收录。

赵凯/摄　亚成鸟

赵凯/摄　亚成鸟

胡云程/摄　成鸟

雀鹰 *Accipiter nisus nisosimilis*

形态特征 体长 31～40 cm。翼指 6 根，喉具褐色细纹。雄鸟头及上体暗灰色，上体具黑褐色羽干纹，颊部红棕色；下体白色，密布红棕色横纹。雌鸟具白色眉纹，头及上体灰褐色；下体白色，具较宽的褐色横斑和较细的羽干纹，尾下覆羽纯白色。幼鸟上体灰褐色，具浅黄褐色羽缘；下体白色，具矢状横斑和羽干纹。虹膜黄色；蜡膜黄色，嘴黑色；跗蹠及趾黄色。

生态习性 栖息于低山丘陵、山脚平原、农田以及村落附近。多单独活动，主要以鼠类、鸟类等小型脊椎动物为食。

物种分布 安庆市各地均有分布，山区主要在河滩分布，沿江平原多分布于湖滩。冬候鸟。

保护级别 国家二级重点保护物种；CITES 附录Ⅱ收录。

赵凯/摄　捕食

赵凯/摄　雄鸟

夏家振/摄　亚成鸟

赵凯/摄　雌鸟

苍鹰 *Accipiter gentilis*

形态特征 体长 52～60 cm 的中等猛禽。雌雄羽色相似。翼指 6 根，具白色宽眉纹。成鸟头顶至后颈黑色，上体青灰色；下体白色，喉具黑色细纵纹，余部具黑褐色横纹和羽干纹；腋羽和翼下覆羽图案同腹部。虹膜红褐色；蜡膜黄绿色，嘴黑色；跗蹠及趾黄色。幼鸟虹膜黄色；上体暗褐色，具浅黄褐色羽缘；下体皮黄色，具滴状纵纹。

赵凯/摄　亚成鸟

生态习性 栖息于山地、丘陵地区的针叶林、阔叶林和针阔混交林及林缘地带。多单独活动，隐蔽于林间伺机出击捕猎。主要以鸟类、野兔、鼠类等脊椎动物为食。

物种分布 大别山区及沿江丘陵均有分布，罕见。冬候鸟。

保护级别 国家二级重点保护物种；IUCN 红色名录近危(NT)级别；CITES 附录Ⅱ收录。

胡云程/摄　捕食

董文晓/摄　亚成鸟

杜松翰/摄　成鸟

白腹鹞 *Circus spilonotus*

形态特征 体长 53～60 cm。雌雄异色。雄鸟头、上体及内侧翼覆羽黑色，杂以白色斑纹；外侧初级飞羽黑褐色，其余飞羽灰色；尾上覆羽白色微具褐色横斑，尾羽银灰色；喉至胸黑色杂以白色纵纹，下体余部白色；腋羽、翼下覆羽及飞羽腹面白色，微具褐色斑纹。雌鸟头颈黄褐色，上体暗褐色，飞羽黑褐色，尾上覆羽褐色，下体暗棕褐色，胸部具棕白色纵纹。幼鸟似雌鸟，但头顶和喉部棕白色。成鸟虹膜黄色，幼鸟褐色；蜡膜黄色，嘴黑褐色；跗蹠及趾黄色。

生态习性 栖息于湖泊、河流、沼泽等湿地附近的开阔地带。单独或成对活动。主要以小型脊椎动物和大型昆虫为食。

物种分布 安庆市沿江平原地区的湖滩常见。冬候鸟。

保护级别 国家二级重点保护物种；IUCN 红色名录近危（NT）级别；CITES 附录Ⅱ收录。

赵凯/摄　雌鸟

董文晓/摄　雄鸟

赵凯/摄　雄亚成鸟

董文晓/摄　雄鸟

白尾鹞 *Circus cyaneus*

形态特征 体长 47～51 cm。雌雄异色。雄鸟头及上体蓝灰色，外侧初级飞羽黑色，尾上覆羽纯白色；喉至胸与背同色，下体余部、腋羽和翼下覆羽白色。雌鸟头及上体暗褐色，具棕褐色羽缘；尾上覆羽白色；下体皮黄色，胸部具棕褐色纵纹，腹部及两胁为点状斑纹。成鸟虹膜黄色，幼鸟褐色；蜡膜黄绿色；嘴黑色，基部蓝灰色；跗蹠及趾黄色。

赵凯/摄　亚成鸟

生态习性 栖息于低山丘陵、平原地区的湖泊、河流、沼泽等湿地附近的开阔地带。多单独活动，常低空飞行搜寻猎物。主要以小型脊椎动物和大型昆虫为食。

物种分布 安庆市沿江平原地区的湖滩较常见。冬候鸟。

保护级别 国家二级重点保护物种；IUCN红色名录近危（NT）级别；CITES附录Ⅱ收录。

胡云程/摄　雄鸟

胡云程/摄　雄鸟

董文晓/摄　雌鸟

董文晓/摄　雌鸟

鹊鹞 *Circus melanoleucos*

形态特征 体长约 40 cm。雌雄异色。雄鸟头、颈、上体及胸黑色，无白色纵纹；外侧初级飞羽和中覆羽黑色，两翼余部银灰色；下体余部及腋羽和翼下覆羽纯白色。雌鸟头褐色杂以白色纵纹，上体暗褐色；尾上覆羽白色，尾羽暗灰色具褐色横斑；下体白色，具棕褐色纵纹；腋羽和翼下覆羽白色，密布棕褐色斑纹。虹膜黄色；蜡膜黄色，嘴黑色；跗蹠及趾黄色。幼鸟虹膜褐色，上体暗褐色，下体棕栗色，尾上覆羽白色。

生态习性 栖息于低山丘陵、平原、林缘灌丛，以及湖泊、河流、沼泽等附近的开阔地带。多单独活动，常在开阔平原或沼泽地带低空飞行，搜寻食物。主要以鼠类、小型鸟类、蜥蜴、蛇、蛙等小型动物为食。

物种分布 安庆市沿江平原地区的湖滩较常见。冬候鸟。

保护级别 国家二级重点保护物种；IUCN 红色名录近危（NT）级别；CITES 附录Ⅱ收录。

戴美杰/摄　雌鸟

杜松翰/摄　雄鸟

杜松翰/摄　雌鸟

孔德茂/摄　雌鸟

黑鸢(黑耳鸢) *Milvus migrans lineatus*

形态特征 体长55～67 cm。尾呈浅叉状,耳羽黑褐色;初级飞羽黑褐色,基部白色明显。虹膜褐色;蜡膜浅黄色,嘴黑色;跗蹠及趾黄色,爪黑色。头顶至后颈棕褐色,上体暗褐色,各羽多具黑褐色羽干纹;飞羽、大覆羽黑褐色,中覆羽和小覆羽浅褐色;初级飞羽基部近白色,飞翔时可见浅色"腕斑"。下体颏、喉和颊污白色;余部暗棕色,具明显的羽干纹。幼鸟头、颈多棕白色;翅上覆羽具白色端斑;胸、腹具宽阔的棕白色纵纹。

生态习性 栖息于开阔平原、低山丘陵等地。常在空中长时间盘旋搜寻猎物。主要以鼠类、蛇、蛙、鱼、野兔、蜥蜴等小型脊椎动物为食。

赵凯/摄 捕食

物种分布 平原及山区的河流、水库常见,是安庆市最常见的猛禽。根据花亭湖和潜水河的观察,冬季栖息的黑鸢数量远大于夏季,推测该种大部分为冬候鸟,少数为留鸟。具体分布情况还有待进一步研究。

保护级别 国家二级重点保护物种;CITES附录Ⅱ收录。

赵凯/摄 飞行

赵凯/摄 亚成鸟

赵凯/摄 成鸟

白尾海雕 *Haliaeetus albicilla*

形态特征 体长 85～91 cm。雌雄羽色相似。嘴大而黄，尾短而纯白。成鸟头部、上体以及小覆羽多棕褐色，飞羽黑褐色，下体暗褐色，胸部羽毛呈披针形；腋羽和翼下覆羽棕褐色。虹膜黄色；蜡膜黄色；跗蹠下段裸露部分和趾黄色。幼鸟嘴黑色，体羽和尾羽褐色，体色随年龄变化较大。

生态习性 栖息于森林附近开阔的河流、湖泊区域。单独或成对活动，冬季成小群。喜栖息于浅水区的岩石上。主要以鱼类为食，也捕食中小型脊椎动物。

物种分布 自 21 世纪初开始，在菜子湖姥山几乎每年冬季都有 1 只白尾海雕在此越冬，2020 年和 2021 年连续两年未见。冬候鸟。

保护级别 国家一级重点保护物种；IUCN 红色名录近危（NT）级别；CITES 附录Ⅰ收录。

胡荣庆/摄　成鸟

董文晓/摄　亚成鸟

董文晓/摄　亚成鸟

董文晓/摄　成鸟

灰脸鵟鹰 *Butastur indicus*

形态特征 体长 40～42 cm 。雌雄羽色相似。成鸟头侧黑灰色，具白色眉纹；上体及翼上覆羽暗棕色，两翅狭长，收拢时达尾端；尾灰褐色，具 3 条深色横纹；喉白色，具黑褐色中央纵纹；胸部棕褐色，胸以下白色具棕褐色横纹；尾下覆羽白色。幼鸟上体褐色，具棕白色羽缘；喉白色，具黑褐色中央纵纹；下体皮黄色，胸部具黑褐色纵纹，两胁具横纹。虹膜黄色；蜡膜黄色，嘴黑色；跗蹠及趾黄色。

生态习性 栖息于山地、丘陵地区的林缘地带。平时多单独活动，迁徙期集群。主要以啮齿动物、小鸟、蛇类、蜥蜴、蛙类等小型脊椎动物为食。

物种分布 迁徙期见于大别山区及沿江丘陵地区。旅鸟。

保护级别 国家二级重点保护物种；CITES 附录Ⅱ收录。

胡云程/摄　捕食

董文晓/摄　亚成鸟

胡云程/摄　成鸟

普通鵟 *Buteo buteo japonicus*

形态特征 体长 48～53 cm 的中等猛禽。鼻孔几与嘴裂平行。翼下飞羽基部白色，端部黑褐色，腕斑黑褐色；尾扇形，灰褐色而具黑褐色横纹。体色变化较大，有多种色型。通常头及上体黑褐色或褐色沾棕，翼上覆羽具浅色羽缘；尾羽扇形，灰褐色，具数道黑褐色横斑；翼下飞羽端部黑褐色，最外侧 5 枚初级飞羽黑色较长。

生态习性 栖息于低山、丘陵的林缘地带。多单独活动，主要以鼠类、蛇类、蜥蜴、蛙类等小型脊椎动物为食。

物种分布 安庆市各地冬季均较为常见，沿江平原多于大别山区。冬候鸟。

保护级别 国家二级重点保护物种；CITES 附录Ⅱ收录。

赵凯/摄　背部

赵凯/摄　飞行

赵凯/摄　侧面

赵凯/摄　腹部

鸮形目 Strigiformes

鸱鸮科 Strigidae

领角鸮 *Otus bakkamoena*

形态特征 体长 20～24 cm。雌雄羽色相似。具发达的耳簇羽和特征性的沙色颈圈；面盘灰白色杂以黑褐色细斑；头、上体及翼上覆羽灰褐色，具黑褐色羽干纹和虫蠹状细斑；飞羽黑褐色具黄白色横斑，尾羽灰褐色具暗褐色横斑；下体灰白色，胸具黑色细纵纹和浅褐色波状横纹。虹膜橙红至红色；跗蹠被羽，浅黄褐色。

生态习性 栖息于山地、丘陵及平原地区的阔叶林和混交林中。夜行性，多单独活动。主要以鼠类、小型鸟类和大型昆虫为食。繁殖期为 4～6 月，营巢于树洞中。叫声为单音节的“喔”，两声之间间隔 10 余秒。

物种分布 安庆市各地均有分布，但不常见。留鸟。

保护级别 国家二级重点保护物种；CITES 附录Ⅱ收录。

薄顺奇/摄　成鸟

陈军/摄　幼鸟

董文晓/摄　成鸟

北领角鸮 *Otus semitorques*

形态特征 体长 23～25 cm。似领角鸮，区别在于该种虹膜棕灰色。

生态习性 栖息于山地、丘陵及平原地区的阔叶林和混交林中。夜行性，多单独活动。主要以鼠类、小型鸟类和大型昆虫为食。冬季常在公园和花园出没。

物种分布 安庆市各地均有分布，罕见。留鸟。

保护级别 国家二级重点保护物种；CITES 附录Ⅱ收录。

夏家振/摄　成鸟

董文晓/摄　成鸟

赵凯/摄　幼鸟

赵凯/摄　成鸟

红角鸮(东方角鸮) *Otus sunia*

形态特征 体长 17～20 cm。虹膜亮黄色。本种有灰色和棕色两种型。灰色型成鸟面盘灰褐色,杂以黑褐色细纹;眼先灰白色,耳簇羽发达突出于头侧;上体褐色沾棕,具黑色羽干纹;外侧肩羽具棕白色纵行斑纹;飞羽黑褐色,具棕白色块状斑纹;下体灰色,具黑褐色纵纹和暗褐色细横斑。棕色型似灰色型,但灰褐色代之以浅红褐色。嘴黑色;跗蹠被羽,趾角质色。

胡云程/摄　育雏

生态习性 栖息于山地、丘陵及平原地区的林间。夜行性,多单独活动。主要以昆虫、鼠类以及小型小鸟为食。繁殖期为 5～7 月,营巢于树洞中。叫声为 3 或 4 个音节的"嗰、嗰、嗰",重音在后面 2 个音节。

物种分布 安庆市各地均有分布,较常见。夏候鸟,淮北平原为旅鸟。

保护级别 国家二级重点保护物种;CITES 附录Ⅱ收录。

陈军/摄　背面

陈军/摄　正面

陈军/摄　觅食

雕鸮 *Bubo bubo*

形态特征 体长 60～68 cm。雌雄羽色相似。成鸟面盘显著，浅棕黄色杂以黑褐色细纹；眼先白色，羽簇羽发达，背面黑褐色；头及上体黄褐色，杂以黑褐色斑纹，肩羽具成行排列的黑色簇状斑纹；翼上覆羽黑褐色杂以黄色斑纹，飞羽黄褐色具黑色横斑；颏喉白色，下体余部黄褐色，具黑褐色细纹，胸部具粗黑褐色纵纹。虹膜橙黄色；嘴黑色钩曲，跗蹠及趾被羽，黄褐色。

生态习性 栖息于山地、丘陵地区的森林中。夜行性猛禽，多单独活动。主要以兔、鼠、蛙、蛇等脊椎动物为食。叫声低沉，为 2 个音节。

物种分布 大别山区及沿江丘陵均有分布，罕见。2021 年 2 月怀宁月山救护 1 只。留鸟。

保护级别 国家二级重点保护物种；IUCN 红色名录近危（NT）级别；CITES 附录Ⅱ收录。

董文晓/摄　亚成鸟

董文晓/摄　亚成鸟

赵凯/摄　成鸟

斑头鸺鹠 *Glaucidium cuculoides*

形态特征 体长 20～26 cm。雌雄羽色相似。成鸟头部及上体棕褐色，具浅黄褐色横纹；肩羽和大覆羽具白色带及大型白斑；飞羽黑褐色具棕白色三角形斑，尾羽黑褐色具数道白色横纹；下体颏、喉白色；体侧暗褐色，具浅黄褐色横纹；胸、腹中央白色具褐色纵纹，尾下覆羽纯白。幼鸟头具黄白色点斑而非横纹。虹膜黄色；嘴黄绿色；跗蹠被羽，趾绿黄色。

陈军/摄　亚成鸟

生态习性 栖息于山地、丘陵的林地或林缘灌丛。多单独白天活动。主要以昆虫及鼠类、蛙、蛇、蜥蜴等动物为食。繁殖期为 3～5 月，营巢于树洞。叫声与其他鸮类不同，为快节奏的连续颤音。

物种分布 安庆市各地都有分布，是安庆市最常见的鸮类。留鸟。

保护级别 国家二级重点保护物种；CITES 附录Ⅱ收录。

胡云程/摄　亚成鸟

赵凯/摄　背面

赵凯/摄　腹面

日本鹰鸮 *Ninox scutulata*

形态特征 体长 26～32 cm。雌雄羽色相似。成鸟上嘴基部白色，虹膜亮黄色；头及上体深棕褐色；肩羽具白色块斑，飞羽具浅色横纹；尾浅褐色，具黑褐色横斑；颏白色，喉皮黄色；下体余部白色，胸、腹具棕褐色纵纹。嘴黑褐色；跗蹠被羽，趾裸露黄色。

生态习性 栖息于山地、丘陵以及山脚平原的阔叶林中。多单独晨昏活动，主要以蝙蝠、鼠类、小型鸟类及昆虫为食。繁殖期为 5～7 月，营巢于树洞等洞穴。

物种分布 安庆市各地均有分布，罕见。留鸟。

保护级别 国家二级重点保护物种；IUCN 红色名录近危（NT）级别；CITES 附录Ⅱ收录。

薄顺奇/摄　飞行

陈军/摄　亚成鸟

赵凯/摄　成鸟

长耳鸮 *Asio otus*

形态特征 体长 36～40 cm。雌雄羽色相似。成鸟耳簇羽发达，黑色；面盘显著浅黄褐色，眼先和上缘黑色；两眼具灰白色“X”形图案；头、上体及翼上覆羽灰黄，均具黑褐色羽干纹和虫蠹状细纹；飞羽黄褐色具黑褐色横纹，翼下具明显的黑褐色腕斑；颏喉白色，胸和体侧浅黄褐色，具粗黑褐色纵纹，腹以下棕白色。虹膜橙黄色；嘴黑色；跗蹠及趾均被羽，浅黄色。

生态习性 栖息于山地、丘陵以及平原地区多高大乔木的森林中。多在晨昏单独或成对活动。主要以鼠类和小型鸟类为食。

物种分布 安庆市各地均有分布，罕见。冬候鸟。

保护级别 国家二级重点保护物种；CITES 附录Ⅱ收录。

董文晓/摄　侧面

赵凯/摄　背面

董文晓/摄　侧面

短耳鸮 *Asio flammeus*

形态特征 体长33～38 cm。雌雄羽色相似。成鸟耳簇羽不发达，具显著的面盘；虹膜亮黄色，眼周黑色；上体黄褐色密布黑褐色纵纹，翼上覆羽黑褐色具黄褐色斑纹，飞羽和尾羽黄褐色具黑褐色横纹；颏、喉白色，下体余部浅黄褐色，胸、腹具黑褐色纵纹；翼下浅黄色，具粗黑褐色腕斑。嘴黑色；跗蹠及趾均被羽，黄褐色。

生态习性 栖息于低山、丘陵及开阔平原的草丛、灌丛中。单独或成对活动，常潜伏于湖泊、池塘岸边的草丛或灌丛。主要以鼠类、小鸟、蜥蜴、昆虫等动物为食。

物种分布 安庆市沿江的低山丘陵、开阔平地可见，以有植被分布的宽阔湖滩最为常见。冬候鸟。

保护级别 国家二级重点保护物种；IUCN红色名录近危（NT）级别；CITES附录Ⅱ收录。

赵凯/摄　正面

薄顺奇/摄　飞行背面

薄顺奇/摄　飞行侧面

薄顺奇/摄　侧面

草鸮科 Tytonidae

草鸮 *Tyto capensis*

形态特征 体长 36～40 cm。俗称“猴面鹰”。面盘显著灰棕色，眼先具黑色斑块；顶冠黑色，上体黑褐色具黄褐色斑纹；飞羽及翼上覆羽黄褐色，具黑褐色斑纹；尾羽黄褐色，具 4 条黑褐色横斑；下体棕白色，具黑褐色点状斑纹；腋羽及翼下覆羽白色沾棕，密布黑褐色斑点。幼鸟上体黑褐色更深。虹膜红褐色；嘴浅黄色；跗蹠被羽，爪黑褐色。

生态习性 栖息于山地、丘陵、平原地区的草丛、灌丛中。夜行性。主要以鼠类、蛙、蛇、鸟卵等为食。繁殖期为 3～6 月，营巢于隐秘的草丛或灌丛中，4 月下旬可见雏鸟。

物种分布 分布于沿江平原地区宽阔的湖滩、河漫滩的草丛中，罕见。留鸟。

保护级别 国家二级重点保护物种；CITES 附录Ⅱ收录。

赵凯/摄　背面

董文晓/摄　侧面

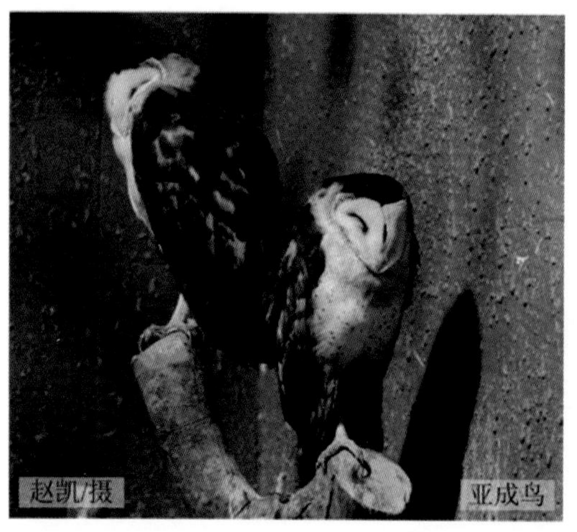
赵凯/摄　亚成鸟

程东升/摄　幼鸟

犀鸟目 Bucerotiformes

戴胜科 Upupidae

戴胜 *Upupa epops*

形态特征 体长 26～28 cm 的小型攀禽。嘴细长而下弯，羽冠棕栗色具黑色端斑；两翼黑色，具醒目的白色条纹，冠羽发达，棕栗色且具黑色端斑，部分冠羽具白色近端斑；头、颈、胸浅棕栗色；上背、肩上部及翼上小覆羽棕褐色。虹膜褐色；嘴黑色；跗蹠及趾黑色。

生态习性 栖息于山地、丘陵及平原地区开阔的潮湿地面。能用弯长的喙插进泥土、石缝间搜寻食物，主要以昆虫、蚯蚓等无脊椎及小型脊椎动物为食。

物种分布 安庆市各地广泛分布，低海拔平原地区更常见。留鸟。

保护级别 国家“三有”保护物种。

陈军/摄　飞行

赵凯/摄　觅食

赵凯/摄　沙浴

赵凯/摄　成鸟

佛法僧目 Coraciiformes

蜂虎科 Meropidae

蓝喉蜂虎 *Merops viridis*

形态特征 体长 26～28 cm。成鸟额至上背栗红色，过眼纹黑色；肩和翼上覆羽绿色沾蓝；下背至尾上覆羽浅蓝色；尾蓝色沾灰，中央尾羽延长；初级飞羽灰绿色，次级飞羽绿色，3级飞羽蓝色，各羽羽端黑褐色；颏、喉蓝色，上胸蓝绿色，向下逐渐变浅，转为浅蓝色。幼鸟尾羽中央不延长，头及上背绿色。虹膜红褐色；嘴黑色；跗蹠及趾灰褐色。

生态习性 栖息于山地、丘陵地区林缘近水的开阔地。单独或成小群活动，主要以蜜蜂等昆虫为食。

物种分布 分布于大别山区低海拔地区河流、水库附近。夏候鸟。

保护级别 国家二级重点保护物种。

陈军/摄　成鸟

胡云程/摄　求偶

陈军/摄　成鸟

赵凯/摄　亚成鸟

翠鸟科 Alcedinidae

白胸翡翠 *Halcyon smyrnensis*

形态特征 体长 26～30 cm。雌雄羽色相似。成鸟嘴红色粗大，头、后颈至上背前缘深栗色；上体余部及尾羽青蓝色；小覆羽栗色，中覆羽黑色，初级飞羽基部具大型白斑，两翼余部与背同色；喉至胸中央白色，下体余部及翼下覆羽栗色。虹膜黄褐色；跗蹠及趾红色。幼鸟嘴黑褐色，胸部白色具暗褐色斑纹。

生态习性 栖息于山地、丘陵地区近水的林缘地带。单独或成对活动，常停歇在电线、树杈等视野开阔处搜寻食物。主要以鱼、虾、蟹、昆虫等动物为食。繁殖期为 4～6 月，营巢于洞穴。

物种分布 安庆市各地均有分布，较常见。留鸟。

保护级别 国家二级重点保护物种。

胡云程/摄　侧面

胡云程/摄　飞行

赵凯/摄　亚成鸟

陈军/摄　成鸟

蓝翡翠 *Halcyon pileata*

形态特征 体长 25～31 cm。雄鸟嘴红色粗大，头黑色，后颈具宽阔的白色颈环；上体钴蓝色，内侧翼覆羽黑色，初级飞羽具大型白斑，两翼余部外羽与背同色，内翈黑色；喉至胸中央白色，下体余部及翼下覆羽棕色。雌鸟似雄鸟，但后颈和上胸白色沾棕。虹膜深褐色跗蹠及趾红色。幼鸟胸部具暗褐色横纹。

胡云程/摄　腹面

生态习性 栖息于山地、丘陵以及平原地区的溪流、库塘等水域附近。单独或成对活动，常停歇在水域附近的电线上或较为稀疏的树枝上，伺机猎取食物。主要以蛙、鱼等水生动物及昆虫为食。繁殖期为 5～7 月，常于崖壁上掘洞营巢。

物种分布 安庆市各地都有分布，较常见。夏候鸟。

保护级别 国家"三有"保护物种。

胡云程/摄　飞行

胡云程/摄　背面

胡云程/摄　飞行

普通翠鸟 *Alcedo atthis*

形态特征 体长16～18 cm的小型攀禽。嘴长且直，耳羽橘红色，颈侧具白色斑块；头及上体蓝绿色密布斑纹；颏喉白色，下体余部棕栗色。雌雄相似，雌鸟下嘴红色。幼鸟体色黯淡，具深色胸带。虹膜暗褐色；嘴黑色，下嘴橘红色（雌）；跗蹠及趾红色。

唐建兵/摄　雌鸟

生态习性 栖息于湖泊、河流、山溪、库塘等湿地附近。多单独活动，常蹲守在水域附近的岩石或枝头上，俯冲捕获鱼、虾。

物种分布 安庆市各地都有分布，常见。留鸟。

保护级别 国家“三有”保护物种。

胡云程/摄　飞行

赵凯/摄　雄鸟

赵凯/摄　雄鸟

冠鱼狗 *Megaceryle lugubris*

形态特征 体长 37～43 cm。雄鸟头、颈黑色杂以白色细纹，头顶具发达的冠羽；上体及两翼黑色，密布白斑；下体白色，胸具宽阔的黑色带纹，沾染棕褐色；体侧具黑褐色横斑，腋羽和翼下覆羽白色。雌鸟似雄鸟，但胸部斑纹无棕黄色沾染，腋羽和翼下覆羽棕黄色。幼鸟头部及上体灰褐色。虹膜褐色；嘴粗大黑色；跗蹠及趾黑色。

胡云程/摄 雌鸟

生态习性 栖息于山地林间的溪流附近。常蹲守在岸边的树枝、石头上，伺机捕获猎物；常沿溪流飞行，并发出尖厉刺耳的叫声。主要以鱼、虾等水生动物为食。繁殖期为 4～6 月，于溪流沿岸掘洞营巢。

物种分布 大别山区溪流、水库常见，冬季也到沿江平原地区的湖泊、河流附近活动。留鸟。

胡云程/摄 飞行

赵凯/摄 雄鸟

陈军/摄 雌鸟

斑鱼狗 *Ceryle rudis*

形态特征 体长 27～29 cm。雄鸟头顶至颈背黑色杂以白色细纹，颈侧各具大型白斑；上体及翼上覆羽黑色，具宽阔的白色端斑；初级飞羽基部具大型白斑，尾具宽阔的黑色次端斑；下体白色，前颈具宽阔的黑色带纹，胸具较窄的黑色带纹。雌鸟似雄鸟，但仅具 1 条不完整的胸带。虹膜褐色；嘴黑色；跗蹠及趾黑色。

夏家振/摄　雄鸟

生态习性 栖息于低山、丘陵及平原地区的河流、湖泊、库塘等湿地。成对或成小群活动于水域附近，能悬停于上空寻找猎物。主要以鱼、虾等水生动物为食。繁殖期为 4～6 月，于堤岸的土壁上掘洞营巢。

物种分布 在沿江平原地区的池塘、河流、湖泊常见，大别山区开阔谷地的河流、池塘也有。留鸟。

赵凯/摄　雌鸟

赵凯/摄　雄鸟

赵凯/摄　雄鸟

啄木鸟目 Piciformes

啄木鸟科 Picidae

蚁䴕 *Jynx torquilla*

形态特征 体长 16～17 cm 的小型攀禽。雌雄羽色相似。成鸟头部及上体灰色密杂以暗褐色虫蠹斑，头顶至背中央有 1 条显著的黑褐色纵纹；翼上覆羽灰褐色，杂以灰褐色圆斑和黑色矢状斑；飞羽黑褐色，具红褐色斑纹；头侧、颈侧及下体胸以上黄褐色，具黑褐色细纹；胸以下浅黄色，满布黑褐色横斑。虹膜黄褐色；嘴呈短锥形，铅灰色；跗蹠及趾近黄色。

生态习性 栖息于山地、丘陵地区的开阔林地。性孤独，多单独活动；舌发达，常以舌钩取树缝中的昆虫，地面跳跃时尾常上翘。主要以蚁类昆虫为食。叫声为一连串急促而响亮的"嘚、嘚、嘚"。

物种分布 迁徙期沿江平原及大别山区均有分布。旅鸟。

保护级别 国家"三有"保护物种；安徽省一级重点保护物种。

袁晓/摄　背面

胡云程/摄　侧面

董文晓/摄　腹面

董文晓/摄　腹面

斑姬啄木鸟 *Picumnus innominatus*

形态特征 体长 9～11 cm。成鸟眉纹和颊纹白色，贯眼纹和耳羽褐色；头顶、后颈纯栗色，上体橄榄绿色；外侧飞羽暗褐色，两翼余部与背同色；尾羽黑色，中央 1 对尾羽具白色带纹，外侧 3 对尾羽具白色次端斑；下体白色，胸侧具黑色圆斑，两胁具黑色横纹。雌雄羽色相近，但雄鸟前额具橘红色点斑。虹膜红色；嘴锥形，黑色；跗蹠及趾黑褐色。

生态习性 栖息于山地、丘陵及平原地区的岗地森林或竹林。常单独活动，主要以蚂蚁、甲虫等昆虫为食。繁殖期为 4～6 月，营巢于树洞。

物种分布 大别山区及沿江丘陵地区的林地均有分布，有时也到城市公园活动。留鸟。

保护级别 国家"三有"保护物种；安徽省一级重点保护物种。

赵凯/摄　侧面

唐建兵/摄　腹面

赵凯/摄　背面

星头啄木鸟 *Picoides canicapillus*

形态特征 体长 14～16 cm。嘴短强直如凿；眉纹白色宽阔，上体多黑色而具白色斑纹，下体污白而具黑褐色纵纹。雌雄相近，雄鸟头侧具1个红色点斑，雌鸟无。虹膜红褐色；嘴铅灰色；跗蹠及趾灰褐色。

赵凯/摄　雌鸟

生态习性 栖息于山地、丘陵、平原地区的各种林间。多单独或成对活动，呈波浪式飞行。主要以鞘翅目和鳞翅目昆虫为食。

物种分布 安庆市最常见的啄木鸟，各地均有分布。留鸟。

保护级别 国家"三有"保护物种；安徽省一级重点保护物种。

赵凯/摄　飞行

赵凯/摄　捕食

赵凯/摄　雄鸟

大斑啄木鸟 *Dendrocopos major*

形态特征　体长 22～25 cm。雄鸟头及上体黑色，后颈具红色块斑；颈侧白色具"T"形黑斑，肩羽白色，飞羽具白色斑点；下体棕白色，尾下覆羽红色。雌鸟似雄鸟，但后颈无红色块斑。幼鸟头顶暗红色。

胡云程/摄　雄鸟

生态习性　栖息于山地、丘陵及平原地区的阔叶林和混交林中。呈波浪式飞行。嘴强直如凿，舌细长，先端并列生短钩。主要以昆虫为食，冬季兼食部分植物种子。

物种分布　安庆市各地均有分布，常见。留鸟。

保护级别　国家"三有"保护物种；安徽省一级重点保护物种。

赵凯/摄　飞行

赵凯/摄　雄亚成鸟

胡云程/摄　育雏

灰头绿啄木鸟 *Picus canus*

形态特征 体长 26～29 cm。头顶及头侧灰色，枕和后颈黑色，上体绿色，下体暗绿或灰绿色。雌雄相近，雄鸟前额红色，雌鸟前额灰色。华南亚种枕黑色，下体暗绿色；华东亚种枕灰色具黑色细纵纹，下体灰绿色。

胡云程/摄　雌鸟

生态习性 主要栖息于山地、丘陵地区的森林和林缘地带。秋冬季随食物而漂泊，常在路旁、农田、村庄等附近的树林中活动。主要以昆虫为食，兼食部分植物种子。

物种分布 安庆市各地均较常见。留鸟。

保护级别 国家“三有”保护物种；安徽省一级重点保护物种。

赵凯/摄　雌鸟

赵凯/摄　雄鸟

赵凯/摄　雄鸟

隼形目 Falconiformes

隼科 Falconidae

红隼 *Falco tinnunculus*

形态特征 体长 31～37 cm。雄鸟头、尾蓝灰色，尾具黑色次端斑；上体砖红色，具黑色块斑。雌鸟头及上体红褐色，头部杂以黑褐色细纹，上体为宽横纹。幼鸟似雌鸟，头灰褐色杂以黑褐色细纹。虹膜褐色；蜡膜黄色，嘴黑色；跗蹠黄色，爪黑色。

生态习性 栖息于林缘及稀疏树木的旷野。多单独活动。主要以小型鸟类、啮齿类等小型脊椎动物为食。

物种分布 全年可见，但冬季更为常见，有部分留鸟种群。安庆市各地均有分布，是安庆市最常见的隼类。

保护级别 国家二级重点保护物种；CITES 附录Ⅱ收录。

赵凯/摄　雄鸟

赵凯/摄　雌鸟

赵凯/摄　雄鸟

赵凯/摄　飞行

红脚隼(阿穆尔隼) *Falco amurensis*

形态特征 体长 25～30 cm 的小型猛禽。《中国鸟类野外手册》中名为阿穆尔隼。雌雄异色。雄鸟通体石板灰色，尾下覆羽红色，腋羽和翼下覆羽白色。雌鸟头部深灰色具黑色细纵纹；上体蓝灰色具黑色斑块和细羽干纹；飞羽黑褐色，尾羽蓝灰色具黑色横纹；下体白色沾棕，胸具黑褐色纵纹，腹部为不规则横纹。幼鸟似雌鸟，眼上方具短的白色眉纹，上体具红褐色羽缘。虹膜褐色；蜡膜橙红色；嘴黑色；跗蹠及趾红色，爪色浅。

生态习性 栖息于低山、丘陵、开阔平原地带。多单独活动，迁徙期集群，喜立于电线上。主要以小型脊椎动物和大型昆虫为食。

胡云程/摄　雌鸟

物种分布 11 月中下旬安庆市各地均有记录，以皖河农场至海口的江边农田数量最多，集群可达 30 余只。该种春季北归时则鲜有记录。2020 年 4 月 21 日，安庆机场发生一起鸟击事件，肇事鸟为 1 只雄性红脚隼，据此推测该种北上时可能很少在中途停歇。旅鸟。

保护级别 国家二级重点保护物种；IUCN 红色名录近危(NT)级别；CITES 附录Ⅱ收录。

赵凯/摄　雌鸟

夏家振/摄　雄鸟

赵凯/摄　亚成鸟

赵凯/摄　雄鸟

燕隼 *Falco subbuteo*

形态特征 体长 29～31 cm 的小型猛禽。雌雄羽色相近。似红脚隼雌鸟，但蜡膜、跗蹠和趾均为黄色，爪黑色，髭纹更粗著。成鸟具白色细眉纹，头及上体暗蓝灰色具黑色羽干纹；颈侧白色，耳区有 1 处向下的黑色突起；下体白色，胸腹具黑褐色纵纹；尾下覆羽和覆腿羽棕红色；翅狭长，翼下覆羽白色密布黑色斑纹。虹膜褐色；蜡膜黄色；嘴黑灰色。幼鸟上体具红褐色羽缘。

汪湜/摄　成鸟

生态习性 栖息于林缘或有稀疏树木生长的开阔区域。单独或成对活动，主要以小型脊椎动物和昆虫为食，常以其高超的飞行技巧捕食飞行中的燕子。繁殖期为 5～7 月，营巢于高大乔木上，也侵占喜鹊等鸦科鸟类的旧巢。

物种分布 大别山区及沿江丘陵均有分布，较罕见。夏候鸟。

保护级别 国家二级重点保护物种；CITES 附录Ⅱ收录。

董文晓/摄　飞行腹面

夏家振/摄　飞行背面

黄丽华/摄　成鸟

游隼 *Falco peregrinus*

形态特征 体长 40～45 cm。雌雄羽色相似。成鸟眼周黄色，头及头侧黑色，颊部浅色区域较小；上体暗蓝灰色，具黑色羽干纹；下体浅红棕色，胸具黑褐色点状斑纹，腹以下为横纹；覆腿羽白色，具黑褐色横纹。幼鸟上体灰褐色，下体皮黄色，密布黑褐色纵纹。虹膜褐色；蜡膜黄色，嘴灰黑色；跗蹠及趾黄色。幼鸟上体灰褐色，具红褐色羽缘；下体皮黄色，密布黑褐色纵纹。

赵凯/摄　亚成鸟

生态习性 栖息于山地、丘陵及河流、湖泊的沿岸开阔地带。单独或成对活动，主要以鸟类、鼠、兔等中小型脊椎动物为食。繁殖期为 4～6 月，营巢于林间空地或山地峭壁悬崖上。该种飞行速度非常快。

物种分布 安庆市各地均有分布，多见于沿江湿地。冬候鸟。

保护级别 国家二级重点保护物种；IUCN 红色名录近危（NT）级别；CITES 附录Ⅰ收录。

胡云程/摄　成鸟

陈军/摄　亚成鸟

赵凯/摄　亚成鸟

薄顺奇/摄　成鸟

雀形目 Passeriformes

八色鸫科 Pittidae

仙八色鸫 *Pitta nympha*

形态特征 体长 17～21 cm。色彩艳丽。雌雄羽色相似。成鸟头顶栗色，具黑褐色顶冠纹；眉纹皮黄色，头侧宽阔的过眼黑色带纹在后颈相连；背、肩及翼上覆羽绿色，腰、尾上覆羽和小覆羽天蓝色；初级飞羽黑褐色，基部具大型白斑；尾短，具黑色次端斑；颏、喉白色，腹中央至尾下覆羽朱红色，下体余部浅灰沾棕。虹膜褐色；嘴黑色；跗蹠及趾粉红色。

生态习性 栖息于低山、丘陵地区的常绿阔叶林林下或灌丛中。多单独活动，善在地面跳跃式行进。主要以昆虫、蚯蚓、蜈蚣等无脊椎动物为食。繁殖期为 5～7 月，营巢于茂密的树干分杈处。

物种分布 大别山区罕见。夏候鸟。

保护级别 国家二级重点保护物种；IUCN 红色名录易危（VU）级别；CITES 附录Ⅱ收录。

胡云程/摄　背面

胡云程/摄　侧面

胡云程/摄　飞行

朱英/摄　育雏

黄鹂科 Oriolidae

黑枕黄鹂 *Oriolus chinensis*

形态特征 体长 22～27 cm。雌雄羽色相似。成鸟通体黄色；两侧过眼纹黑色宽阔，并在枕部相连；尾羽黑色，外侧尾羽具黄色端斑；内侧翼上覆羽与背同色，两翼余部黑褐色，具黄色翅斑；幼鸟贯眼纹细且短，不及枕部；头及上体橄榄黄绿色，下体白色具黑褐色纵纹。虹膜浅红褐色；嘴粉红色；跗蹠及趾黑褐色。

生态习性 栖息于山地、丘陵以及平原地区的阔叶林。单独或成对活动，树栖性，极少在地面活动。主要以昆虫为食，兼食植物的果实和种子。繁殖期为 5～7 月，营巢于高大的阔叶乔木上，巢呈吊篮状。鸣声清脆悠远，也有嘶哑的叫声。

物种分布 安庆市各地均有分布，较常见。夏候鸟。每年 4 月下旬抵达安徽省，10 月中下旬南迁越冬。

保护级别 国家“三有”保护物种；安徽省一级重点保护物种。

赵凯/摄　背面

胡云程/摄　腹面

胡云程/摄　侧面

胡云程/摄　飞行

山椒鸟科 Campephagidae

暗灰鹃鵙 *Coracina melaschistos*

形态特征 体长 20～25 cm。雌雄羽色相近。成鸟头及上体青石板灰色；飞羽及尾羽黑色，微具蓝色金属光泽；外侧几枚飞羽具白色条纹，最外侧 3 对尾羽具白色端斑；下体多浅灰色，尾下覆羽白色。幼鸟似成鸟，但头及上体具白色羽缘，下体具褐色斑纹。虹膜红褐色；嘴黑色先端下弯；跗蹠及趾铅蓝色。

袁晓/摄　背面

生态习性 栖息于山地、丘陵及平原地区的阔叶林或针阔混交林。单独或成对活动。主要以昆虫为食，兼食植物果实等。繁殖期为 4～6 月，营巢于树上，巢呈碗状。

物种分布 安庆市各地均有分布，罕见。夏候鸟。

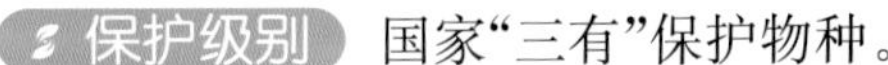

保护级别 国家“三有”保护物种。

董文晓/摄　腹面

夏家振/摄　亚成鸟

董文晓/摄　背面

小灰山椒鸟 *Pericrocotus cantonensis*

形态特征　体长 18～21 cm。雄鸟额、头前部白色，贯眼纹黑色；颈侧白色，耳羽暗褐色；头后部、后颈、背及内侧翼上覆羽黑色；腰至尾上覆羽沙褐色沾黄；尾羽黑褐色，外侧尾羽具白色端斑；两翼黑褐色，飞羽基部具白斑；颏、喉白色，上胸灰色沾黄，下体余部污白色。雌鸟似雄鸟，但头后部至背均为灰色，腰部褐黄色更深。幼鸟头部及上体杂以白色细纹。虹膜暗褐色；嘴黑色，跗蹠及趾黑色。

赵凯/摄　雌鸟

生态习性　栖息于山地、丘陵地区的阔叶落叶林及常绿林。多成小群活动，于枝叶茂密的树上活动。主要以昆虫及其幼虫为食。繁殖期为 5～7 月，营巢于高大乔木上，巢呈碗状。叫声为一串急促的颤音。

物种分布　安庆市各地均有分布。夏候鸟。

保护级别　国家“三有”保护物种。

赵凯/摄　亚成鸟

赵凯/摄　雄鸟

灰喉山椒鸟 *Pericrocotus solaris*

形态特征　体长 17～19 cm。雄鸟额、头顶、后颈至上背黑色，下背至尾上覆羽赤红色；尾羽黑色，外侧尾羽端部赤红色；两翼具赤红色“7”形翅斑；头侧、颏、喉灰色，下体余部赤红色。雌鸟头顶、头侧、后颈及上背暗灰色，下背至尾上覆羽橄榄绿色，翅斑和尾羽端部均黄色，颏、喉灰色，下体余部黄色。虹膜暗褐色；嘴黑色；跗蹠及趾黑色。

生态习性　栖息于山地、丘陵地区的常绿阔叶林和混交林中。成群生活，具有季节性垂直迁移习性。主要以昆虫及其幼虫为食，兼食植物果实。

物种分布　安徽主要见于皖南山区，2022 年 8 月在天柱山大龙窝记录 1 对繁殖个体。夏候鸟。

保护级别　国家“三有”保护物种。

陈军/摄　雌鸟

陈军/摄　雄鸟

卷尾科 Dicruridae

黑卷尾 *Dicrurus macrocercus*

形态特征 体长 23～30 cm。通体黑色，具蓝色金属光泽；尾羽黑褐色，外翈具蓝色金属光泽，尾呈深叉形，最外侧尾羽最长且微向上卷曲；下体黑色，胸具铜绿色金属光泽。雌雄相似。幼鸟似成鸟，但下体具近白色横纹。虹膜红褐色；嘴黑色；跗蹠及趾黑色。

生态习性 栖息于山地、丘陵及平原地区。常见于农田和居民区，喜在高大的乔木上营巢，叫声嘈杂而粗糙。主要以昆虫和小型脊椎动物为食。

物种分布 安庆市各地均有分布，低海拔地区相对高海拔地区更为常见。夏候鸟。

保护级别 国家“三有”保护物种。

赵凯/摄　飞行

赵凯/摄　亚成鸟

赵凯/摄　幼鸟

赵凯/摄　成鸟

灰卷尾 *Dicrurus leucophaeus*

形态特征 体长 25～32 cm。雌雄羽色相似。成鸟通体灰色，最外侧尾羽最长且向上卷曲，尾呈叉型。虹膜红褐色；嘴、跗蹠及趾黑色。安庆市分布有 2 个亚种：普通亚种（*D. l. leucogenis*）和华南亚种（*D. l. salangensis*）。普通亚种：通体浅灰色，额基绒黑色，头侧白色区域较大。华南亚种：似普通亚种，但通体暗灰色，头侧白色区域较小，额基黑色与头顶反差小。

生态习性 栖息于山地、丘陵和平原地区的林间空地和村落附近。单独或成对活动，主要以昆虫为食。繁殖期为 5～7 月，营巢于高大的乔木上，巢呈碗状。

物种分布 安庆市各地均有分布，罕见。夏候鸟。

保护级别 国家“三有”保护物种。

赵凯/摄　幼鸟

赵凯/摄　腹部

赵凯/摄　背部

发冠卷尾 *Dicrurus hottentottus*

形态特征 体长 27～35 cm。雌雄羽色相似。似黑卷尾，通体绒黑色，具紫蓝色或铜绿色金属光泽；但额顶具丝状冠羽，最外侧尾羽卷曲更明显；喉和上胸具滴状斑。幼鸟似成鸟，但体羽金属光泽较淡。虹膜红褐色；嘴黑色；跗蹠及趾黑色。

陈军/摄　成鸟

生态习性 栖息于山地、丘陵及平原地区的岗地阔叶林中。单独或成对活动，主要以昆虫为食，兼食植物的果实和种子。繁殖期为 5～7 月，营巢于高大乔木顶端的树杈上，巢呈碗状。

物种分布 大别山区、沿江丘陵地区的林地均有分布，常见。夏候鸟。

保护级别 国家“三有”保护物种。

唐建兵/摄　育雏

赵凯/摄　幼鸟

赵凯/摄　成鸟

王鹟科 Monarchidae

寿带 *Terpsiphone paradisi*

形态特征 中等体型，体长 16～50 cm。雌雄尾羽差别极大，雄鸟有栗色和白色两型。栗色型雄鸟：眼圈灰钴蓝色，头、颈蓝黑色且具金属光泽；上体及尾羽栗红色，中央 2 枚尾羽特别延长；飞羽和初级覆羽黑褐色，具栗褐色羽缘，两翼余部与背同色；胸暗灰色，下体余部白色。白色型雄鸟：头、颈与栗色型雄鸟相似，体羽灰白色替代栗红色，各羽具黑色羽干纹；胸以下纯白色。雌鸟似栗色型雄鸟，但冠羽和尾均较短。虹膜暗褐色；嘴蓝色；跗蹠及趾铅蓝色。

生态习性 栖息于山地、丘陵及平原地区的高大乔木上。单独或成对活动，主要以昆虫为食。繁殖期为 5～7 月，营巢于靠近池塘或溪流的乔木上，巢呈倒圆锥形。

物种分布 沿江平原地区偶见，江边防护林多次记录。夏候鸟。

保护级别 国家“三有”保护物种；IUCN 红色名录近危（NT）级别；安徽省一级重点保护物种。

胡云程/摄　白色型

胡云程/摄　红色型

夏家振/摄　雌鸟

伯劳科 Laniidae

虎纹伯劳 *Lanius tigrinus*

形态特征 体长 16～19 cm。雄鸟嘴粗壮先端具钩，贯眼纹黑色宽阔；头顶至上背蓝灰色；上体余部及翼上覆羽棕栗色，具波状黑褐色横纹；尾羽红褐色具不清晰的暗灰色横纹；下体白色，两胁微具褐色横斑。雌鸟似雄鸟，但额基和眼先灰白色，下体具明显的褐色横纹。虹膜褐色；嘴黑色；跗蹠及趾褐灰色。幼鸟似雌鸟，但头亦为栗褐色，贯眼纹不明显。

生态习性 栖息于低山、丘陵及山脚平原地区的阔叶林和林缘地带。单独或成对活动。主要以昆虫及小型脊椎动物为食。繁殖期为 5～7 月，营巢于枝叶茂密的灌木或树杈上。

物种分布 大别山区及沿江丘陵地区均有分布，较常见。夏候鸟。

保护级别 国家"三有"保护物种；安徽省二级重点保护物种。

赵凯/摄 雌鸟

陈军/摄 雄鸟

赵凯/摄 雄亚成鸟

赵凯/摄 幼鸟

牛头伯劳 *Lanius bucephalus*

形态特征 体长 19～21 cm 的中等鸣禽。雄鸟眉纹白色，贯眼纹黑色；头顶至后颈栗褐色，上体褐色沾棕；两翼和尾黑褐色，初级飞羽基部具白色翅斑；颏、喉白色，体侧棕红色；下体中央污白色，微具褐色鳞状纹。雌鸟似雄鸟，但眼先灰白色，贯眼纹不完整，耳羽棕褐色；无白色翅斑，下体棕色更深，密布暗褐色鳞状斑纹。虹膜深褐色，嘴角黑褐色；跗蹠及趾黑褐色。

胡云程/摄　雌鸟

生态习性 栖息于山地、丘陵地区阔叶林或针阔混交林的林缘地带。非繁殖期多单独活动。性凶猛，主要以昆虫及小型脊椎动物为食。

物种分布 大别山区偶见。冬候鸟。

保护级别 国家“三有”保护物种；安徽省二级重点保护物种。

赵凯/摄　雌鸟

赵凯/摄　雌鸟

袁晓/摄　雄鸟

红尾伯劳 *Lanius cristatus*

形态特征 体长 18～20 cm。具白色眉纹和黑色贯眼纹；尾羽红棕色。雄鸟头部和上体羽色因亚种而异；颏、喉白色，下体余部浅棕色。雌鸟下体均具暗褐色鳞状斑纹。虹膜褐色；嘴黑色，下嘴基部色浅；跗蹠及趾黑色。

生态习性 栖息于低山、丘陵及平原地区的林缘灌丛。单独或成对活动。主要以昆虫和小型脊椎动物为食。繁殖期为 5～7 月，营巢于多枝叶的灌木或树杈上。

物种分布 安庆市各地均有分布，常见。夏候鸟。

保护级别 国家“三有”保护物种；安徽省二级重点保护物种。

赵凯/摄　雌鸟

赵凯/摄　雄鸟

赵凯/摄　亚成鸟

赵凯/摄　雄鸟

棕背伯劳 *Lanius schach*

形态特征 体长 21～28 cm。贯眼纹黑而宽，头顶至上背灰色，上体余部棕红色，翼上具白色翅斑；下体棕白色，两胁及尾下覆羽棕色。雌雄相似。幼鸟头及颈背褐灰色，上体棕褐色具暗褐色波纹。虹膜褐色；嘴黑色；跗蹠及趾黑色。

赵凯/摄　亚成鸟

生态习性 栖息于低山、丘陵及平原地区，喜疏林地或开阔地。性凶猛，主要以昆虫及蛇和鼠等小型脊椎动物为食。

物种分布 安庆市各地广泛分布，常见。留鸟。

保护级别 国家“三有”保护物种；安徽省二级重点保护物种。

赵凯/摄　黑色型

赵凯/摄　腹部

赵凯/摄　背面

楔尾伯劳 *Lanius sphenocercus*

形态特征 体长 28～31 cm。雌雄羽色相似。成鸟额基和眉纹白色，贯眼纹黑色；头及上体灰色，小覆羽与背同色；两翼余部黑色，具大型白斑；中央具 2 对尾羽黑色，最外侧 3 对尾羽白色；颊、颈侧及下体纯白色。虹膜褐色；嘴黑色；跗蹠及趾黑色。

生态习性 栖息于山地、丘陵、平原地区的林缘及疏林地带。冬季多单独活动，常停息于突出的枝头、灌丛或电线上。主要以昆虫和小型脊椎动物为食。

物种分布 安庆市各地均有分布，罕见。冬候鸟。

保护级别 国家"三有"保护物种；安徽省二级重点保护物种。

赵凯/摄　飞行

赵凯/摄　背部

赵凯/摄　侧面

赵凯/摄　腹部

鸦科 Corvidae

松鸦 *Garrulus glandarius*

形态特征 体长 30～36 cm。飞羽和尾羽黑褐色，翼上具蓝、黑相间的斑纹；髭纹黑色，额、头、颈及上体肩、背至腰红棕色；初级覆羽、最外侧几枚次级大覆羽和最外侧 5 枚次级飞羽外翈基部具蓝色横纹，形成明显的翅斑；尾下覆羽白色，下体余部及腋羽和翼下覆羽浅红棕色。虹膜灰色；嘴黑褐色；跗蹠及趾黄褐色。

生态习性 栖息于针叶林、针阔叶混交林或阔叶林中。杂食性，主要以昆虫为食。叫声沙哑而单调。

物种分布 大别山区、沿江丘陵及平原地区有林地均有分布，一般夏季在山区繁殖，冬季到低海拔地区越冬。留鸟。

赵凯/摄　背面

赵凯/摄　腹面

赵凯/摄　亚成鸟

胡云程/摄　飞行

灰喜鹊 *Cyanopica cyana*

形态特征 体长 33～40 cm。雌雄羽色相似。成鸟头顶、头侧和后颈黑色，上体暗灰色；尾长，青蓝色，中央 2 枚尾羽最长，具宽阔的白色端斑；翼上覆羽和飞羽外侧多青蓝色，飞羽内侧暗褐色；颏、喉、颈侧及后颈基部灰白色，下体余部灰色。幼鸟头部黑色杂以白色斑纹。虹膜暗褐色；嘴黑色；跗蹠及趾黑褐色。

生态习性 栖息于山地、丘陵及平原地区的次生林和人工林中，常到农田和居民点附近活动。多成小群活动。主要以昆虫为食，兼食部分植物的果实和种子。繁殖期为 5～7 月，营巢于乔木的树杈上，巢呈浅盘状。叫声单调而粗厉。

赵凯/摄　飞行

物种分布 安庆市各地均有分布，以城市公园、绿地、校园等地最为常见。留鸟。

保护级别 国家“三有”保护物种；安徽省一级重点保护物种。

胡云程/摄　腹面

赵凯/摄　亚成鸟

赵凯/摄　侧面

红嘴蓝鹊 *Urocissa erythrorhyncha*

形态特征 体长 55～65 cm。额、头侧、颈侧、喉和胸黑色，头顶至后颈白色微杂黑色，上体紫蓝灰色，下体胸以下白色；尾长紫蓝色，凸形，具黑色次端斑和白色端斑。虹膜黄色；嘴、跗蹠及趾红色。

赵凯/摄　背面

生态习性 栖息于山地、丘陵地区的阔叶林及林缘地带。喜结群活动，性凶悍，主动围攻入侵的猛禽。以植物果实、小型脊椎动物等为食。

物种分布 该种近 10 年才从皖南扩张至安庆市，目前大别山区分布已非常广泛，沿江丘陵地区偶见，冬季在平原地区也有分布。留鸟。

保护级别 国家"三有"保护物种；安徽省一级重点保护物种。

陈军/摄　展翅

胡云程/摄　侧面

赵凯/摄　腹面

灰树鹊 *Dendrocitta formosae*

形态特征 体长 31～40 cm。雌雄羽色相似。成鸟额、眼先及眼周黑色，头顶至后颈灰色；背棕褐色，腰及尾上覆羽白色；两翼及尾黑色，初级飞羽基部具白斑；喉至胸烟灰色，腹和两胁灰白色，尾下覆羽棕黄色。虹膜红褐色；嘴黑色；跗蹠及趾黑色。

生态习性 栖息于山地、丘陵地区的阔叶林或针阔混交林中。成对或成小群活动。主要以浆果、坚果等为食，兼食昆虫等动物性食物。繁殖期为 4～6 月，营巢于乔木或灌木上，巢呈碗状。叫声粗厉而喧闹。

陈军/摄　腹面

物种分布 该种近 10 年才从皖南扩张至安庆市，目前大别山区及沿江丘陵均有分布，较常见。留鸟。

保护级别 国家"三有"保护物种。

唐建兵/摄　背面

唐建兵/摄　腹面

赵凯/摄　背面

喜鹊 *Pica pica*

形态特征 体长 40～50 cm 的中等鸣禽。雌雄羽色相似。成鸟头、颈及上体黑色，具蓝色金属光泽；肩羽纯白色，构成大型白色肩斑；尾楔形，黑色且具绿色光泽；初级飞羽白色，仅端缘黑色；两翼余部黑色，具蓝色金属光泽；腹和两胁白色，下体余部黑色。虹膜暗褐色；嘴、跗蹠及趾黑色。

陈军/摄　飞行背面

生态习性 栖息于山地、丘陵及平原地区的林地、农田及市区等。成对或成小群活动。杂食性，繁殖季节主要以昆虫等动物为食，秋冬季主要以植物的果实和种子为食。繁殖期为 3～5 月，领域性强；筑巢于高大乔木或高压电塔上，巢呈球形，上有顶盖。

物种分布 安庆市各地均有分布，平原地区尤其是农田、村庄较山区更常见。留鸟。

保护级别 国家“三有”保护物种。

胡云程/摄　腹面

赵凯/摄　飞行侧面

胡云程/摄　背面

达乌里寒鸦 *Corvus dauuricus*

形态特征 体长 30～35 cm。雌雄羽色相似。成鸟后颈、颈侧、胸侧及下体胸以下白色，其余体羽黑色，具紫蓝色金属光泽，头后部、耳羽杂有白色细纹。幼鸟在成鸟白色区域为灰色，其余体羽黑色。虹膜深褐色，嘴、跗蹠及趾黑色。

李永民/摄　亚成鸟

生态习性 栖息于山地、丘陵及平原地区。成群活动，也与小嘴乌鸦等鸦类混群。杂食性，以腐肉、植物种子、昆虫等为食，喜从生活垃圾中翻寻食物。

物种分布 冬季见于沿江平原及大别山区山间宽阔平地的农田及疏林中，少量与秃鼻乌鸦混群。冬候鸟。

保护级别 国家“三有”保护物种。

胡云程/摄　飞行

夏家振/摄　左亚成鸟

赵凯/摄　成鸟

秃鼻乌鸦 *Corvus frugilegus*

形态特征 体长 44～48 cm。嘴基部裸露无羽(幼鸟被羽),裸皮灰白色;通体黑色,具蓝紫色金属光泽。虹膜深褐色;嘴黑色;跗蹠及趾黑色。

赵凯/摄　集群

生态习性 栖息于低山、丘陵及平原地区的农田、居民区。喜集群活动,冬季集大群,常边飞边叫,叫声粗厉。杂食性,以植物的种子和果实、昆虫、小型脊椎动物及腐尸、生活垃圾等为食。

物种分布 冬季见于沿江平原及大别山区山间宽阔平地的农田及疏林中,常集数千只大群,怀宁、潜山的农田中尤其常见,有少量与小嘴乌鸦和达乌里寒鸦混群。冬候鸟。

保护级别 国家“三有”保护物种。

赵凯/摄　成鸟

赵凯/摄　飞行

小嘴乌鸦 *Corvus corone*

形态特征 体长 40～52 cm 的中等鸣禽。成鸟通体黑色，具紫蓝色金属光泽。幼鸟体羽多褐色。与大嘴乌鸦的区别在于额弓低平，嘴形较细。虹膜褐色，嘴、跗蹠及趾黑色。

生态习性 栖息于低山、丘陵及平原地区的农耕区、村落附近的开阔地带。喜集群活动，冬季集大群，也与其他鸦类混群。杂食性，以植物的种子和果实、昆虫、小型无脊椎动物及腐尸、生活垃圾等为食。

物种分布 大别山区冬季干枯河床及低山丘陵村庄附近较常见，常与秃鼻乌鸦混群。冬候鸟。

赵凯/摄　飞行

赵凯/摄

侧面

赵凯/摄　腹面

大嘴乌鸦 *Corvus macrorhynchos*

形态特征 体长 44～54 cm。雌雄羽色相似。成鸟通体黑色，具紫蓝色金属光泽。与小嘴乌鸦的区别：嘴粗大，嘴峰弯曲，额突出。与秃鼻乌鸦的区别：嘴基长羽达鼻孔处。虹膜暗褐色；嘴、跗蹠及趾黑色。

生态习性 栖息于山地常绿阔叶林、针阔叶混交林等不同林型中，冬季向丘陵和山脚平原地区迁移。成对或成小群活动。杂食性，主要以昆虫、小型脊椎动物、腐肉及植的物叶、芽、果实、种子等为食。繁殖期为 3～6 月，营巢于高大乔木上，巢呈碗状。

物种分布 大别山区山脊林地、林缘及村庄附近常见，常集 10 余只至数十只小群。留鸟。

赵凯/摄　腹面

夏家振/摄　背面

赵凯/摄　侧面

白颈鸦 *Corvus torquatus*

形态特征 体长 46～50 cm。雌雄羽色相似。成鸟上背、后颈、颈侧至前胸白色，形成完整的白色颈圈；其余体羽黑色，具紫蓝色金属光泽。虹膜、嘴、跗蹠及趾黑色。

赵凯/摄　腹面

生态习性 栖息于平原、丘陵至开阔的农田、河滩等地带。单独或成对活动，很少集群。杂食性，主要以昆虫、腐肉、植物种子为食，也从生活垃圾中寻找食物。繁殖期为 3～6 月，营巢于高大乔木上。

物种分布 大别山区的河流、水库及长江沿岸的滩涂、湖泊和农田中常见分布。留鸟。

保护级别 IUCN 红色名录近危(NT)级别。

赵凯/摄　飞行

赵凯/摄　侧面

山雀科 Paridae

黄腹山雀 *Parus venustulus*

形态特征 体长约10 cm。雄鸟头、颈黑色，后颈有白色块斑，颊白色，喉至上胸具黑斑，下体余部黄色。雌鸟头、颈灰绿色，下体黄色，喉至上胸无黑斑。幼鸟似雌鸟，喉无黑斑，但黑色的头部和翼羽沾灰色。

生态习性 栖息于山地、丘陵及平原地区的各种林型中。结群活动，有时与大山雀混群。主要以昆虫为食，兼食植物嫩芽。

物种分布 安庆市各地均有分布，夏季多分布在大别山区，冬季迁移到低海拔地区觅食。留鸟。

保护级别 国家“三有”保护物种。

赵凯/摄　雌鸟

赵凯/摄　雌鸟

赵凯/摄　雄鸟

赵凯/摄　雄鸟

大山雀 *Parus major*

形态特征 体长约 14 cm。头、颈黑色，头侧具大型白斑；上体蓝灰，背沾黄绿色；翼上具 1 块醒目的白色翅斑；下体白色具宽阔的黑色中央纵纹。雌鸟似雄鸟，但腹部中央纵纹较窄，体羽缺少光泽。幼鸟头灰褐色，喉部黑斑较小，中央纵纹较短。虹膜暗褐色；嘴黑色；跗蹠及趾紫褐色。

赵凯/摄　侧面

生态习性 多单独或成对活动，主要以昆虫为食。

物种分布 安庆市各地广泛分布，夏季以山区和丘陵地区更为常见，冬季迁移到低海拔地区，甚至到湖滩湿地觅食。留鸟。

保护级别 国家“三有”保护物种。

胡云程/摄　飞行

陈军/摄　左亚成鸟

赵凯/摄　腹面

攀雀科 Remizidae

中华攀雀 *Remiz consobrinus*

形态特征 体长10～12 cm。雄鸟前额与过眼纹黑色，头顶至后颈灰色；后颈基部、颈侧栗褐色，上体棕褐色；两翼及尾羽黑褐色，大覆羽羽缘栗褐色；颏、喉及下颊白色，下体余部皮黄色。雌鸟似雄鸟，但贯眼纹和耳羽棕褐色，上体沙褐色沾棕。虹膜深褐色；嘴呈锥形，黑褐色，侧缘色浅；跗蹠及趾铅蓝色。

生态习性 栖息于丘陵、平原地区近水的芦苇和柳树、杨树等阔叶树上。非繁殖期成群活动。主要以昆虫为食，兼食植物嫩芽。

物种分布 沿江平原湿地附近的芦苇荡中较常见。冬候鸟。

保护级别 国家“三有”保护物种。

赵凯/摄　雌鸟

赵凯/摄　雄鸟背面

百灵科 Alaudidae

云雀 *Alauda arvensis*

形态特征 体长17～19 cm。雌雄羽色相似。成鸟眉纹黄白色，耳羽棕褐色；头、上体及翼上覆羽黑褐色，具黄白色羽缘；飞羽和尾羽黑褐色，最外侧尾羽纯白色；前颈和胸黄褐色，具黑褐色纵行点状斑纹；下体余部白色。虹膜深褐色；上嘴黑灰色，下嘴黄色；跗蹠及趾黄褐色。

生态习性 栖息于开阔的草地、农田。喜在地面奔跑，可从地面垂直地冲上天空。主要以昆虫和草籽为食。

物种分布 沿江平原的湖滩、河滩常见，大别山区山间宽阔平地的河边草丛及水库库尾草丛中也有分布。冬候鸟。

保护级别 国家二级重点保护物种。

赵凯/摄　侧面

夏家振/摄　腹面

小云雀 *Alauda gulgula*

形态特征 体长 14～16 cm。外形似云雀，但体型略小，第 5 枚初级飞羽距翼端相对较短(不足 5 mm)；嘴相对云雀更大；背部黑色纵纹更粗；持续连串的鸣唱较云雀更为婉转多变。

赵凯/摄　亚成鸟

生态习性 栖息于开阔的草地。多成小群活动，喜在地面奔跑，常突然从地面垂直起飞，边飞边叫。主要以昆虫和植物种子为主食。繁殖期为 4～6 月，地面营巢。

物种分布 沿江平原的湖滩、河滩常见，大别山区山间宽阔平地的河边草丛及水库库尾草丛中也有分布。本种在安庆市为留鸟，而云雀为冬候鸟。

保护级别 国家“三有”保护物种。

赵凯/摄　侧面

赵凯/摄　飞行

赵凯/摄　背面

扇尾莺科 Cisticolidae

棕扇尾莺 *Cisticola juncidis*

形态特征 体长 9～12 cm。雌雄羽色相似。成鸟夏羽：眉纹棕白色，额棕褐色；头顶至枕黑褐色具棕色羽缘，后颈、头侧浅棕色；上背和肩黑色，具棕色羽缘；下背至尾上覆羽栗棕色；尾羽基部棕色，具黑色次端斑和白色端斑；翼上覆羽黑色且具宽阔的棕色羽缘，飞羽暗褐色；下体两胁和覆腿羽棕黄色，余部棕白色。虹膜暗红褐色；嘴峰黑褐色，余部粉红色；跗蹠及趾粉红至红色。

生态习性 栖息于山地、丘陵及平原地区的开阔草地或耕地。除繁殖期外，多成小群活动。主要以昆虫和植物种子为食。繁殖期为 4～7 月，营巢于灌丛中，巢呈吊囊状，开口于侧上方。

物种分布 沿江平原的湖滩、河滩、农田、荒草丛中较为常见。夏候鸟。

陈军/摄　夏羽背面

赵凯/摄　夏羽腹面

赵凯/摄　冬羽背面

赵凯/摄　冬羽腹面

山鹪莺 *Prinia crinigera*

形态特征 体长 13～15 cm 。雌雄羽色相似。成鸟头、后颈及背、肩灰褐色，具暗褐色纵纹，腰及尾上覆羽棕褐色；尾长呈凸形，暗褐色具棕褐色羽缘；小覆羽与背同色，两翼余部暗褐色，具棕褐色羽缘；胸暗灰褐色，两胁及尾下覆羽茶黄色，下体余部灰白色。虹膜红褐色；上嘴黑褐色，下嘴浅黄色；跗蹠及趾肉色。

生态习性 栖息于山地、丘陵及平原地区的灌木丛或高草丛中。单独或成对活动。主要以昆虫和植物种子为食。

物种分布 安庆市大龙山有分布，其他地区分布情况不详。留鸟。

赵凯/摄　侧面

赵凯/摄　腹面

赵凯/摄　背面

纯色山鹪莺 *Prinia inornata*

形态特征 体长 11～16 cm。雌雄羽色相似，体色随季节变化明显。夏羽：眼先棕色，眉纹棕白色，颊和耳羽灰白色；头顶至后颈暗褐色，上体橄榄灰褐色；尾长凸形，灰褐色；两翼黑褐色，具棕褐色羽缘；下体胸、两胁及尾下覆羽茶黄色，余部白色。冬羽：上体多红棕色，下体茶黄色。虹膜黄褐色；嘴黑色；跗蹠及趾红褐色。

生态习性 栖息于高草丛、芦苇地、沼泽、玉米地及稻田中。成对或成小群活动。主要以昆虫和植物种子为食。繁殖期为 4～6 月，营巢于草丛或灌丛中，巢呈囊状。

物种分布 安庆市各地均有分布，农田沟渠及湖边常见。留鸟。

赵凯/摄　夏羽腹面

赵凯/摄　冬羽腹面

赵凯/摄　冬羽背面

赵凯/摄　夏羽背面

苇莺科 Acrocephalidae

东方大苇莺 *Acrocephalus orientalis*

形态特征 体长 16～20 cm。雌雄羽色相似。成鸟眉纹灰白色，过眼纹暗褐色，耳羽灰褐色；头顶、后颈、上背暗褐色，肩至尾上覆羽灰褐色；尾羽暗褐色，先端污白色；两翼暗褐色，各羽具棕色羽缘；颏、喉白色，两胁皮黄色，下体余部污白色。虹膜褐色；上嘴黑褐色，下嘴粉色；脚铅灰色。

生态习性 栖息于沼泽、湿地的芦苇丛中。成群活动，主要以昆虫和植物种子为食。繁殖期为 5～7 月，营巢于芦苇丛中，巢呈杯状。鸣声洪亮。

物种分布 沿江平原地区的湖滩芦苇荡中有分布，罕见。夏候鸟。

保护级别 国家“三有”保护物种。

夏家振/摄　侧面

夏家振/摄　背面

赵凯/摄　侧面

赵凯/摄　展翅

黑眉苇莺 *Acrocephalus bistrigiceps*

形态特征 体长 12～14 cm。雌雄羽色相似。成鸟眉纹浅黄色，侧冠纹黑色，过眼纹暗褐色；头及上体橄榄棕褐色；两翼及尾羽黑褐色，具棕褐色羽缘；颏、喉黄白色，下体余部棕黄色。虹膜黄褐色；上嘴黑褐色，下嘴黄褐色；跗蹠及趾暗红褐色。

夏家振/摄　腹面

生态习性 栖息于近水的芦苇丛和高草地中。多成小群活动，主要以昆虫为食，兼食植物种子。繁殖期为 5～7 月，营巢于灌丛或草丛中，巢呈杯状。

物种分布 沿江平原地区的湖滩芦苇荡中有分布，罕见。夏候鸟。

保护级别 国家“三有”保护物种。

吴海龙/摄　背面

李永民/摄　侧面

夏家振/摄　侧面

鳞胸鹪鹛科 Pnoepygidae

小鳞胸鹪鹛 *Pnoepyga pusilla*

形态特征 体长 8～9 cm。雌雄同型。体小而浑圆，尾羽极短，几乎不见。背部大致暗棕褐色，头至后颈密布黄褐色斑点，背及翼覆羽，羽轴末端黄褐色。翅上具 2 列清晰的棕黄色点状斑。腹部近黑，喉略白，密布银白色鳞片状羽缘，甚醒目。虹膜深褐色，嘴黑褐色。脚和趾褐色。

生态习性 主要栖息于中高山森林地带，尤其喜欢生活在树林茂密、林下植物发达、地势起伏不平且多岩石和倒木的阴暗潮湿森林中。单独或成对活动。性胆怯，但活动时频繁发出一种清脆而响亮的特有叫声，受惊时在森林地面急速奔跑，形似老鼠。主要以昆虫和植物的叶、芽为食。

物种分布 该种行踪隐秘不易观察，2020 年 9 月在岳西枯井园记录 1 只，推测该种在大别山区人为活动较少的区域可能有较为广泛的分布。夏候鸟。

胡云程/摄　腹面

胡云程/摄　侧面

董文晓/摄　侧面

蝗莺科 Locustellidae

斑背大尾莺 *Megalurus pryeri*

形态特征　体长 13～14 cm。雌雄羽色相似。成鸟眼先白色，黑色过眼纹在眼前方极短；头顶、后颈、上体及翼上覆羽棕褐色，具粗黑色斑纹；两翼和尾暗褐色，均具棕褐色羽缘；体侧、尾下覆羽棕黄色，下体余部白色。虹膜褐色；嘴黑色，下嘴基部黄色；跗蹠及趾红褐色。

生态习性　栖息于河流、湖泊等水域附近的芦苇和高草地中。单独或成对活动，善跳跃，不善飞行。主要以昆虫为食。

物种分布　安庆市七里湖有越冬群，其他湖滩草丛也有。冬候鸟。

保护级别　国家"三有"保护物种；IUCN 红色名录近危(NT)级别。

董文晓/摄　背面

陈小平/摄　侧面

时敏良/摄　侧面

董文晓/摄　腹面

燕科 Hirundinidae

崖沙燕 *Riparia riparia*

形态特征 体长 11～14 cm。口裂深，翅狭长，似家燕，但尾叉浅，尾羽无白斑。雌雄羽色相似。成鸟头、上体及翼上覆羽暗褐色，过眼纹黑褐色；飞羽和外侧尾羽黑褐色；颏、喉白色并延伸至颈侧，胸部具宽阔的暗褐色带纹；下体余部白色，翼下覆羽灰褐色。幼鸟似成鸟，但上体具浅色羽缘，喉黄褐色。嘴、跗蹠及趾黑色。

生态习性 栖息于河流、湖泊等水域附近。常成群在水面或沼泽地上空捕食昆虫，也与家燕或金腰燕混群。繁殖期为 5～7 月，于沙质的堤岸崖壁掘洞营巢。

物种分布 迁徙期于安庆市沿江各湖泊及山缘空地可见，每年 8 月下旬至 10 月中旬、3 月中旬至 4 月下旬均有记录。旅鸟。

保护级别 国家“三有”保护物种；安徽省一级保护物种。

赵凯/摄　背面

赵凯/摄　体侧

赵凯/摄　集群

家燕 *Hirundo rustica*

形态特征 体长 16～18 cm。口裂深，翅狭长，尾深叉状；头及上体钢蓝色且具金属光泽，前额、颏、喉栗色，下体胸以下白色；尾具白色斑点。雌雄相似。虹膜褐色；嘴、跗蹠及趾黑色。

生态习性 栖息于村庄及附近的田野中。善飞行捕食昆虫，飞行迅速敏捷，没有固定的飞行方向。常在屋檐下筑巢，巢呈半碗状。

物种分布 安庆市各地均有分布，常见。夏候鸟。

保护级别 国家“三有”保护物种；安徽省一级保护物种。

赵凯/摄　背面

赵凯/摄　侧面

赵凯/摄　育雏

烟腹毛脚燕 *Delichon dasypus*

形态特征 体长 11～13 cm。似家燕，但体型略小，尾叉浅；头及上体钢蓝色，腰白色宽阔；下体灰白色；跗蹠及趾均覆有白色绒羽。雌雄相似。虹膜褐色；嘴黑色。

生态习性 栖息于山地悬崖峭壁，营巢于岩石缝隙或房梁、桥下等建筑物上。成群活动，善在高空飞翔捕食昆虫。

物种分布 大别山区有分布，罕见。天柱山有稳定种群。夏候鸟。

保护级别 国家“三有”保护物种；安徽省一级保护物种。

赵凯/摄　筑巢

赵凯/摄　腹面

赵凯/摄　侧面

金腰燕 *Hirundo daurica*

形态特征 体长 17～19 cm。似家燕，但颏、喉无栗色，尾无白色斑点；腰棕栗色，下体白色，具黑褐色纵纹。雌雄相似。尾上覆羽及尾羽黑色，尾深叉型，最外侧尾羽最长；飞羽及翼上覆羽黑褐色，最内侧翼覆羽与肩同色；眼后至颞部棕栗色，颈侧及下体颏至腹白色沾棕，具黑褐色羽干纹；尾下覆羽棕黄色，腋羽和翼下覆羽灰色沾棕，均具细的黑褐色羽干纹。跗蹠及趾暗红褐色。

赵凯/摄　亚成鸟

生态习性 栖息于低山及平原的居民点附近。生活习性与家燕相似，多集群活动，以昆虫为食。

物种分布 安庆市各地均有分布，常见。夏候鸟。

保护级别 国家“三有”保护物种；安徽省一级保护物种。

赵凯/摄　飞行

赵凯/摄　腹面

赵凯/摄　衔泥

鹎科 Pycnontidae

领雀嘴鹎 *Spizixos semitorques*

形态特征　体长 17～22 cm。嘴浅黄色短而粗，头黑色，前颈具白色半颈环；上体橄榄绿色，尾具黑褐色端斑；胸与背同色，腹以下鲜黄色。雌雄相似。虹膜棕褐色；跗蹠及趾暗红色。

生态习性　主要栖息于山地、丘陵、山脚平原及林缘地带的灌丛。性不畏人，成小群活动。杂食性，主要以植物性食物为主，兼食昆虫。

物种分布　安庆市各地均有分布。留鸟。

保护级别　国家“三有”保护物种。

赵凯/摄　幼鸟

赵凯/摄　背面

赵凯/摄　腹面

黄臀鹎 *Pycnonotus xanthorrhous*

形态特征 体长 17～21 cm。头黑色，上体橄榄褐色，颏、喉纯白色，尾下覆羽鲜黄色，胸具模糊的灰褐色带纹。下嘴基部有 1 个红色点斑，耳羽灰色；额、眼周、头顶至枕黑色，后颈及上体各部橄榄褐色，翼上覆羽与背同色；飞羽和尾羽暗褐色，飞羽羽缘微沾橄榄绿色；颏、喉白色，尾下覆羽鲜黄色。虹膜褐色；嘴、跗蹠及趾黑色。

生态习性 栖息于山地、丘陵地区的次生林灌中。主要以昆虫和植物的果实、种子等为食。

物种分布 大别山区及沿江丘陵地区常见。留鸟。

保护级别 国家“三有”保护物种。

赵凯/摄　亚成鸟

赵凯/摄　背面

赵凯/摄　腹面

白头鹎 *Pycnonotus sinensis*

形态特征 体长 16～22 cm。额至头顶黑色，头后部和枕白色，耳羽灰白色；上体灰褐色，飞羽和尾羽羽缘橄榄绿色，胸具宽阔的灰褐色带纹。雌雄相似。幼鸟头及上体灰色。虹膜褐色；嘴、跗蹠及趾黑色。

生态习性 栖息于山地、丘陵、农田、居民区等。性活泼、不甚畏人，繁殖期鸣声婉转动听。杂食性，夏季以昆虫为食，冬季主要以植物的果实和种子为食。

物种分布 安庆市各地均有分布。留鸟。

保护级别 国家“三有”保护物种。

赵凯/摄　幼鸟

赵凯/摄　背面

赵凯/摄　摄食

绿翅短脚鹎 *Hypsipetes mcclellandii*

形态特征　体长 22～24 cm。雌雄羽色相似。成鸟额、头顶至后颈栗褐色，杂以白色细纹；上体暗灰色具浅色羽干纹，小覆羽与背同色，其余翼上覆羽橄榄绿色；飞羽和尾羽外侧橄榄绿色，内侧灰褐色；头侧和颈侧棕褐色，颏、喉灰白色；胸棕色具白色羽干纹，尾下覆羽黄色。虹膜棕色；嘴黑褐色；跗蹠及趾红褐色。

生态习性　栖息于山地、丘陵地区的阔叶林或针阔混交林中。多成小群活动。杂食性，主要以植物的果实、种子为食，兼食昆虫。繁殖期为 5～7 月，营巢于隐秘的树杈或林下灌木上。叫声单调，单音节地嘶叫。

物种分布　沿江平原地区的城市公园及低山丘陵偶见。留鸟。

赵凯/摄　腹面

赵凯/摄　侧面

赵凯/摄　背面

栗背短脚鹎 *Hemixos castanonotus*

形态特征　体长 18～24 cm。雌雄羽色相似。成鸟头顶褐黑色，微具冠羽，头侧、颈侧及上体栗色；小覆羽与背同色，两翼余部及尾羽暗褐色；颏、喉及尾下覆羽纯白色，下体余部灰白色。虹膜褐色；嘴黑色；跗蹠及趾黑色，跗蹠短于嘴峰。

生态习性　栖息于山地、丘陵及平原地区的岗地常绿阔叶林中。成对或成小群活动于枝叶茂密的树丛中。主要以植物性食物为食，兼食昆虫。繁殖期为 4～6 月，营巢于隐秘的树杈或灌木上，巢呈杯状。叫声洪亮而多变。

物种分布　大别山区及沿江丘陵地区较常见，冬季也到低海拔的平原甚至是城市公园活动。留鸟。

赵凯/摄　背面

赵凯/摄　腹面

董文晓/摄　腹面

黑短脚鹎 *Hypsipetes leucocephalus*

形态特征　体长 21～25 cm。头、颈白色，嘴、跗蹠及趾红色，体羽余部黑色。雌雄相似。头、颈、胸白色，上体各部黑色且具蓝色金属光泽，尾羽及飞羽黑褐色，下胸至尾下覆羽黑褐色。幼鸟通体黑灰色，头部颜色随年龄增长而逐渐变白。虹膜红褐色。

陈军/摄　飞行

生态习性　栖息于山地、丘陵地区及平原岗地的常绿阔叶林。喜立于高树的枝头鸣叫，叫声多变。主要以昆虫为食，兼食植物的果实、种子。

物种分布　大别山区及沿江丘陵地区常见。夏候鸟。

保护级别　国家“三有”保护物种。

赵凯/摄　腹面

赵凯/摄　亚成鸟

赵凯/摄　背面

柳莺科 Phylloscopidae

褐柳莺 *Phylloscopus fuscatus*

形态特征 体长 10～14 cm。雌雄羽色相似。成鸟眉纹前端白色而后段棕色，过眼纹暗褐色；头、上体及翼上覆羽暗褐色；飞羽和尾羽黑褐色，具浅色羽缘；两胁和尾下覆羽茶黄色，下体余部污白色。虹膜褐色；上嘴黑褐色，下嘴黄褐色；跗蹠及趾红褐色。

生态习性 栖息于近水的林缘灌丛。单独或成对活动。主要以昆虫为食，兼食植物种子。

物种分布 沿江平原地区湿地旁的芦苇丛、小树林均有分布，偶见。冬候鸟。

保护级别 国家“三有”保护物种。

赵凯/摄　侧面

赵凯/摄　腹面

夏家振/摄　侧面

巨嘴柳莺 *Phylloscopus schwarzi*

形态特征　体长 11～14 cm。似褐柳莺，头及上体橄榄褐色，无翅斑。但本种嘴短粗，眉纹前端棕黄色而后端白色，上体褐色而微沾绿，下体颏、喉白色，胸以下黄绿色，尾下覆羽棕黄色。虹膜褐色；嘴黑褐色，下嘴基部色浅；跗蹠及趾红褐色。

生态习性　栖息于山地、丘陵及平原地区的林缘灌丛。单独或成对活动，主要以昆虫为食，兼食植物种子。

物种分布　迁徙期低山林缘罕见。旅鸟。

保护级别　国家“三有”保护物种。

李永民/摄　侧面

董文晓/摄　背面

董文晓/摄　腹面

黄腰柳莺 *Phylloscopus proregulus*

形态特征　体长 8～11 cm。眉纹黄绿色，顶冠纹近白色；头及上体橄榄绿色，腰黄绿色；3 级飞羽羽缘白色，翼上具 2 道翅斑。黄绿色眉纹长而显著，顶冠纹浅黄绿色，贯眼纹暗褐色；下体灰白，尾下覆羽浅黄色。虹膜褐色；嘴细小，黑色，嘴基橙黄；跗蹠及趾红褐色。

生态习性　栖息于山地、丘陵以及平原地区的各种林型、灌丛等。多单独或成对活动，常在树顶枝叶间跳跃。主要以昆虫为食，兼食植物种子。

物种分布　安庆市各地均有分布。每年 10 月至次年 4 月均可见，旅鸟及冬候鸟都有。

保护级别　国家“三有”保护物种。

赵凯/摄　背面

赵凯/摄　腹面

赵凯/摄　展翅

黄眉柳莺 *Phylloscopus inornatus*

形态特征 体长 8～12 cm。似黄腰柳莺，头及上体橄榄绿色，具 2 道翅斑，3 级飞羽羽缘白色。但腰与背同色，无明晰的顶冠纹，眉纹近白色或仅在眼先沾黄绿色。虹膜褐色；嘴黑褐色，下嘴基黄色；跗蹠及趾红褐色。

生态习性 栖息于山地、丘陵及平原地区的各种林型及林缘灌丛。单独或成小群活动。主要以昆虫为食。

物种分布 安庆市各地均有分布。每年 10 月至次年 4 月均可见，旅鸟及冬候鸟都有。

保护级别 国家“三有”保护物种。

赵凯/摄 侧面

赵凯/摄 背面

赵凯/摄 腹面

极北柳莺 *Phylloscopus borealis*

形态特征 体长 11～14 cm。雌雄羽色相似。无顶冠纹，3 级飞羽羽缘非白色。成鸟眉纹黄白色，过眼纹黑褐色；头及上体灰橄榄绿色，小覆羽与背同色；两翼余部及尾羽黑褐色，各羽外侧羽缘橄榄绿色；翼具 1～2 道翅斑，中覆羽端部的翅斑有时不清晰；下体白色，两胁褐橄榄色。虹膜褐色；嘴黑褐色，下嘴基部黄色；跗蹠及趾暗红褐色。

董文晓/摄　背面

生态习性 栖息于山地、丘陵及平原地区的各种林型、林缘灌丛。单独或成小群活动。主要以昆虫为食。

物种分布 迁徙期各地均有分布，罕见。旅鸟。

保护级别 国家“三有”保护物种。

袁晓/摄　侧面

董文晓/摄　腹面

董文晓/摄　侧面

双斑绿柳莺 *Phylloscopus plumbeitarsus*

形态特征 体长 10～13 cm。似极北柳莺。无顶纹，3 级飞羽羽缘非白色。成鸟具黄白色眉纹和黑褐色贯眼纹，头及上体橄榄绿色，翼上覆羽具 2 道清晰的白色翅斑，下体白色沾黄。虹膜褐色；上嘴黑褐色，下嘴黄色；跗蹠及趾暗褐色。

胡云程/摄　侧面

生态习性 栖息于山地、丘陵及平原次生灌丛或竹林中。多单独活动。主要以昆虫为食。

物种分布 迁徙期各地均有分布，罕见。旅鸟。

保护级别 国家"三有"保护物种。

薄顺奇/摄　侧面

赵凯/摄　侧面

赵凯/摄　正面

淡脚柳莺 *Phylloscopus tenellipes*

形态特征 体长 11～13 cm。雌雄羽色相似。跗蹠及趾粉色，较其他柳莺色浅。眉纹白色，无顶冠纹；头暗灰色，上体及两翼深橄榄褐色，具 2 道不太清晰的浅色翅斑；中覆羽与背同色，3 级飞羽无白色羽缘。虹膜褐色；上嘴黑褐色，下嘴基粉色。

赵凯/摄　侧面

生态习性 栖息于针叶林或混交林的林下灌丛。多单独活动。主要以昆虫和植物种子为食。

物种分布 迁徙期各地均有分布，罕见。旅鸟。

保护级别 国家“三有”保护物种。

薄顺奇/摄　背面

赵凯/摄　背面

袁晓/摄　侧面

冕柳莺 *Phylloscopus coronatus*

形态特征　体长 9～13 cm。雌雄羽色相似。成鸟眉纹黄白色，顶冠纹灰白色，过眼纹黑褐色；头及上体橄榄绿色，小覆羽与背同色，两翼余部及尾羽暗褐色，具橄榄绿色羽缘，具 1 道白色翅斑；尾下覆羽柠檬黄色，下体余部白色。虹膜深褐色；上嘴黑褐色，下嘴浅黄色；跗蹠及趾黄褐色。

赵凯/摄　腹面

生态习性　栖息于阔叶林的树冠层。多单独活动。主要以昆虫为食。

物种分布　迁徙期各地均有分布，罕见。旅鸟。

保护级别　国家“三有”保护物种。

袁晓/摄　腹面

袁晓/摄　侧面

赵凯/摄　背面

冠纹柳莺 *Phylloscopus reguloides*

形态特征　体长 9～12 cm。似黄腰柳莺。具黄白色眉纹和灰白色顶冠纹，头及上体橄榄绿色，具 2 道翅斑；3 级飞羽无白色羽缘，外侧尾羽内翈端部白色。虹膜褐色；上嘴黑褐色，下嘴粉红色；跗蹠及趾赭褐色。

生态习性　栖息于山地、丘陵地区的针叶林、针阔叶混交林的树冠层中。多单独活动。主要以昆虫为食。

物种分布　大别山区分布非常广泛，常见。夏候鸟。

保护级别　国家“三有”保护物种。

赵凯/摄　亚成鸟

赵凯/摄　侧面

赵凯/摄　背面

赵凯/摄　觅食

淡尾鹟莺 *Seicercus soror*

形态特征 体长约 11 cm。雌雄羽色相似。成鸟眼圈黄白色，额橄榄绿色；头顶灰色，两侧自额上方向后各具 1 条黑色侧冠纹；上体橄榄绿色，小覆羽与背同色；两翼余部及尾羽暗褐色，各羽羽缘橄榄绿色；最外侧 2 枚尾羽内翈端部白色；下体鲜黄色。虹膜褐色；上嘴黑褐色，下嘴红褐色；跗蹠及趾红褐色。

赵凯/摄　正面

生态习性 栖息于山地常绿或落叶阔叶林的林下灌木丛中。多成小群活动。主要以昆虫为食。繁殖期为 5～7 月，营巢于林下灌丛或草丛，巢呈球形。

物种分布 大别山区分布较为广泛，罕见。夏候鸟。

赵凯/摄　背面

赵凯/摄　侧面

董文晓/摄　侧面

树莺科 Cettiidae

棕脸鹟莺 *Abroscopus albogularis*

形态特征　体长 8～10 cm。雌雄相似。额、头顶、头侧及后颈黄栗色，头侧具黑色侧冠纹；上体多橄榄黄绿色，腰黄白色；尾羽橄榄褐色，羽缘黄绿色；翼上覆羽与背同色，飞羽暗褐色具橄榄绿色羽缘；颏、喉黑色杂以白色斑纹，上胸沾黄，下体余部白色。虹膜褐色；上嘴黑褐色，下嘴黄色；跗蹠及趾暗红褐色。

赵凯/摄　侧面

生态习性　栖于常绿阔叶林林下灌丛或竹林中。多成小群活动，繁殖期发出独特的“叮铃、叮铃”的叫声。主要以昆虫为食。

物种分布　大别山区较常见。留鸟。

赵凯/摄　背面

赵凯/摄　正面

赵凯/摄　腹面

远东树莺 *Cettia canturians*

形态特征 体长 14～18 cm。眉纹棕白色长而显著，贯眼纹黑褐色；额、头、尾羽及飞羽外翈红棕色，上体余部暗棕褐色；下体胸灰褐色，两胁暗皮黄色，余部污白色。虹膜暗褐色；嘴黑褐色；跗蹠及趾红褐色。

生态习性 栖息于山地、丘陵和平原地区的树林、灌丛中。多单独活动。主要以昆虫为食。鸣唱以颤音开始，继以短促的爆破音。

物种分布 安庆市各地均有分布，常见。夏候鸟。

吴海龙/摄 腹面

吴海龙/摄 背面

吴海龙/摄 侧面

强脚树莺 *Cettia fortipes*

形态特征 体长 10～13 cm。成鸟眉纹皮黄色，贯眼纹暗褐色；头及上体各部及翼上覆羽橄榄褐色；尾羽灰褐色，具不太清晰的暗色横纹；飞羽暗褐色，外翈棕褐色；下体污白色，两胁及尾下覆羽棕黄色。幼鸟体羽多橄榄黄绿色。虹膜褐色；上嘴黑褐色，下嘴黄褐色；跗蹠及趾红褐色。

周科/摄　鸣叫

生态习性 性畏人，藏于浓密灌丛中，易闻其声但难将其赶出一见。多单独活动。主要以昆虫为食。鸣唱以舒缓而渐高的音调开始，以短促的 3 音节或 2 音节爆破音结束。冬季发出急促短音。

物种分布 安庆市各地均有分布，常见。留鸟。

赵凯/摄　亚成鸟

赵凯/摄　侧面

赵凯/摄　背面

长尾山雀科 Aegithalidae

银喉长尾山雀 *Aegithalos caudatus*

形态特征 体长 10～14 cm。头顶和后颈黑色，中央具白色纵纹，上体灰色；喉具黑色块斑，尾下覆羽葡萄红色，下体余部白色沾葡萄红；尾长超过头长，黑色呈凸形。成鸟雌雄相似。虹膜褐色；嘴黑色；跗蹠及趾红褐色。

赵凯/摄　背面

生态习性 栖息于山地、丘陵及平原地区的针叶林或针、阔混交林。多集群活动。主要以昆虫为食。

物种分布 安庆市各地均有分布，常见。留鸟。

保护级别 国家“三有”保护物种。

赵凯/摄　正面

胡云程/摄　腹面

赵凯/摄　侧面

红头长尾山雀 *Aegithalos concinnus*

形态特征 体长约 10 cm。成鸟雌雄相似。眼先、头侧和颈侧黑色，额、头顶至后颈红棕色；上体各部暗蓝灰色，腰部羽端浅棕色；尾羽黑褐色，最外侧 3 对尾羽具白色楔状端斑，最外侧 1 对尾羽外翈白色，其余尾羽外翈羽缘蓝灰色；喉部中央有 1 个大型绒黑色块斑，其上下边缘均白色且延伸至颈侧；胸部具宽阔的栗红色带，延伸至体侧、两胁及尾下覆羽，下体余部及腋羽和翼下覆羽白色。幼鸟后颈色浅，喉白色而无黑斑。虹膜黄色；嘴蓝黑色，跗蹠及趾橘黄色。

生态习性 栖息于山地、丘陵及平原地区的各种森林、灌丛等。集群活动。主要以昆虫为食。

物种分布 安庆市各地均有分布，常见。留鸟。

保护级别 国家“三有”保护物种。

赵凯/摄　背面

赵凯/摄　亚成鸟

赵凯/摄　正面

陈军/摄　成鸟

莺鹛科 Sylviidae

棕头鸦雀 *Paradoxornis webbianus*

形态特征　体长 10～13 cm。雌雄相近。额、头顶至上背棕红色，上体余部以及小覆羽橄榄褐色；尾羽基部和外翈棕褐色，内翈暗褐色；中覆羽、大覆羽及飞羽外翈红褐色，飞羽内翈暗褐色；下体颏、喉至胸棕白色，余部灰褐色沾黄。虹膜褐色；嘴粗而短，基部黑褐色，端部浅黄色；跗蹠及趾红褐色。

胡云程/摄　侧面

生态习性　栖息于山区、丘陵、平原的灌丛中。喜集群，秋、冬季常集成几十只的大群活动。性格活泼大胆，常边飞边叫或边跳边叫，鸣声低沉急速，较为嘈杂。主食为昆虫，也食植物种子。

物种分布　安庆市各地均有分布，常见。留鸟。

赵凯/摄　侧面

赵凯/摄　正面

赵凯/摄　背面

绣眼鸟科 Zosteropidae

栗耳凤鹛 *Yuhina castaniceps*

形态特征 体长 11～15 cm。雌雄羽色相似。成鸟额、头顶至枕暗灰色杂以白色羽干纹，前头具短羽冠；头侧耳羽、颈侧至后颈棕栗色，杂以白色羽干纹；上体及两翼橄榄褐色，亦具白色羽轴纹；尾暗褐色，外侧尾羽具白色端斑；下体灰白色，胸侧和两胁沾灰。虹膜红褐色；嘴褐色；跗蹠及趾红褐色。

生态习性 栖息于中高海拔的山地常绿阔叶林中。性喜集群，多于树冠下层活动。主要以昆虫为食。

物种分布 大别山南坡有分布，天柱山有多次观察记录。留鸟。

赵凯/摄　侧面

赵凯/摄　摄食

赵凯/摄　背面

暗绿绣眼鸟 *Zosterops japonicus*

形态特征 体长 8.5～12 cm。雌雄鸟相似。眼周被白色绒状短羽，眼先有 1 条黑色细纹；额、头、头侧、后颈至上体各部暗黄绿色，额和头黄色稍深；小覆羽以及内侧中覆羽和大覆羽与背同色，其余覆羽和飞羽暗褐色，除小翼羽和第一枚初级飞羽外，各羽外翈均具草绿色羽缘；尾暗褐色，外翈羽缘草绿色；颏、喉至上胸及尾下覆羽柠檬黄色，下体余部灰白色。虹膜橙褐色；嘴黑色微下弯；跗蹠及趾铅灰色。

胡云程/摄　侧面

生态习性 栖息于阔叶林或针阔混交林。常成小群活动，主要以昆虫为食。鸣叫声响亮悦耳。

物种分布 大别山区及沿江丘陵较常见。夏候鸟。

保护级别 国家“三有”保护物种；安徽省二级保护物种。

夏家振/摄　背面

赵凯/摄　侧面

赵凯/摄　腹面

林鹛科 Timaliidae

棕颈钩嘴鹛 *Pomatorhinus ruficollis*

形态特征 体长 15～19 cm。雌雄羽色相似。成鸟嘴长而微下弯，眉纹长而白，眼先、过眼纹和耳羽黑色；头顶、后颈及上体橄榄褐色沾棕，后颈基部和颈侧棕红色；小覆羽与背同色，两翼余部暗褐色，羽缘橄榄褐色；尾羽暗褐色，具黑褐色横纹；颏、喉白色，胸棕褐色具白色纵纹，下体余部橄榄褐色。虹膜褐色；上嘴黑色，下嘴黄色；跗蹠及趾铅褐色。

生态习性 栖息于山地、丘陵地区的林下灌丛中。多成小群活动。主要以昆虫为食，兼食植物的果实和种子。繁殖期为 4～6 月，营巢于灌木或低矮的小树上，巢呈圆锥形。鸣声为 3 个音节的短促口哨音，且有对鸣习性。

物种分布 大别山区较常见。留鸟。

赵凯/摄　腹面

赵凯/摄　背面

吴海龙/摄　幼鸟

赵凯/摄　侧面

红头穗鹛 *Stachyris ruficeps*

形态特征 体长 9～12 cm。雌雄羽色相似。成鸟额、头顶棕红色，耳羽和颊茶黄色；后颈及上体橄榄褐色沾绿，小覆羽与背同色；两翼余部及尾羽暗褐色，具橄榄绿色羽缘；颏、喉黄色，具黑色细纹；下体余部橄榄黄绿色。虹膜红褐色；嘴黑褐色；跗蹠及趾黄褐色。

生态习性 栖息于山地、丘陵地区的林下或林缘灌丛中。多成小群活动。主要以昆虫为食，兼食少量植物的果实与种子。繁殖期为 4～6 月，营巢于灌丛，巢呈杯状。

物种分布 大别山区偶见，冬季常与棕头鸦雀等混群。留鸟。

胡云程/摄　腹面

胡云程/摄　侧面

董文晓/摄　腹面

胡云程/摄　腹面

幽鹛科 Pellorneidae

灰眶雀鹛 *Alcippe morrisonia*

形态特征　体长约 14 cm。雌雄羽色相似。成鸟眼圈白色，具黑褐色侧冠纹；头、颈、上背蓝灰色，上体余部及翼上覆羽橄榄褐色；飞羽和尾羽暗褐色，具橄榄棕色羽缘；下体胸以下棕黄色。虹膜暗红褐色；嘴黑色；跗蹠及趾红褐色。

生态习性　主要栖息于山地、丘陵地区阔叶林的林下或林缘灌丛中。性喜群栖。主要以昆虫及其幼虫为食，兼食植物的果实、种子。繁殖期为 5～7 月，营巢于林下灌丛，巢呈碗状。

物种分布　大别山区较常见。留鸟。

周科/摄　腹面

赵凯/摄　侧面

赵凯/摄　腹面

噪鹛科 Leiothrichidae

画眉 *Garrulax canorus*

形态特征　体长 21～25 cm。雌雄羽色相似。具明显的白色眼圈和眼后眉纹，上体橄榄褐色，腹中央蓝灰色，下体余部棕黄色。雄鸟极善鸣啭，是著名的笼鸟。虹膜黄色；嘴黄色；跗蹠及趾红褐色。

生态习性　栖息于山地、丘陵的矮树丛和灌丛中。单独或成对活动。主要以昆虫和植物种子为食。

物种分布　大别山区及沿江丘陵地区常见。留鸟。

保护级别　国家二级重点保护物种；IUCN 红色名录近危(NT)级别；CITES 附录Ⅱ收录。

赵凯/摄　背面

赵凯/摄　腹面

赵凯/摄　侧面

黑脸噪鹛 *Garrulax perspicillatus*

形态特征 体长 26～32 cm。雌雄羽色相似。成鸟额基、眼周、颊、耳羽黑色，头顶、后颈、颈侧、喉至上胸灰色；上体灰褐色，尾羽棕褐色，外侧尾羽端部黑褐色；下胸至腹白色沾棕，尾下覆羽棕黄色。虹膜褐色；嘴黑褐色；跗蹠及趾红褐色。

赵凯/摄　飞行

生态习性 栖息于山地、丘陵及平原地区近水的林缘灌丛中。多成小群活动，杂食性，主要以昆虫为食，兼食植物的果实和种子。繁殖期为 4～7 月，营巢于隐蔽的灌木丛或小树杈上，巢呈杯状。鸣声为洪亮的单音节“啾、啾、啾”。

物种分布 安庆市各地均有分布，低海拔的林缘等地更为常见。留鸟。

保护级别 国家“三有”保护物种。

赵凯/摄　洗浴

胡云程/摄　腹面

赵凯/摄　侧面

白颊噪鹛 *Garrulax sannio*

形态特征 体长 21～26 cm。雌雄羽色相似。成鸟眉纹、眼先及下颊白色，耳羽黑褐色；额、头顶至枕栗褐色，后颈棕灰色；上体及两翼橄榄褐色，尾羽棕褐色至栗褐色；喉至上胸栗褐色，尾下覆羽红棕色，下体余部灰褐色。虹膜褐色；嘴黑褐色；跗蹠及趾红褐色。

生态习性 栖息于山地、丘陵地区的矮树灌丛和竹林中。性活泼，喜集群。主要以昆虫为食，兼食植物的果实和种子。繁殖期为 4～6 月，营巢于灌丛或矮的树杈上。鸣声单调而响亮。

物种分布 安庆市各地均有分布，低海拔的林缘、村庄附近的树林等地更为常见。留鸟。

保护级别 国家“三有”保护物种。

赵凯/摄　侧面

赵凯/摄　背面

赵凯/摄　腹面

红嘴相思鸟 *Leiothrix lutea*

形态特征 体长 12～16 cm。嘴红色，头橄榄黄绿色；上体多灰褐色，翼上具红、黄两色翅斑；下体黄色，胸橙红色。雌鸟似雄鸟，但眼先近白色，胸部橙黄色。虹膜褐色；嘴红色；跗蹠及趾粉红色。

生态习性 栖息于山地、丘陵地区的常绿阔叶林中。多成小群活动。主要以昆虫为食，兼食植物的果实、种子。

物种分布 大别山区及沿江丘陵地区均有分布，山区更常见。留鸟。

保护级别 国家二级重点保护物种；CITES 附录Ⅱ收录。

赵凯/摄　背面

赵凯/摄　腹面

赵凯/摄　侧面

䴓科 Sittidae

普通䴓 *Sitta europaea*

形态特征 体长 11～13 cm。雌雄羽色相似。成鸟过眼纹黑色向后达颈侧，头顶、后颈及上体蓝灰色；内侧翼上覆羽与背同色，两翼余部黑褐色；中央尾羽蓝灰色，外侧尾羽绒黑色具白色端斑；下体多皮黄色，尾下覆羽栗色而具白色端斑。虹膜深褐色；嘴黑色，下嘴基部蓝灰色；跗蹠及趾暗褐色。

唐建兵/摄　背面

生态习性 栖息于山地阔叶林或混交林。多单独活动，能沿树干向上或向下攀行。主要以昆虫为食，秋冬季兼食植物的果实和种子。繁殖期为 4～6 月，营巢于树洞，洞口朝向避风。

物种分布 大别山区罕见。留鸟。

唐建兵/摄　侧面

赵凯/摄　腹面

赵凯/摄　侧面

河乌科 Cinclidae

褐河乌 *Cinclus pallasii*

形态特征 体长 18～24 cm。雌雄同色。成鸟通体棕褐色，尾羽和飞羽黑褐色，具蓝灰色金属光泽；小覆羽与背同色，余翼覆羽黑褐色，具狭窄的棕褐色羽缘。幼鸟体羽黑褐色，宽阔的棕褐色羽缘形成鳞状斑纹。虹膜黄褐色；嘴黑色；跗蹠及趾铅灰色。

生态习性 栖息于山地、丘陵地区的山溪附近。喜在溪流露出的岩石上停歇，飞行时常沿溪流、贴水面飞行。善潜水，以水生昆虫和小型山溪鱼类为食。

物种分布 大别山区的溪流里常见。留鸟。

赵凯/摄　亚成鸟

赵凯/摄　游泳

赵凯/摄　成鸟

椋鸟科 Sturnidae

八哥 *Acridotheres cristatellus*

形态特征 体长 21～28 cm。雌雄羽色相似。成鸟通体黑色，额基具耸立的簇状长羽；初级飞羽基部具宽阔的白色翅斑，外侧尾羽具较窄的白色端斑；下体暗灰黑色，尾下覆羽具白色端斑。幼鸟似雄鸟，但额基部簇状长羽不明显。虹膜橙黄色（幼鸟浅黄色）；嘴浅黄色；跗蹠及趾黄色。

赵凯/摄　飞行

生态习性 栖息于山地、丘陵及平原地区的村落。多成小群活动，在城市园林中较常见，善于模仿其他鸟类鸣叫。杂食性，主要以昆虫及其幼虫为食，兼食植物种子。繁殖期为 5～7 月，营巢于洞穴。

物种分布 安庆市各地均有分布，常见。留鸟。

保护级别 国家“三有”保护物种。

赵凯/摄　腹面

赵凯/摄　亚成鸟

赵凯/摄　成鸟

丝光椋鸟 *Sturnus sericeus*

形态特征 体长 20～24 cm。雄鸟头、颈具披散的毛状羽，白色微沾灰黄；自颈背沿颈侧至上胸深灰色，形成完整的颈环；上体各部蓝灰色，自背部至尾上覆羽羽色渐浅，肩羽羽色较深。雌鸟头、颈灰褐色，上体褐色。虹膜暗褐色；嘴红色，端部黑色；跗蹠及趾橘红色。

生态习性 栖息于山地、丘陵及平原地区的林地、果园及农耕区。喜结群于地面觅食，主要以植物的果实、种子和昆虫为食，冬季常集群活动。

物种分布 安庆市各地均有分布，常见。留鸟。

保护级别 国家“三有”保护物种。

赵凯/摄　雌鸟

赵凯/摄　雄鸟

董文晓/摄　飞行

赵凯/摄　觅食

灰椋鸟 *Sturnus cineraceus*

形态特征 体长 18～24 cm。雄鸟头顶至后颈黑色，耳羽、颊白色，杂以黑纹；上体肩、背至腰暗灰色，前部尾上覆羽白色而后部灰褐色；中央尾羽灰褐色而外侧尾羽黑褐色，均具白色端斑。雌鸟似雄鸟，但体羽色浅而多褐色。虹膜褐色；嘴橙红色，先端黑色；跗蹠及趾橙红色。

生态习性 栖息于低山丘陵及开阔平原地带。成小群活动。主要以植物的果实、种子及昆虫为食。冬季常集大群。

物种分布 安庆市各地均有分布，常见。留鸟。

保护级别 国家“三有”保护物种。

赵凯/摄　亚成鸟

赵凯/摄　雄鸟

赵凯/摄　雌鸟

黑领椋鸟 *Gracupica nigricollis*

形态特征 体长 27～29 cm。雌雄羽色相似。成鸟头、颏、喉白色，眼周裸皮金黄色；颈具宽阔的黑色颈环；上体及两翼黑褐色，翼具白色翅斑；尾上覆羽及尾羽端部白色；胸以下污白色。幼鸟似成鸟，但无黑色颈环。虹膜黄色；嘴黑色；跗蹠及趾黄色。

赵凯/摄　飞行

生态习性 栖息于山地、丘陵及平原地区的草地、农田、灌丛等开阔地带。成小群活动。主要以昆虫为食，兼食植物的果实和种子。繁殖期为 5～7 月，营巢于高大乔木的树杈间，巢呈半球形带有圆形顶盖。

物种分布 安庆市沿江平原的农田、城郊常见。留鸟。

保护级别 国家“三有”保护物种。

陈军/摄　侧面

赵凯/摄　背面

赵凯/摄　腹面

紫翅椋鸟 *Sturnus vulgaris*

形态特征　体长 20～22 cm。成鸟非繁殖羽：通体密被白色或黄白色点斑。体羽近黑色，具铜绿色或紫铜色光泽；两翼和尾黑褐色，胸以下蓝绿色。虹膜深褐色；上嘴黑褐色，下嘴黄色；跗蹠及趾红褐色。

薄顺奇/摄　背面

生态习性　栖息于开阔地带的耕地、果园。多成小群活动。杂食性，主要以昆虫和植物的果实、种子为食。

物种分布　迁徙期偶见于沿江平原，2016 年 4 月、2018 年 3 月先后在菜子湖有记录。旅鸟。

保护级别　国家"三有"保护物种。

陈军/摄　腹面

董文晓/摄　腹面

夏家振/摄　侧面

鸫科 Turdidae

橙头地鸫 *Zoothera citrina*

形态特征 体长 20～22 cm。雄鸟头、颈及腹以上橙黄色，头侧具 2 条黑褐色弧形斑纹；上体及翼上覆羽蓝色，具白色翅斑；下体腹以下白色。雌鸟似雄鸟，但上体橄榄褐色。虹膜褐色；嘴角质灰色；跗蹠及趾粉色。

生态习性 栖息于山地常绿阔叶林。单独或成对活动，常于林下地面觅食。主要以昆虫为食。繁殖期为 5～7 月，营巢于枝叶茂密的树上，8 月中旬幼鸟羽色接近成鸟。鸣声婉转多变，甜美清晰。

物种分布 安庆市大别山区及沿江丘陵均有分布，罕见。夏候鸟或旅鸟。

董文晓/摄　雌鸟

杨剑波/摄　雌鸟

夏家振/摄　雄鸟

夏家振/摄　雄鸟

白眉地鸫 *Zoothera sibirica*

形态特征 体长 20～23 cm。雌雄异色。雄鸟具宽阔的白色眉纹，通体暗石板灰色；飞羽和尾羽黑色，外侧尾羽端部白色；腹中央黄白色，尾下覆羽白色。雌鸟具黄白色眉纹，头及上体橄榄褐色；头侧杂以黄白色斑纹，翼上覆羽具 2 道皮黄色翅斑；下体皮黄色，胸和两胁具粗的麻黄色鳞状斑纹。虹膜褐色；嘴黑色；跗蹠及趾黄色。

董文晓/摄　雄亚成鸟

生态习性 栖息于山地、丘陵地区的林下。单独或成对活动，常于地面觅食。主要以昆虫为食。

物种分布 迁徙期偶见于大别山区。旅鸟。

保护级别 国家"三有"保护物种。

薄顺奇/摄　雌鸟

朱英/摄　雌鸟

袁晓/摄　雄鸟

董文晓/摄　雄鸟

虎斑地鸫 *Zoothera dauma*

形态特征 体长 26～31 cm。雌雄羽色相似。成鸟头及上体橄榄黄褐色，具粗黑褐色鳞状斑纹；飞羽黑褐色，具黄褐色羽缘；中央尾羽橄榄色，外侧尾羽黑褐色，具白色羽缘；下体黄白色，具粗黑褐色鳞状斑纹。虹膜褐色；上嘴黑褐色，下嘴浅黄色；跗蹠及趾红褐色。

生态习性 栖息于山地茂密的森林。单独或成对活动，常于地面取食。主要以昆虫为食，兼食少量植物的果实和种子。

物种分布 安庆市各地均有分布，较常见。冬候鸟。

保护级别 国家“三有”保护物种。

赵凯/摄　侧面

汪湜/摄　侧面

胡云程/摄　腹面

灰背鸫 *Turdus hortulorum*

形态特征 体长 20～23 cm。雌雄异色。雄鸟头、上体青石板灰色，飞羽和尾羽黑褐色；颏、喉至上胸灰色，尾下覆羽白色沾棕，下体余部橙色。雌鸟头及上体灰褐色，胸以上灰白色，具黑褐色点状斑纹；胸、两胁及翼下覆羽橙色，两胁无黑色斑点。虹膜褐色；雄鸟嘴黄褐色，雌鸟嘴黑褐色；跗蹠及趾粉色。

生态习性 栖息于低山、丘陵及平原地区的阔叶林或混交林中。多单独活动，善于地面跳跃行走，喜在林下枯叶中翻找昆虫及其幼虫。主要以昆虫及其幼虫为食。

物种分布 安庆市各地均有分布，常见。冬候鸟。

保护级别 国家“三有”保护物种。

胡云程/摄　雌鸟

赵凯/摄　雄鸟

赵凯/摄　腹面

乌灰鸫 *Turdus cardis*

形态特征 体长 20～21 cm。雌雄异色。雄鸟眼圈黄色，头、颈、胸黑色，上体暗石板灰色；小覆羽与背同色，两翼余部暗褐色，尾羽黑褐色；胸以下白色，腹及两肋具黑色斑点。雌鸟头及上体橄榄褐色；颏、喉白色，两侧具黑色纵纹；胸浅灰色，两肋橙黄色，均具黑色斑点，下体余部白色。虹膜褐色；嘴黄色；跗蹠及趾粉红色。

生态习性 栖息于茂密的林下。多单独活动，常于地面觅食。主要以昆虫和植物的种子为食。

物种分布 迁徙期偶见于大别山区及沿江平原地区，城市公园也有分布。旅鸟。

保护级别 国家“三有”保护物种。

朱英/摄　雄鸟

刘子祥/摄　雄鸟

唐建兵/摄　雌鸟

乌鸫 *Turdus merula*

形态特征 体长 21～30 cm。雄鸟通体黑色且具蓝灰色金属光泽。雌鸟通体棕褐色，飞羽及尾羽黑色且具蓝色金属光泽。幼鸟上体似雌鸟，但下体棕白色具黑褐色斑纹。

生态习性 栖息于低山、丘陵及平原地区。多单独活动，冬季集群。杂食性，主要以昆虫、蠕虫及植物的果实和种子为食。繁殖期鸣声悦耳，善于模仿。

物种分布 安庆市各地均有分布，常见。留鸟。

赵凯/摄　雄鸟

赵凯/摄　幼鸟

赵凯/摄　亚成鸟

赵凯/摄　雌鸟

白眉鸫 *Turdus obscurus*

形态特征 体长 19～24 cm。雌雄羽色相似。雄鸟具长而显著的白色眉纹，眼下具白斑；头、颈暗灰色，上体橄榄褐色；飞羽和尾羽黑褐色；胸和两胁橙黄色，腹部白色。雌鸟似雄鸟，但头与上体均为暗褐色，喉白色具褐色条纹。虹膜褐色；上嘴黑褐色，下嘴基部黄色，端部褐色；跗蹠及趾黄褐色至红褐色。

夏家振/摄　雌鸟

生态习性 栖息于山地、丘陵地区的阔叶林或针阔混交林中。单独或成对活动，常于地面觅食。主要以昆虫为食，兼食植物的果实和种子。

物种分布 迁徙期见于大别山区，罕见。旅鸟。

夏家振/摄　雄鸟

夏家振/摄　雌鸟

袁晓/摄　雄鸟

白腹鸫 *Turdus pallidus*

形态特征 体长 19～24 cm。雄鸟头、颈黑灰色，嘴角具白斑；上体及翼上覆羽棕褐色；飞羽和尾羽暗褐色，最外侧 2 枚尾羽具白色端斑；颏、喉白色，具褐色细纹；胸暗灰色，胸侧和两胁橙棕色，下体余部白色。雌鸟似雄鸟，但头顶、后颈与上体同色，头侧灰褐色，颊纹白色。虹膜褐色；上嘴黑褐色，下嘴黄色；跗蹠及趾黄褐色。

生态习性 栖息于山地、丘陵及平原地区的常绿林或混交林。单独或成对活动，喜在林下枯叶中觅食。主要以昆虫为食，兼食植物的果实和种子。

物种分布 安庆市各地均有分布，城市公园草地相对更常见。冬候鸟。

保护级别 国家“三有”保护物种。

唐建兵/摄　雌鸟

董文晓/摄　雌鸟

胡云程/摄　雄鸟

胡云程/摄　雄鸟

红尾斑鸫(红尾鸫) *Turdus naumanni*

形态特征　体长 20～25 cm。雄鸟眉纹浅棕色，耳羽黑灰色；头及上体灰褐色至暗褐色，腰至尾下覆羽红棕色；飞羽和尾羽黑褐色，具红褐色羽缘；喉侧具黑褐色纵纹，胸、颈侧及体侧红棕色，羽缘白色；腹部白色。雌鸟似雄鸟，但眉纹白色，下体棕色较浅。虹膜暗褐色；上嘴黑褐色，下嘴黄色，端部黑色；跗蹠及趾黄褐色。

生态习性　栖息于林缘开阔地带。多成小群活动，有时与斑鸫混群。常于地面觅食，主要以昆虫和植物的果实、种子为食。

物种分布　安庆市各地均有分布，沿江平原地区相对更为常见。冬候鸟。

保护级别　国家“三有”保护物种。

赵凯/摄　侧面

赵凯/摄　腹面

赵凯/摄　背面

斑鸫 *Turdus eunomus*

形态特征 体长 25～26 cm。似红尾鸫，但眉纹白色，耳羽黑褐色，颊白色杂以黑色细纹，头及上体黑褐色，大覆羽和次级飞羽具宽阔的红褐色羽缘，下体白色，胸和两胁密布黑色斑纹。虹膜褐色；嘴黑色，下嘴基部黄色；跗蹠及趾褐色。

胡云程/摄　腹面

生态习性 栖息于山地、丘陵及平原地区的林缘开阔地带。喜集群活动，常于地面觅食。主要以昆虫和植物的果实、种子为食。

物种分布 安庆市各地均有分布，沿江平原地区相对更为常见。冬候鸟。

保护级别 国家“三有”保护物种。

赵凯/摄　侧面

胡云程/摄　飞行

赵凯/摄　背面

蓝矶鸫 *Monticola solitarius*

形态特征 体长 19～23 cm。雄鸟头、上体各部及小覆羽灰蓝色，尾上覆羽蓝色延伸至下体两侧；飞羽、中覆羽、大覆羽及尾羽黑褐色，各羽具蓝色羽缘，大覆羽端部白色；下体自颏至上胸灰蓝色，下胸以下及腋羽和翼下覆羽栗色。雌鸟头顶至上背灰褐色，下背至尾上覆羽灰蓝色；飞羽和尾黑褐色；颊和耳羽暗褐色，缀以白色细点；下体颏、喉中央近白色，杂以褐色细纹；胸至腹黄白色杂以蓝色，腹及两胁具黑褐色横纹，尾下覆羽棕栗色。幼鸟似雌鸟。虹膜褐色；嘴、跗蹠及趾黑色。

赵凯/摄 雄亚成鸟

生态习性 栖息于山顶或山间溪流附近的多岩地带，冬季也出现于山脚平原地带。单独或成对活动。主要以昆虫为食。

物种分布 大别山区常见，天柱山迎真峰及东关有分布。留鸟。

朱英/摄 雌鸟

唐建兵/摄 雄鸟腹面

唐建兵/摄 雄鸟侧面

栗腹矶鸫 *Monticola rufiventris*

形态特征 体长 23～24 cm。雌雄异色。雄鸟头侧蓝黑色，头顶、后颈及上体蓝色，背、肩具浅色羽缘；两翼和尾羽亦为蓝色，飞羽内翈黑褐色；颏、喉蓝色，下体余部栗红色。雌鸟眼圈白色，颊纹和颈侧的月牙形块斑皮黄色；头顶、后颈及上体浅蓝灰色，上体具黑色扇贝形斑纹；下体皮黄色，密布黑褐色鳞状斑纹。幼鸟头部及体羽黄褐色，满布不规则的黑褐色斑纹。虹膜褐色；嘴黑色；跗蹠及趾黑褐色。

夏家振/摄　雌鸟

生态习性 栖息于山地多岩地带的丛林。单独或成对活动，直立而栖，尾常上下弹动。主要以昆虫及其幼虫为食。繁殖期为 5～7 月，7 月下旬可见出巢幼鸟。

物种分布 大别山区常见，天柱山迎真峰及东关有分布。留鸟。

夏家振/摄　雌鸟

夏家振/摄　雄亚成鸟

董文晓/摄　雄鸟

白喉矶鸫 *Monticola gularis*

形态特征 体长 17～19 cm。雌雄异色。雄鸟眼先栗红色，耳羽、颊黑褐色，头顶至后颈钴蓝色；背、肩黑色具皮黄色羽缘，腰和尾上覆羽深栗色；小翼羽钴蓝色，两翼余部黑褐色具白色翅斑；下体栗色，喉中央白色。雌鸟眼先浅灰色，头、颈褐色；背、肩灰褐色，具黑褐色鳞状斑纹；颏、喉中央白色，下体余部皮黄色，喉侧、胸和两胁具黑褐色鳞状斑纹。虹膜褐色；雄鸟嘴黑色，雌鸟下嘴基部色浅；跗蹠及趾赭红色。

董文晓/摄　雌鸟

生态习性 栖息于山地、丘陵地区的阔叶林或针叶林中。单独或成对活动。主要以昆虫为食。

物种分布 迁徙期安庆市各地偶见。旅鸟。

董文晓/摄　雄鸟腹面

袁晓/摄　雄鸟背面

董文晓/摄　雄鸟

红尾歌鸲 *Luscinia sibilans*

形态特征 体长 12～13 cm。雌雄羽色相似。雄鸟眼圈白色，眉纹短仅限于眼前方；头顶至后颈褐色沾棕，上体橄榄褐色；飞羽外翈浅棕色，尾羽红棕色；下体污白色，胸具不清晰的网状斑纹。雌鸟似雄鸟，但头部及上体多橄榄绿色而少棕褐色。虹膜褐色；嘴黑色；跗蹠及趾粉红色。

赵凯/摄　背面

生态习性 栖息于常绿阔叶林的林下灌丛中。多单独活动。主要以昆虫为食。

物种分布 迁徙期罕见于沿江平原地区，多见于湿地附近的疏林中。

保护级别 国家“三有”保护物种。

赵凯/摄　侧面

董文晓/摄　侧面

唐建兵/摄　侧面

鹟科 Muscicapidae

蓝歌鸲 *Luscinia cyane*

形态特征 体长 12～14 cm。雌雄异色。雄鸟眼先和下颊黑色，并沿颈侧延伸至胸侧；头、上体及翼上覆羽铅蓝色；下体胸侧黑色，两胁与背同色，余部纯白色。雌鸟头部及上体橄榄褐色，尾上覆羽及尾羽蓝色；喉、胸及两胁柠檬黄色，羽缘暗褐色而呈鳞状斑纹，下体余部白色。虹膜褐色；嘴黑色；跗蹠及趾至红色。

汪湜/摄　雄鸟

生态习性 栖息于山地、丘陵的密林。地栖，在地面奔走时，尾常上下摆动。主要以昆虫为食。

物种分布 迁徙期罕见于沿江平原地区。旅鸟。

保护级别 国家“三有”保护物种。

赵凯/摄　雌鸟腹面

袁晓/摄　雄亚成鸟

赵凯/摄　雌鸟侧面

红喉歌鸲 *Luscinia calliope*

形态特征 体长 13～18 cm。俗称红点颏。雌雄异色。雄鸟颏、喉赤红色；具醒目的白色眉纹和颊纹，眼先及眼下缘黑色；头及上体橄榄褐色，飞羽及尾羽暗褐色，各羽外翈棕褐色；胸和两胁与背同色，下体余部白色。雌鸟似雄鸟，但喉白色。虹膜褐色；嘴深褐色；跗蹠及趾暗红褐色。

朱英/摄　雌鸟

生态习性 栖息于低山丘陵、平原地带近水的灌丛、芦苇丛等处。多单独活动，善在地面疾驰。主要以昆虫为食。

物种分布 迁徙期罕见于沿江平原地区。旅鸟。

保护级别 国家“三有”保护物种。

董文晓/摄　雄鸟

袁晓/摄　雌鸟

袁晓/摄　雄鸟

蓝喉歌鸲 *Luscinia svecica*

形态特征 体长 13～14 cm。俗称蓝点颏。雌雄异色。雄鸟眉纹白色，耳羽棕褐色；喉中央栗色，外周缘为蓝色，其下方为黑色和栗色胸带；头及上体灰褐色，飞羽和尾羽黑褐色，尾羽两侧基部栗色。雌鸟似雄鸟，但头顶黑色，颏和喉中央白色，前颈两侧黑色斑纹与黑色胸带相连。虹膜暗褐色；嘴黑色，嘴基侧缘黄色；跗蹠及趾暗红褐色。

朱英/摄　雄亚成鸟

生态习性 栖息于灌丛或芦苇丛中。多单独活动，善在地面作短距离奔驰，停歇时常将尾羽展开。主要以昆虫等无脊椎动物为食。

物种分布 迁徙期罕见于沿江平原地区。旅鸟。

保护级别 国家“三有”保护物种。

董文晓/摄　雄鸟

夏家振/摄　雌鸟

黄丽华/摄　雄鸟

红胁蓝尾鸲 *Tarsiger cyanurus*

形态特征 体长 12～16 cm。雄鸟头部及上体蓝色沾灰，尾蓝色，颏、喉白色，胸侧及两胁橙黄色。雌鸟头部及上体橄榄褐色，腰至尾羽基部浅蓝色，胸侧及两胁橙红色。虹膜褐色；嘴黑色；跗跖及趾黑褐色。

赵凯/摄 雌鸟侧面

生态习性 栖息于山地、丘陵及平原地区的林下。单独或成对活动，性隐蔽，停歇时常上下摆尾。主要以昆虫为食。

物种分布 安庆市各地均有分布，常见。冬候鸟。

保护级别 国家“三有”保护物种。

赵凯/摄 雄鸟背面

赵凯/摄 雌鸟腹面

赵凯/摄 雄鸟侧面

鹊鸲 *Copsychus saularis*

形态特征 体长 17～23 cm。雄鸟头部及上体黑色，具蓝灰色金属光泽；中央 2 对尾羽黑褐色，外侧尾羽纯白色；两翼黑色，肩羽和内侧覆羽具大型白色带斑；胸以上黑色，下体余部以及翼下覆羽白色。雌鸟似雄鸟，但头、颈、胸暗灰色。幼鸟胸具棕黄色点状斑纹。

夏家振/摄　亚成鸟

生态习性 栖息于居民点附近，尤喜在厕所、猪圈、牛栏等处觅食。单独或成对活动。主要以昆虫为食。繁殖期为 3～6 月，营巢于树洞等洞穴内，巢呈杯状。繁殖期鸣叫婉转动听。

物种分布 安庆市各地均有分布，常见。留鸟。

保护级别 国家“三有”保护物种。

薛辉/摄　雄鸟

赵凯/摄　雌鸟

赵凯/摄　雄鸟

北红尾鸲 *Phoenicurus auroreus*

形态特征 体长 12～16 cm。雄鸟头顶至后颈灰白色，背及翼上覆羽黑色，腰、尾上覆羽和外侧尾羽橙黄色，翼上具白色翅斑，胸以下橙黄色。雌鸟头、背橄榄褐色，尾上覆羽及外侧尾羽橙黄色，下体灰褐色，翼上具白斑。

赵凯/摄　雌鸟

生态习性 栖息于阔叶林或混交林的林缘及林下灌丛中。单独或成对活动，尾常上下摆动。主要以昆虫为食，兼食植物的果实和种子。

物种分布 迁徙期全安徽省可见。留鸟。

保护级别 国家“三有”保护物种。

赵凯/摄　亚成鸟

赵凯/摄　雄鸟腹部

赵凯/摄　雄鸟背部

红尾水鸲 *Rhyacornis fuliginosus*

形态特征 体长 11～14 cm。雄鸟通体铅蓝色，尾及尾上和尾下覆羽栗红色。雌鸟头部及上体灰褐色，翼具 2 道白色点状斑；尾羽基部白色，端部黑褐色，尾上和尾下覆羽纯白色；下体灰白色，杂以暗灰色细斑。叫声单调清脆。

生态习性 栖息于山地、丘陵的溪流附近。单独或成对活动，停歇时尾不停摆动，间或将尾羽展开。主要以水生昆虫等无脊椎动物为食。

物种分布 大别山区溪流常见，冬季到低海拔地区越冬。留鸟。

赵凯/摄　亚成鸟

赵凯/摄　雄鸟

赵凯/摄　雌鸟

紫啸鸫 *Myophonus caeruleus*

形态特征 体长 26～36 cm。雌雄羽色相似。成鸟通体紫蓝色，头及上体具浅色滴状斑；飞羽内侧暗褐色，中覆羽端部具白色斑点。幼鸟似成鸟，但体羽滴状斑不明显。虹膜暗红褐色；嘴、跗蹠及趾黑色。

生态习性 栖息于山地多岩石的溪流附近。栖息时，尾常扇开并上下抖动。主要以昆虫和小型甲壳动物为食，兼食浆果等植物性食物。繁殖期为 4～6 月，营巢于溪流沿岸的石缝间或树杈上，巢呈杯状。

物种分布 大别山区溪流常见。留鸟。

胡云程/摄　成鸟

赵凯/摄　成鸟

赵凯/摄　亚成鸟

小燕尾 *Enicurus scouleri*

形态特征 体长 11～14 cm。雌雄羽色相似。成鸟额、前头及腰和尾上覆羽白色，腰中部具黑色带纹；头及上体余部黑色，具紫蓝色金属光泽；两翼黑色，具白色翅斑；尾较短，中央尾羽黑褐色，外侧尾羽纯白色；颏至上胸黑色，下体余部白色。幼鸟额和前头黑色，颏、喉白色。虹膜褐色；嘴黑色；跗蹠及趾粉红色。

生态习性 栖息于山间溪流附近，尤喜多岩石的山溪。单独或成对活动。主要以水生昆虫为食。繁殖期为 4～6 月，营巢于溪流沿岸的岩石缝隙间，巢呈碗状。

物种分布 大别山区溪流偶见。留鸟。

赵凯/摄　侧面

赵凯/摄　亚成鸟

赵凯/摄　背面

白额燕尾 *Enicurus leschenaulti*

赵凯/摄　背面

形态特征　体长 25～31 cm。通体黑白两色，尾深叉；额、腰至尾上覆羽及胸以下白色，体羽余部黑色，翼具明显的白色翅斑。鸣声为单调的哨音。幼鸟额、头、上体及胸部均褐色。虹膜褐色；嘴黑色；脚粉红色。

生态习性　栖息于山涧溪流与河谷沿岸。除繁殖期外，多单独活动。主要以水生昆虫和昆虫幼虫为食。

物种分布　大别山区及沿江丘陵地区的溪流、沟谷附近较常见。留鸟。

赵凯/摄　腹面

赵凯/摄　亚成鸟

陈军/摄　侧面

黑喉石䳭 *Saxicola torquata*

形态特征 体长 12～15 cm。雌雄异色。雄鸟夏羽：头、颈黑色，颈侧基部具大块白斑；尾上覆羽棕白色，上体余部黑色；最内侧翼上覆羽白色，形成明显的白色翅斑；颏、喉黑色，胸中央棕栗色，下体余部浅棕色，腋羽和翼下覆羽黑色。非繁殖羽：头及上体黑褐色沾棕，颏、喉白色。雌鸟具较细的黑褐色过眼纹，腰和尾上覆羽棕色；头及上体余部黑褐色，具宽阔的棕褐羽缘；颏、喉棕白色，下体余部浅棕色。虹膜褐色；嘴、跗蹠及趾黑色。

生态习性 栖息于山地、丘陵及平原岗地的开阔地带。单独或成对活动，喜站立于枝头。主要以昆虫为食，兼食植物的果实和种子。

物种分布 迁徙期安庆市各地的河流、湖泊附近的荒草地较常见。旅鸟。

保护级别 国家“三有”保护物种。

赵凯/摄　雌鸟背面

赵凯/摄　雄鸟繁殖羽

赵凯/摄　雄鸟非繁殖羽

赵凯/摄　雌鸟腹面

灰林䳭 *Saxicola ferreus*

形态特征　体长 11～15 cm。雌雄异色。雄鸟眉纹白色,头侧黑色;头顶、后颈及上体黑灰色;两翼和尾黑褐色,翼具白色翅斑;颏、喉及尾下覆羽白色,下体余部暗灰色。雌鸟眉纹浅灰色,头及上体棕褐色;两翼和尾黑褐色,具棕褐色羽缘;颏、喉白色,下体余部褐色沾棕。幼鸟似雌鸟,但上体具浅色点状斑纹。虹膜褐色;嘴、跗蹠及趾黑色。

董文晓/摄　雌鸟

生态习性　栖息于山地、丘陵地区的开阔草地及农田。单独或成对活动,常停息在电线、灌木或高草上。主要以昆虫为食,兼食植物的种子。繁殖期为 5～7 月,营巢于隐秘的灌丛或草丛中,巢呈杯状。

物种分布　大别山区山间平地的灌丛、田野、林缘等地较常见,常在电线上停留。留鸟。

赵凯/摄　亚成鸟

赵凯/摄　雄鸟

时敏良/摄　雌鸟

灰纹鹟 *Muscicapa griseisticta*

形态特征　体长 11～14 cm 的小型鸣禽。雌雄羽色相似。成鸟头部及上体灰褐色，飞羽和尾羽黑褐色，翼折合时飞羽末端接近尾端；下体白色，胸和两胁具清晰的黑褐色纵纹。幼鸟上体具点状斑纹。虹膜暗褐色；嘴黑褐色；跗蹠及趾黑褐色。与北灰鹟的区别：翼长，飞羽末端接近尾端，下体具清晰的褐色纵纹。与乌鹟的区别：胸部纵纹较细且清晰。

生态习性　栖息于山地、丘陵及平原地区的林缘开阔地带。多单独活动。主要以昆虫为食。

物种分布　迁徙期安庆市各地偶见。旅鸟。

保护级别　国家“三有”保护物种。

赵凯/摄　侧面

赵凯/摄　背面

赵凯/摄　腹面

北灰鹟 *Muscicapa dauurica*

形态特征　体长 10～15 cm。体羽与灰纹鹟和乌鹟相近，区别在于本种下体灰白色，但无斑纹；翼相对较短，折合时不及尾长之半。虹膜暗褐色；嘴黑色，下嘴基部黄色；跗蹠及趾黑色。

生态习性　栖息于山地、丘陵及平原地区的林缘开阔地带。多单独活动，多停歇在横出的树枝上，常从栖处起飞捕获昆虫后再回到原处，尾作独特的颤动。

物种分布　迁徙期沿江平原及丘陵区常见，罕见于大别山区。旅鸟。

保护级别　国家“三有”保护物种。

赵凯/摄　背面

赵凯/摄　腹面

赵凯/摄　侧面

乌鹟 *Muscicapa sibirica*

赵凯/摄　侧面

形态特征　体长 10～16 cm。似灰纹鹟，但胸及两胁的烟灰色斑纹不清晰；头及上体暗灰褐色，有些个体喉部白色延伸到颈侧形成白色半颈环；翼折合时飞羽末端达尾长的 2/3。虹膜暗褐色；嘴、跗蹠及趾黑色。

生态习性　栖息于林缘的开阔地带。常立于枝头或树杈上，伺机捕食过往的昆虫。

物种分布　迁徙期大别山区常见，沿江平原及丘陵地区罕见。旅鸟。

保护级别　国家“三有”保护物种。

唐建兵/摄　侧面

赵凯/摄　腹面

唐建兵/摄　背面

白眉姬鹟 *Ficedula zanthopygia*

形态特征 体长 11～14 cm。雌雄异色。雄鸟眉纹白色，头、后颈、上背和肩黑色；下背至腰鲜黄色，尾上覆羽和尾羽黑色；两翼黑色，具大型白色翅斑；尾下覆羽白色，下体余部鲜黄色。雌鸟头及上体大部橄榄绿褐色，腰黄色，尾上覆羽绒黑色；两翼及尾羽黑褐色，翼上覆羽具 2 道白色翅斑；下体浅黄绿色，尾下覆羽白色。虹膜暗褐色；嘴、跗蹠及趾黑色。

赵凯/摄　雌鸟

生态习性 栖息于山地、丘陵及平原地区的阔叶林和针阔叶混交林。单独或成对活动。主要以昆虫为食。

物种分布 迁徙期沿江平原及丘陵区较常见，罕见于大别山区。旅鸟。

保护级别 国家“三有”保护物种。

胡云程/摄　雄鸟背面

陈军/摄　雄鸟腹面

陈军/摄　左雌右雄

鸲姬鹟 *Ficedula mugimaki*

形态特征 体长 12～14 cm。雌雄异色。雄鸟头及上体黑色，眼后具短的白色眉纹，翼具明显的白色翅斑；腹以上橙红色，余部白色。雌鸟头及上体橄榄褐色；两翼和尾羽黑褐色，翼具 2 道白色翅斑；下体腹以上浅橙黄色，余部白色。虹膜深褐色；嘴黑褐色；跗蹠及趾黑褐色。

赵凯/摄　雌鸟背面

生态习性 栖息于山地、丘陵及平原地区的林间空地或林缘地带。成群活动于树的顶层捕食昆虫。

物种分布 迁徙期平原区附近的疏林及城市公园较常见，其他地区罕见。旅鸟。

保护级别 国家“三有”保护物种。

董文晓/摄　雄鸟

唐建兵/摄　雄亚成鸟

赵凯/摄　雌鸟侧面

白腹蓝姬鹟 *Cyanoptila cyanomelana*

形态特征　体长 14～17 cm。雄鸟头顶至上体各部钴蓝色，头侧、喉至上胸深蓝色，下体余部白色。雌鸟尾羽棕红色，上体多橄榄褐色，胸及两胁褐色沾棕，余部白色。

生态习性　迁徙时停栖于中低山区常绿阔叶林中，从树冠层飞捕昆虫。

物种分布　大别山区林地偶见。旅鸟。

赵凯/摄　雄亚成鸟

袁晓/摄　雌鸟

袁晓/摄　雄鸟

赵凯/摄　雄鸟

白喉林鹟 *Cyornis brunneatus*

形态特征 体长 14～16 cm。眼圈周围皮黄色；翼与背同色；颈近白色而略具深色鳞状斑纹，下颚色浅；胸部淡棕灰色；腹部及尾下覆羽白色。亚成鸟上体皮黄色而具鳞状斑纹，下颚尖端黑色；看似翼短而嘴长；虹膜褐色；嘴上颚近黑色，下颚基部偏黄色；脚粉红色或黄色。发出独特的金属音，音色似笛声。

陈曦恒/摄　背面

生态习性 繁殖于海拔 600～1600 m 的茂密的竹林或亚热带阔叶林中低矮的灌木丛中。通常以昆虫为食。常伫立于枝头等处静伺，一旦飞虫靠近即迎头衔捕，后又回原地栖止。在树上或洞穴内以苔藓、树皮、毛、羽等编成碗状巢。

物种分布 大别山区林地偶见，鹞落坪有观察记录。夏候鸟。

保护级别 国家二级重点保护物种；IUCN 红色名录易危（VU）级别。

董文晓/摄　背面

陈光辉/摄　腹面

董文晓/摄　侧面

花蜜鸟科 Nectariniidae

叉尾太阳鸟 *Faethopyga christinae*

形态特征 体长 9～11 cm。雄性成鸟头顶至后颈绿色且具金属光泽，背羽黑色，翅暗褐色，尾上覆羽和中央尾羽金属绿色，在不同折光下或呈蓝紫色，中央尾羽羽轴先端延长如针状。头侧褐红色，髭纹翠绿且具金属光泽，下体浅绿黄色不鲜亮，近下胸处灰色，胁部丝白或微缀黄色。雌鸟上体橄榄黄染绿，两翅暗褐，尾羽褐黑，中央尾羽羽轴不延长。

生态习性 多见于中山、低山丘陵地带，栖于山沟、山溪旁和山坡的原始或次生茂密阔叶林边缘，也见于村寨附近的灌树丛中，或活动在热带雨林和油茶林。主要以花蜜为食，兼捕食飞虫和树丛中的昆虫、蜘蛛等。

物种分布 2015 年 2 月，安庆市民广场梅花丛中记录 1 只雌性个体。迷鸟。该鸟在华南为留鸟，近些年来先后在杭州、恩施、无锡、牯牛降等长江流域地区记录到，推测该种可能正处于分布区北扩的状态。

保护级别 国家“三有”保护物种。

戴美杰/摄　雌鸟

谢菲/摄　雌鸟

孔德茂/摄　雄鸟

孔德茂/摄　雄鸟

梅花雀科 Estrildidae

白腰文鸟 *Lonchura striata*

形态特征 体长 10～12 cm。嘴短粗呈锥形，腰白色，尾黑而尖；环嘴基黑褐色，头及上体栗褐色而具显著的白色羽干纹，胸及尾下覆羽栗褐色具浅色羽缘，下体余部近白色。雌雄相似。虹膜红褐色；上嘴黑色，下嘴蓝灰色；跗蹠及趾蓝黑色。

赵凯/摄 背面

生态习性 栖息于低山、丘陵及平原地区的居民点、农耕地及林缘开阔地带。多集群活动。主要以植物种子为食。

物种分布 安庆市各地均有分布，常见。留鸟。

裴志新/摄 侧面

赵凯/摄 腹面

赵凯/摄 侧面

斑文鸟 *Lonchura punctulata*

形态特征　体长 10～12 cm。雌雄羽色相似。成鸟似白腰文鸟,但上体栗褐色具浅色羽干纹,腰褐色;下体喉以下白色,具栗褐色鳞状纹。幼鸟下体皮黄色,无鳞状斑或鳞纹不完全。虹膜红褐色;上嘴黑色,下嘴蓝灰色;跗蹠及趾铅灰色。

赵凯/摄　腹面

生态习性　栖息于低山、丘陵及平原地区的农田和居民点附近。成对或成群活动,常与白腰文鸟混群。主要以植物种子为食,兼食部分昆虫。繁殖期为 3～8 月,营巢于枝杈,巢呈椭圆形或球形。

物种分布　安庆市各地均有分布,常见。留鸟。

赵凯/摄　左亚成鸟

赵凯/摄　亚成鸟

赵凯/摄　背面

雀科 Passeridae

山麻雀 *Passer rutilans*

形态特征 体长 12～14 cm。雄鸟头及上体栗红色，背具黑色纵纹，下体灰白色，喉具黑斑。雌鸟具白色眉纹和暗褐色贯眼纹，头灰褐色，喉无黑斑。虹膜褐色；嘴黑褐色；跗蹠及趾红褐色。

赵凯/摄　亚成鸟

生态习性 栖息于低山、丘陵地区近居名点的开阔地。多成小群活动。主要以植物种子和昆虫为食。

物种分布 大别山区及海拔 300 m 以上的沿江丘陵地区都有分布，分布区内常见。留鸟。

保护级别 国家“三有”保护物种。

赵凯/摄　雌鸟

赵凯/摄　雄鸟背面

赵凯/摄　雄鸟侧面

麻雀 *Passer montanus*

形态特征 体长 11～15 cm。头棕褐色，后颈基部具白色颈环；耳羽、颊白色具黑色块斑，颏喉黑色；上体多棕褐色，背具黑色纵纹；下体多白色，两胁浅黄褐色。雌雄相似。幼鸟喉无黑斑，嘴角黄褐色，上体羽色较暗。虹膜深褐色；嘴黑褐色；跗蹠及趾粉色。

生态习性 栖息于山地、丘陵及平原地区的居民点和农田附近。除繁殖季节成对外，均成群活动，双脚跳跃前进。杂食性，主要植物种子和昆虫为食。

物种分布 安庆市各地广泛分布，常见。留鸟。

保护级别 国家“三有”保护物种。

赵凯/摄　腹面

赵凯/摄　亚成鸟

赵凯/摄　背面

鹡鸰科 Motacillidae

山鹡鸰 *Dendronanthus indicus*

形态特征 体长 16～17 cm。雌雄羽色相似。成鸟眉纹白色，贯眼纹黑褐色；头及上体大部橄榄褐色，尾上覆羽和尾羽基部黑色，最外侧 1 对尾羽白色；内侧小覆羽与背同色，两翼余部黑褐色，翼上覆羽具 2 道白色带纹，飞羽近端部也具白色斑块，飞行时可见 3 道白色翅斑；下体白色，胸具 2 道黑色带纹，下方带纹中间断开。虹膜暗褐色；上嘴黑褐色，下嘴浅色；跗蹠及趾粉色。

生态习性 与其他鹡鸰喜水边开阔地不同，本种主要栖息于林间开阔地带以及林缘地带。单独或成对活动，与其他鹡鸰一样波浪式飞行，但停息时尾左右摆动而非上下摆动。主要以昆虫等无脊椎动物为食。繁殖期为 5～6 月，营巢于林间树杈上。

物种分布 大别山区及沿江丘陵地区都有分布，罕见。夏候鸟。

保护级别 国家“三有”保护物种。

陈军/摄　侧面

夏家振/摄　腹面

李永民/摄　侧面

夏家振/摄　侧面

黄鹡鸰 *Motacilla flava*

形态特征 体长 15～18 cm。似灰鹡鸰，但背橄榄绿色，下体喉至尾下覆羽黄色。安庆市分布有 3 个亚种：堪察加亚种（*M. f. simillima*）、台湾亚种（*M. f. taivana*）和东北亚种（*M. f. macronyx*）。堪察加亚种：眉纹白色，头顶至后颈灰色，背橄榄绿色；下体颏白色，喉以下黄色。台湾亚种：眉纹黄色，头顶、后颈与背同为橄榄绿色。东北亚种：头黑灰色，无眉纹，背橄榄绿色。

生态习性 栖息于山地、丘陵及平原地区溪流附近的开阔地。波浪式飞行，停歇时尾常上下摆动，主要以昆虫为食。

物种分布 迁徙期安庆市沿江平原区湿地附近的农田、湿地草滩可见，常多个亚种混群。旅鸟。

保护级别 国家“三有”保护物种。

赵凯/摄　亚成鸟

赵凯/摄　勘察加亚种

赵凯/摄　台湾亚种

灰鹡鸰 *Motacilla cinerea*

形态特征 体长 17～18 cm。成鸟繁殖羽：颏、喉黑色，眉纹和髭纹白色，贯眼纹黑褐色；头顶、后颈及背、肩灰色至灰褐色，腰至尾上覆羽黄绿色；尾羽黑褐色，外侧尾羽纯白色；小覆羽与背同色，两翼余部黑褐色，飞羽基部白色；下体喉以下黄色，两胁色浅。雌鸟与雄鸟非繁殖羽：颏、喉白色，下体黄白色，尾下覆羽黄色。虹膜褐色；嘴黑褐色；跗蹠及趾暗红色，后爪弯曲，较后趾长。

生态习性 栖息于山地、丘陵地区的溪流附近。成对或成小群活动，波浪式飞行，善于地面行走，尾不停地上下摆动。主要以昆虫为食。繁殖期为 4～6 月，营巢于洞穴、石缝等处，巢呈杯状。

物种分布 大别山区乱石河床及溪流较常见。留鸟。

保护级别 国家“三有”保护物种。

赵凯/摄　雌鸟

赵凯/摄　雄鸟

赵凯/摄　亚成鸟

白鹡鸰 *Motacilla alba*

形态特征 体长 17～19 cm。额、前头、颊白色；下体白色，胸具半圆形黑色斑块。安庆市分布有 2 个亚种，为普通亚种（*M. a. leucopsis*）和灰背眼纹亚种（*M. a. ocularis*）。雄鸟喉部白色、背部黑色、无过眼纹为普通亚种；雄鸟喉部夏季黑色、冬季白色，头顶黑色，背部灰色，有过眼纹为灰背眼纹亚种。

赵凯/摄　普通亚种亚成鸟

生态习性 栖息于山地、丘陵及平原地区的开阔地带，尤喜溪流附近的沼泽地。波浪式飞行，停息时尾上下摆动。主要以昆虫为食。

物种分布 安庆市各地均有分布，常见。留鸟。

保护级别 国家"三有"保护物种。

赵凯/摄　灰背眼纹亚种雌鸟繁殖羽

赵凯/摄　灰背眼纹亚种雄鸟繁殖羽

赵凯/摄　灰背眼纹亚种雌鸟非繁殖羽

赵凯/摄　灰背眼纹亚种雄鸟非繁殖羽

陈军/摄　普通亚种雄鸟繁殖羽

赵凯/摄　灰背眼纹亚种亚成鸟

陈军/摄　普通亚种雄鸟非繁殖羽

夏家振/摄　普通亚种雌鸟

田鹨(理氏鹨) *Anthus richardi*

形态特征 体长 16～19 cm。雌雄羽色相似。成鸟眉纹皮黄色，耳羽黑褐色；头顶、后颈、上体及两翼黑褐色，具棕褐色羽缘；尾羽黑色，最外侧 2 对尾羽白色；颏、喉白色，喉侧具黑褐色细纹；胸具黑褐色点状斑纹，两胁棕黄，下体余部白色。虹膜褐色；上嘴黑褐色，下嘴黄色；跗蹠及趾黄褐。后爪略长于后趾。

朱英/摄　腹面

生态习性 栖息于农田或开阔的草地。多集群活动，有时与云雀混群。似鹡鸰呈波浪式飞行，尾不停地上下摆动。跗蹠和后爪长，站立时多呈垂直姿势。主要以昆虫为食。

物种分布 迁徙期安庆市沿江平原地区的湿地草滩、开阔草地、旱地偶见。旅鸟。

保护级别 国家“三有”保护物种。

赵凯/摄　腹面

薄顺奇/摄　侧面

薄顺奇/摄　侧面

树鹨 *Anthus hodgsoni*

形态特征　体长 15～17 cm。雌雄羽色相似。成鸟后爪短于后趾；眉纹白色，在眼先棕黄色；贯眼纹黑褐色，耳羽后方具白斑；胸和两胁具粗黑褐色纵纹。虹膜红褐色；上嘴黑色，下嘴浅黄色；跗蹠和趾暗红褐色。安庆市分布有 2 个亚种，分别是指名亚种（*A. h. hodgsoni*）和东北亚种（*A. h. yunnanensis*）。指名亚种：上体灰褐色沾绿，背部黑褐色纵纹明显；东北亚种：头及上体橄榄绿色，背部褐色纵纹不明显。

赵凯/摄　东北亚种侧面

生态习性　栖息于山地、丘陵及平原地区的林缘开阔地。多成小群活动，停栖时尾常上下摆动。主要以昆虫为食。

物种分布　安庆市各地均有分布，山区及平原区疏林中均常见。冬候鸟。

保护级别　国家“三有”保护物种。

赵凯/摄　东北亚种背面

赵凯/摄　指名亚种背面

赵凯/摄　指名亚种侧面

红喉鹨 *Anthus cervinus*

形态特征 体长 13～17 cm。雌雄羽色相似。成鸟繁殖羽：额、头侧、颈 侧、颏至胸棕红色，胸以下浅黄色，体侧具黑色纵纹；头顶、后颈及上体灰褐色，具粗黑褐色纵纹；两翼及尾黑褐色，具浅色羽缘，最外侧 2 对尾羽具白色端斑。成鸟非繁殖羽：眉纹棕色，耳羽褐色；头及上体黑褐色，具浅黄色羽缘；下体黄白色，胸及体侧具黑褐色纵纹。虹膜褐色；嘴黑色，下嘴基部黄色；跗蹠及趾暗红色。

朱英/摄　侧面

生态习性 栖息于丘陵、平原地区近水的开阔地带。成对或成小群活动。主要以昆虫为食，兼食少量植物种子。鸣声成串而急促，似云雀但持续时间短。

物种分布 迁徙期安庆市沿江平原的湿地浅水区有分布，罕见。旅鸟。

保护级别 国家“三有”保护物种。

赵凯/摄　侧面

赵凯/摄　腹面

薄顺奇/摄　非繁殖羽

黄腹鹨 *Anthus rubescens*

形态特征 体长约 15 cm。体型及习性似水鹨。非繁殖羽：下体近白色，胸及两胁具浓密且粗的黑色纵纹，颈侧具黑色斑块。繁殖羽：下体皮黄色，胸及两胁具黑色纵纹。虹膜暗褐色；嘴黑色，下嘴基部黄色；跗蹠及趾红褐色。

生态习性 栖息于山地、丘陵及平原地区近水的开阔区域。冬季多成小群活动，停歇时尾常上下摆动。主要以昆虫为食。

物种分布 安庆市沿江平原的湿地沼泽、河滩、荒草地常见。冬候鸟。

薄顺奇/摄　侧面

赵凯/摄　腹面

赵凯/摄　背面

赵凯/摄　侧面

水鹨 *Anthus spinoletta*

形态特征 体长 15～17 cm。雌雄羽色相似。非繁殖羽：眉纹白色，头及上体灰褐色，具不清晰的暗褐色纵纹；两翼及尾羽暗褐色，最外侧 2 对尾羽具白色端斑，翼具 2 道白色翅斑；下体皮黄色，胸和两胁具浅褐色纵纹。繁殖羽：胸和两胁浅葡萄红色，胸部具黑色点状斑纹。虹膜暗褐色；上嘴黑色，下嘴基部黄色；跗蹠及趾暗红褐色。

生态习性 栖息于河流、湖泊等水域附近的开阔地，以及稻田、沼泽等地带。冬季成小群活动，喜在沼泽地上快速行走、觅食，停歇时尾常上下摆动。主要以昆虫为食。

物种分布 安庆市沿江平原的湿地沼泽、河滩、荒草地常见，大别山区山缘河流、山间宽阔平地的水旁也经常能见到。冬候鸟。

保护级别 国家“三有”保护物种。

赵凯/摄　腹面

赵凯/摄　侧面

赵凯/摄　背面

燕雀科 Fringillidae

燕雀 *Fringilla montifringilla*

形态特征 体长 13～17 cm。雄鸟繁殖羽：头及上背黑色，下背至尾上覆羽白色，下体颏至上胸橙红色。非繁殖羽：头部黑色沾棕，背黑色具棕褐色羽缘。雌鸟似雄鸟冬羽，但头及上体多灰褐色，杂以黑色纵纹。

生态习性 栖息于低山、丘陵、平原地区的阔叶林或混交林中。除繁殖期外，多集群活动。主要以植物的果实和种子为食。

物种分布 安庆市各地广泛分布，山区林地及湖畔林地均常见集群。冬候鸟。

保护级别 国家"三有"保护物种。

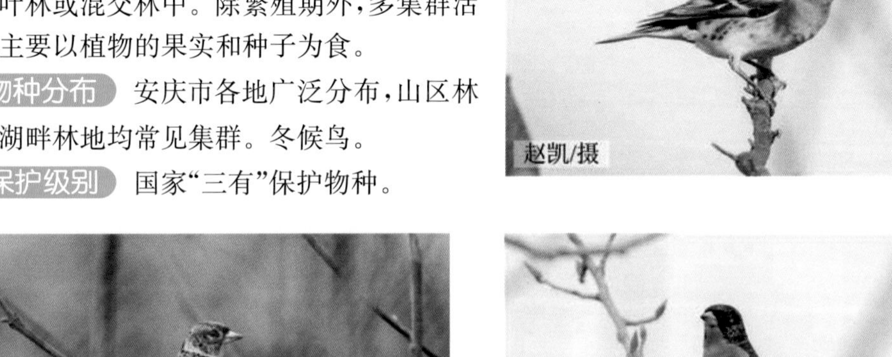

赵凯/摄　雌鸟

赵凯/摄　雄鸟非繁殖羽

赵凯/摄　雄鸟繁殖羽

陈军/摄　雄鸟繁殖羽

黑尾蜡嘴雀 *Eophona migratoria*

形态特征 体长 17～21 cm。雄鸟头、翼和尾黑色且具蓝色金属光泽，翼具白色翅斑，上体灰褐色，下体颏喉黑色，两肋橙黄色，尾下覆羽白色，余部灰褐色。雌鸟头、颏、喉及上体各部多灰褐色至浅灰色。虹膜红褐色；嘴黄色，端部黑褐色而基部白色或蓝色；跗蹠及趾红褐色。

赵凯/摄　雌鸟背面

生态习性 栖息于山地、丘陵及平原地带的阔叶林或针阔混交林。非繁殖期多成群活动。主要以种子、果实等植物性食物为食，兼食昆虫。

物种分布 安庆市各地广泛分布，沿江平原地区的河边树林、公园绿地较常见。留鸟。

保护级别 国家“三有”保护物种。

赵凯/摄　雌鸟侧面

赵凯/摄　雄鸟背面

赵凯/摄　雄鸟侧面

金翅雀 *Carduelis sinica*

形态特征 体长 11～14 cm。雄鸟眉纹黄色，头顶至后颈灰褐色；背暗栗褐色，腰亮黄色；翼具黄色翅斑；颏、喉草黄色，胸腹棕黄色，尾下覆羽亮黄色。雌鸟似雄鸟，但羽色较淡，尾下覆羽浅黄色。幼鸟下体灰白色具暗褐色纵纹。虹膜深褐色；嘴淡粉色；跗蹠及趾红褐色。

赵凯/摄　亚成鸟

生态习性 栖息于山地、丘陵及平原地区的阔叶林或针阔混交林中。成对或集群活动。主要以植物的种子和果实为食，兼食昆虫。繁殖期为 3～7 月，营巢于阔叶林或竹林中，巢呈碗状。

物种分布 安庆市各地均有分布，农田、河堤、荒草丛等地最为常见。留鸟。

胡云程/摄　侧面

胡云程/摄　飞行

赵凯/摄　背面

黄雀 *Carduelis spinus*

形态特征 体长 11～12 cm。雌雄异色。雄鸟头顶至后颈黑色，眉纹亮黄色，耳羽黄绿；上体黄绿色具黑褐色纵纹；腰至尾羽基部黄色；内侧翼覆羽与背同色，两翼余部黑褐色，具宽阔的黄色翅斑；颏黑色，喉至上腹黄色，两胁具褐色纵纹，下体余部白色沾黄。雌鸟颏无黑斑；下体白色，具黑褐色纵纹。幼鸟似雌鸟，但黄色更浅，褐色更浓。虹膜深褐色；上嘴暗褐色，下嘴色淡；跗蹠及趾暗红褐色。

赵凯/摄　雌鸟侧面

生态习性 栖息于山地、丘陵地区的针阔混交林及平原地区的阔叶林及林缘地带。多集群活动。主要以植物的果实和种子为食，兼食昆虫。

物种分布 大别山低海拔山地及沿江丘陵地区偶见。冬候鸟。

保护级别 国家“三有”保护物种。

赵凯/摄　雄鸟侧面

赵凯/摄　雌鸟背面

赵凯/摄　雄鸟背面

铁爪鹀科 Calcariidae

铁爪鹀 *Calcarius lapponicus*

形态特征 体长 14～18 cm。雄鸟冬羽：眉纹沙黄色，耳羽前半部沙黄色，后半部黑色，靠近头顶部分为白色；头顶黑色，颈栗色；肩、背、腰和尾上覆羽杂以栗、黄和黑色，各羽中央黑色，羽缘淡黄色；尾羽黑褐色，具黄白色羽缘。雄鸟夏羽：头、颈、喉和胸侧均黑色；眉纹及颈侧白色；下颈及颌栗色，背部锈赤色，具黑色纵斑；上胸黑色。雌鸟冬羽羽色与雄鸟相似，但头部黑色部分呈褐色。虹膜褐色；嘴黑色，尖端褐色；脚褐色，爪黑色。

生态习性 繁殖于西伯利亚苔原，于我国华北、东北等地越冬，极少到达长江流域。冬季栖息于草地、沼泽地、平原田野，很少在灌丛中，更不深入到森林里。喜在地面活动，尤善于在地面上行走。冬季结群生活，食物主要为杂草种子。

物种分布 2018 年 1 月 12 日在菜子湖姥山的草丛中记录一群 20 余只。罕见，冬候鸟。

保护级别 IUCN 红色名录近危(NT)级别；国家“三有”保护物种。

赵凯/摄　腹面

赵凯/摄　侧面

董文晓/摄　腹面

鹀科 Emberizidae

蓝鹀 *Latoucheornis siemsseni*

形态特征 体长 11～14 cm。雄鸟通体多石板灰蓝色，仅下腹和尾下覆羽白色。雌鸟体羽多棕黄色，上体下背至尾上覆羽灰色，下体腹至尾下覆羽白色。虹膜红褐色；嘴黑色；跗蹠及趾红褐色。

生态习性 栖息于山地常绿、落叶阔叶混交林的林下和林缘灌丛中。主要以昆虫和植物种子为食。多单独或成小群活动。

物种分布 大别山区广泛分布，近些年有种群增加的趋势，多分布于植被较为原始的落叶阔叶林和针叶林林下。留鸟。

保护级别 国家二级重点保护物种。

赵凯/摄　雌鸟

赵凯/摄　雄鸟腹面

赵凯/摄　雄鸟侧面

三道眉草鹀 *Emberiza cioides*

形态特征 体长约 16 cm。雄鸟具显著的白色眉纹和下颊纹，眼先和髭纹黑色，头顶栗红色，耳羽深栗色，颏喉和颈侧浅灰色，上胸具栗红色带纹。雌鸟较雄鸟色浅，头及上体多褐色沾棕，且密布黑褐色纵纹。虹膜褐色；上嘴黑褐色，下嘴蓝灰色；跗蹠及趾红褐色。

赵凯/摄　雄鸟侧面

生态习性 栖息于山地、丘陵及平原地区林缘开阔的草地。多单独或成对活动。主要以植物种子和昆虫为食。

物种分布 大别山区及沿江丘陵地区常见。留鸟。

保护级别 IUCN 红色名录近危(NT)级别；国家“三有”保护物种。

赵凯/摄　雄鸟腹面

赵凯/摄　亚成鸟

赵凯/摄　雌鸟

白眉鹀 *Emberiza tristrami*

形态特征 体长约 15 cm。雌雄异色。雄鸟夏羽:头、颈黑色,具长而显著的白色顶冠纹、眉纹和下颊纹,耳羽后缘具浅色斑纹;背、肩橄榄灰褐色,具黑色纵纹;腰和尾上覆羽栗红色;两翼和尾黑褐色,具红褐色羽缘,外侧尾羽具白色楔形斑;胸和两胁棕褐色,具不太清晰的暗栗色纵纹;颏、喉黑色,下体余部白色。雌鸟及雄鸟冬羽:顶冠纹、眉纹和下颊纹白色沾黄;耳羽浅棕褐色,缘以黑褐色;颏、喉黄白色具褐色细纹。虹膜棕褐色;上嘴蓝黑色,下嘴多肉色;跗蹠和趾红褐色。

袁晓/摄　雌鸟

生态习性 栖息于低山、丘陵及平原地区的林缘、林间空地和林下灌丛。单独或成小群活动。秋冬季主要以植物的浆果、种子为食,夏季主要以昆虫为食。

物种分布 安庆市各地均有分布,偶见。旅鸟。

保护级别 IUCN 红色名录近危(NT)级别;国家"三有"保护物种。

吴海龙/摄　雄鸟

赵凯/摄　雄鸟

吴海龙/摄　雌鸟

栗耳鹀 *Emberiza fucata*

形态特征 体长 14～16 cm。雌雄异色。雄鸟夏羽：头顶、后颈和颈侧灰色，具黑褐色纵纹；耳羽栗色，后缘具白色斑点；下颊白色，髭纹黑褐色；上体多栗色，背具黑色纵纹；小覆羽栗色，两翼余部及尾羽黑褐色，具红褐色羽缘；喉侧和上胸具黑色纵纹，其下方为栗色胸带，两胁棕色具褐色纵纹，下体余部灰白色。雌鸟及雄鸟冬羽：体羽栗色较浅，胸部栗色带纹不明显。虹膜深褐色；上嘴黑色，下嘴蓝灰色；跗蹠及趾红褐色。

董文晓/摄　背面

生态习性 栖息于低山、丘陵及平原地区的林缘灌丛或高草地中。单独或成对活动，冬季集群。主要以植物的浆果和种子为食，兼食昆虫。

物种分布 安庆市各地均有分布，沿江平原的堤坝及大别山区河流附近的灌草丛中均有记录，罕见。冬候鸟。

保护级别 国家“三有”保护物种。

赵凯/摄　侧面

赵凯/摄　腹面

汪湜/摄　背面

小鹀 *Emberiza pusilla*

形态特征 体长 11～15 cm。雌雄羽色相似。成鸟头顶、头侧红褐色，头顶两侧黑褐色；耳羽两侧和后端缘以黑色带纹，下颊纹白色沾棕，髭纹黑褐色；后颈基部和颈侧灰褐色；上体灰褐色，具黑褐色纵纹；两翼和尾黑褐色，具红褐色或白色羽缘；下体白色，胸和体侧具黑色条纹。虹膜暗褐色；上嘴黑褐色，下嘴灰褐色；跗蹠及趾黄褐色。

生态习性 栖息于山地、丘陵及平原地区的林缘灌丛或农田附近。非繁殖期多集群活动。主要以植物种子为食，兼食昆虫。

物种分布 安庆市各地均有分布，农田、河流、湖泊附近的疏林及灌草丛中常见。冬候鸟。

保护级别 国家“三有”保护物种。

赵凯/摄　背面

赵凯/摄　腹面

赵凯/摄　侧面

黄眉鹀 *Emberiza chrysophrys*

形态特征 体长13～17 cm。雄鸟繁殖羽：头黑色，头顶具细的中央冠纹，耳羽黑色，后缘具白色斑点；眉纹前端鲜黄色，后端白色；下颊纹白色而髭纹黑色；下体多白色，胸和两胁具黑褐色纵纹。雌鸟似雄鸟，头部黑栗色，耳羽浅褐色。虹膜暗褐色；上嘴黑褐色，下嘴粉色；跗蹠及趾粉色。

生态习性 栖息于林缘的次生灌丛中。常与其他鹀混群。主要以植物种子为食，兼食昆虫。

物种分布 安庆市各地均有分布，农田、河流、湖泊附近的疏林及低山丘陵的灌草丛中常见。冬候鸟。

保护级别 国家"三有"保护物种。

赵凯/摄　雌鸟

赵凯/摄　雌鸟

赵凯/摄　雄鸟

田鹀 *Emberiza rustica*

形态特征 体长13～16 cm。雄鸟夏羽：眉纹、后枕中央及下颊纹白色，头、耳羽及髭纹黑色；腰至尾上覆羽栗红色，羽缘白色形成鳞状斑纹；下体白色，胸带和体侧斑纹锈红色。雌鸟似雄鸟，但头黑栗色，耳羽浅黄褐色，胸部栗红色杂以白色。虹膜暗褐色；上嘴黑褐色，下嘴粉色；跗蹠及趾粉红色。

生态习性 栖息于山地、丘陵及平原的林缘、灌丛以及耕地附近。除迁徙期外，多单独或成对活动。主要以植物种子为食，兼食昆虫。

物种分布 安庆市各地均有分布，农田、河流、湖泊附近的疏林及灌草丛中常见。冬候鸟。

保护级别 国家"三有"保护物种。

赵凯/摄　侧面

赵凯/摄　腹面

赵凯/摄　背面

黄喉鹀 *Emberiza elegans*

形态特征 体长 13～16 cm。雄鸟眉纹白色，头顶及耳羽黑色；枕和喉黄色，上胸具黑斑；腰至尾上覆羽灰色，下体胸以下多白色，体侧具栗褐色纵纹。雌鸟似雄鸟，但头顶黑褐色，耳羽黄褐色，胸无黑斑。虹膜深褐色；嘴近黑色；脚浅灰褐色。

陈军/摄　雄鸟背面

生态习性 栖息于低山、丘陵及平原地区的林缘灌丛中，以及农田附近的树林内。多成小群活动。主要以昆虫和植物种子为食。

物种分布 大别山区及沿江丘陵地区的林缘常见，河流、农田附近的疏林、灌丛也有。冬候鸟。

保护级别 国家“三有”保护物种。

赵凯/摄　雄鸟腹面

赵凯/摄　亚成鸟

唐建兵/摄　雌鸟

黄胸鹀 *Emberiza aureola*

形态特征 体长14～16 cm。雌雄异色。雄鸟额、头侧、颏和上喉黑色，头顶、后颈及上体栗红色；中覆羽白色形成显著的白色翅斑，两翼余部黑褐色，各羽具红褐色羽缘；下体鲜黄色，胸具较细的栗色带纹，两胁具暗栗褐色纵纹。雌鸟眉纹皮黄色，耳羽和颊黄褐色缘以黑褐色；头及上体棕褐色，具黑褐色纵纹；飞羽和尾羽黑褐色，中覆羽具宽阔的白色端斑；下体浅黄色，两胁具褐色纵纹。虹膜暗褐色；上嘴黑褐色，下嘴粉色；跗蹠及趾红褐色。

生态习性 栖息于平原的灌丛、苇丛及农田周边的低矮植物丛中。迁徙期常集大群活动。主要以昆虫为食，兼食植物种子。

物种分布 偶见于沿江平原地区附近有树林或灌丛的农田、湖汊，在岳西毛尖山鹭鸶河边的马尾松林中也有记录。因过量捕杀，目前该种在安庆市已非常罕见。旅鸟。

保护级别 国家一级重点保护物种；IUCN红色名录濒危(EN)级别。

夏家振/摄 雄鸟

裴志新/摄 雄鸟

朱英/摄 雌鸟

赵凯/摄 雌鸟

栗鹀 *Emberiza rutila*

形态特征 体长 13～15 cm。雌雄异色。雄鸟头、颈、上体各部栗红色，翼上覆羽与背同色；飞羽和尾羽暗褐色，内侧飞羽具红褐色外缘；胸以上与背同色，体侧和两胁暗绿灰色，下体余部柠檬黄色。雌鸟头暗褐色，头侧灰褐色；背、肩灰褐色，具黑褐色纵纹，腰至尾上覆羽栗红色；颏、喉皮黄色，下体余部柠檬黄色，两胁具黑褐色条纹。虹膜棕褐色；上嘴角质色，下嘴肉色；跗蹠及趾红褐色。

刘子祥/摄　雄鸟

生态习性 栖息于山地、丘陵及平原地区的树林或林缘开阔地带。单独或成对活动，主要以昆虫和植物种子为食。

物种分布 主要见于附近有树林的农田中，常同黄胸鹀一起被捕捉，目前在安庆市已经非常罕见。旅鸟。

保护级别 国家“三有”保护物种。

薄顺奇/摄　雌鸟

董文晓/摄　雄鸟

唐建兵/摄　雄鸟非繁殖羽

灰头鹀 *Emberiza spodocephala*

形态特征　体长 12～15 cm。头、颈青灰色，背红褐色具黑褐色纵纹，腰灰褐色，下体喉至上胸灰色，胸以下浅黄色，体侧具暗褐色纵纹。雌鸟头灰褐色，眉纹皮黄色，下颊纹白色呈月牙形，下体浅黄色，胸和两胁具暗褐色纵纹。虹膜暗褐色；上嘴黑色，下嘴粉色；跗蹠及趾浅红褐色。

赵凯/摄　雌鸟腹面

生态习性　栖息于山地、丘陵和平原地区的林缘灌丛、芦苇丛中。繁殖期主要以昆虫为食，非繁殖期主要以植物种子为食。

物种分布　安庆市各地均有分布，沿江平原地区的各种灌丛中非常常见，大别山区在靠近村庄、河流的林缘也较常见。留鸟。

保护级别　国家“三有”保护物种。

赵凯/摄　雄鸟侧面

赵凯/摄　雄鸟背面

赵凯/摄　雌鸟背面

苇鹀 *Emberiza pallasi*

形态特征　体长 13～15 cm 的小型鸣禽。雌雄异色。雄鸟夏羽：头侧、头顶至后颈黑色，下颊白色并与后颈白色颈环相连；背、肩黑色具灰白色羽缘，腰至尾上覆羽灰白色；小覆羽蓝灰色，两翼余部黑色，具浅色羽缘；颏至上胸中央黑色，下体余部白色。雌鸟及雄鸟非繁殖羽：眉纹灰色，耳羽棕褐，下颊白色，髭纹暗褐色；头棕褐色具黑褐色斑纹，后颈灰色；上体沙褐色，具黑褐色纵纹；下体白色沾棕，两胁具褐色纵纹。雌鸟似雄鸟冬羽。虹膜暗褐色；上嘴黑色，下嘴色浅；跗蹠红褐色，趾黑色。

生态习性　栖息于丘陵和平原近水的芦苇丛或灌丛中。成对或成小群活动。主要以植物种子为食，兼食昆虫。

物种分布　偶见于沿江平原地区的芦苇荡中。冬候鸟。

保护级别　国家“三有”保护物种。

赵凯/摄　雌鸟冬羽

赵凯/摄　雄鸟冬羽

赵凯/摄　雄鸟过渡羽背面

赵凯/摄　雄鸟过渡羽腹面

哺乳纲 Mammalia

兔形目 Lagomorpha

兔科 Leporidae

蒙古兔(草兔) *Lepus tolai*

形态特征 体形中等,体重一般在 2 kg 以上,为国内兔科中最大的种类,其尾背中央有 1 条长而宽的大黑斑,边缘及尾腹面毛色纯白,直到尾基。耳较长,超过后足长的 80%,吻粗短。全身背部为沙黄色,杂有黑色。头部颜色较深,在鼻部两侧面颊部,各有 1 个圆形浅色毛圈,眼周围有白色窄环。耳内侧有稀疏的白毛,腹毛纯白色,臀部沙灰色,颈下及四肢外侧均为浅棕黄色。尾背面中间为黑褐色,两边白色,尾腹面为纯白色。

生态习性 昼夜皆活动,以黄昏时分最为活跃。以植物为食,食物极为广泛,食谱包括青草、树苗、嫩枝、树皮及各种农作物、蔬菜与种子。安庆市每年可产 4～5 胎。雄兔有争偶行为。雌性孕期约 1.5 个月,早春产崽较多。每胎产 2～6 只。幼崽 1 月龄能独立生活。

物种分布 安庆市各地广泛分布。

保护级别 国家"三有"保护物种。

赵凯/摄　成体

啮齿目 Rodentia

鼹型鼠科 Spalacidae

中华竹鼠 *Rhizomys sinensis*

韩德民/摄　成体

汪文革/摄　成体

形态特征 体形粗壮，成兽体长 210～380 mm。头部钝圆，吻较大，眼小，耳隐于毛内。四肢较短且粗壮，爪较强。头骨粗壮坚实，颧弓外扩，骨脊高起，肌肉发达；门齿粗大，臼齿短小。成体全为棕灰色，毛基灰色，无白尖的针毛，吻侧毛色稍浅。身体腹面毛较稀。尾部短小，尾上下均被有稀毛。

生态习性 栖息于大别山区海拔 500 m 以上的竹林中，以箬竹林最为常见，筑洞穴居，昼伏夜出。主要以竹笋、竹地下茎和细嫩竹枝为食，也吃一些杂草种子和果实。每年春季交配，孕期 2 个月，4～5 月产崽，每胎常 3～4 只。

物种分布 大别山区各县均有分布。

保护级别 国家“三有”保护物种。

鼠科 Muridae

黑线姬鼠 *Apodemus agrarius*

形态特征 体长 65～120 mm，头小，吻尖。耳向前翻可接近眼部。尾长约为头体长的 2/3，少数个体尾长接近体长。尾毛不发达，鳞片裸露呈环状。毛色随栖息环境的不同和亚种的分化多有一定变化。背毛一般棕褐色，背毛基部多深灰色，上段黄棕色，有些带有黑尖。背部通常具 1 条明显黑线，从两耳之间一直延伸至接近尾的基部。

陈中正/摄　成体

生态习性 栖息环境非常广泛，平原、丘陵、林区、草地、荒滩均可栖居，尤喜农田。可随食物季节性迁移，秋季多活动于农田，冬季多进入室内。多夜行性，黄昏与黎明为活动高峰期。

物种分布 安庆市各地广泛分布。

中华姬鼠 *Apodemus draco*

形态特征 体长 80～106 mm，尾长80～102 mm。耳前折可达眼部。吻部较尖细，背部中央无黑色条纹。背毛浅红棕色或黄棕色，较为鲜亮，腹部灰白色，毛基灰色，毛尖白色，背腹毛交界处分界明显。前后足背面白色。尾背面为棕褐色，腹面为棕黄色。

陈中正/摄　成体

生态习性 为林区优势鼠种，随着海拔的增高，其数量也越来越多。多在树根下或草丛中筑巢。

物种分布 大别山林区常见。

青毛巨鼠（青毛鼠）*Berylmys bowersi*

形态特征 大型鼠类，成体体长常在 200 mm 以上，后足长大于 50 mm，尾长约为体长的105%～115%，部分标本尾尖白色。耳大而薄，向前拉可遮住眼部。体背毛色青褐色，前足背面灰白色，体侧毛有许多青白色带有光泽的斑块，可与小泡巨鼠区别。

陈中正/摄　成体

生态习性 夏季栖居于茂密的森林或山涧溪流两岸的岩石下，入冬后迁居至山脚，少数进入房屋。主要摄食淀粉类食物及竹笋，也吃菌类及苔藓。

物种分布 分布于安庆市范围内海拔 900 m 以下的林地。

小泡巨鼠（白腹巨鼠）*Leopoldamys edwardsi*

形态特征 大型鼠类，体重 400～600 g，体长一般在 210 mm 以上，尾长约为体长的125%。体较青毛巨鼠粗壮，尾亦长且粗。模糊两色，背面深褐色，尾尖 1/4 处转为灰白色，腹面白色。吻及眼眶周围暗褐色，耳壳大而薄，暗褐色，向前拉能遮住眼部。前足背中央有 1 个暗褐色斑块。体背毛棕褐色，自头顶至尾部毛色基本一致。背毛由 2 种毛组成，一种为棕灰色较柔软的毛，另一种为毛基白色、毛尖黑褐色的硬刺毛组成。腹毛纯白色，背腹交界处明显。

生态习性 春末至秋末栖息于深山密林中或溪流两岸岩石的缝隙中，冬季和早春栖居于山麓或迁入山缘的室内。以竹笋、茶籽、茅栗等为食。

陈中正/摄　成体

物种分布 分布于安庆市范围内海拔 900 m 以下的林地。

巢鼠 *Micromys minutus*

形态特征 小型鼠类，最小的啮齿动物，体长 50～80 mm，体重 8 g 左右。耳壳短而圆，向前拉仅达眼与耳距离之半。尾细长，多数接近体长或长于体长。头部至体背棕褐色，毛尖黑色，毛基深灰色。臀部锈棕色。口鼻部及两眼间为棕黄色。腹面污灰白色，毛尖白色。两颊、体侧和四肢外侧淡黄灰色。耳内外具棕黄色密毛。前足背面淡黄色，后足背棕黄褐色。尾上面棕黑色，下面污白色。尾尖端背面光裸。

陈中正/摄　成体

生态习性 栖居于平原地带的农田中，常在秸秆上筑巢，以禾本科植物的根茎和植物的种子为食。在山区分布的巢鼠栖居于阔叶林下，以茶籽、茅栗、苔藓等为食。

物种分布 安庆市范围内分布广泛，山区、平原地区均有分布，但数量稀少。

小家鼠 *Mus musculus*

形态特征 体形较小，成年体重 12～20 g，体长一般为 50～100 mm。尾长等于或短于体长。耳短，前折达不到眼部。和其他体形差不多大的鼠种的主要区别是：上颌门齿从侧面看呈明显的缺刻。毛色变化很大，背毛由灰褐色至黑灰色，腹毛由纯白色至灰黄色。前后足的背面为暗褐色或灰白色；尾有时上下明显两色，尾毛上面的颜色较下面深，有时上下两色不明显。体侧毛色有时界限分明。

蒋卫/摄　成体

生态习性 主要伴人栖居，也入侵农田危害作物。繁殖迅速。广为分布全球人居环境中。

物种分布 安庆市各地广布。

北社鼠 *Niviventer confucianus*

形态特征 中型鼠类，尾长大于体长，为体长的120%～125%。背毛棕褐色或略带棕黄色调，毛基灰色，毛尖棕黄色。背毛中有部分刺状针毛，针毛基部灰白色，毛尖褐色。在背毛中除针毛外还有少量褐色长毛，靠近背中央及臀部褐色长毛多。腹毛乳白色或牙黄色，愈老年个体，牙黄色调愈深。尾双色，背面棕褐色，腹面白色。前足背面白色，后足背面棕褐色。

生态习性 栖息于有林山地及其林缘的农田地带。在林地栖居于溪流两岸的岩石缝隙及乔木灌丛中，在农田地带栖息于石缝灌丛及山坡茶园内。

物种分布 安庆市各地林区及林缘广布。

赵凯/摄　腹部

赵凯/摄　体侧

大足鼠 *Rattus nitidus*

形态特征 中型鼠类，体粗壮，耳大而薄，向前拉能达到眼部，尾长平均略短于体长。后足较长，前后足背面均白色。背毛棕褐色，略带棕黄色，吻部周围毛色稍淡略显灰色，自吻部至尾基部，毛色基本一致。背毛由2种毛组成，一种为较粗硬的长毛，下部灰白色，上部棕褐色。另一种为柔毛，毛基灰色，毛尖棕黄色。腹毛灰白色。前后足背面均为棕色。

生态习性 多栖息于低山及丘陵地带房舍周边及林缘的农田中。林区溪流两岸的岩石缝隙及乔木灌丛中也有分布。

物种分布 安庆市各地林区及林缘广布。

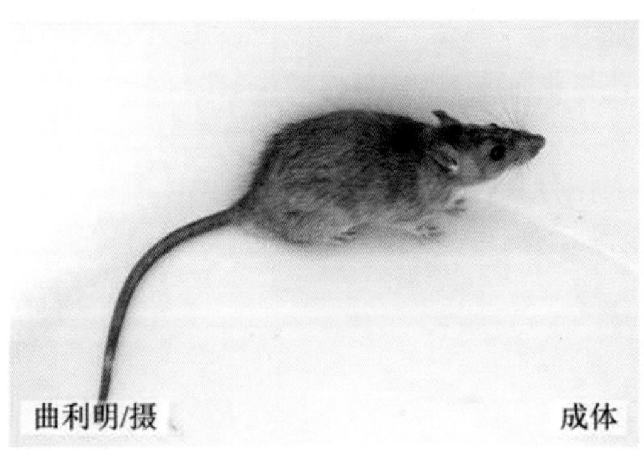
曲利明/摄　成体

曲利明/摄　成体

褐家鼠 *Rattus norvegicus*

形态特征 大型鼠类，体粗壮，体长 133～238 mm，尾长明显短于体长。尾毛稀疏，尾上环状鳞片清晰可见。耳短而厚，向前翻不到眼睛。背毛棕褐色或灰褐色，年龄越大的个体，背毛棕色色调越深。背部白头顶至尾端中央有一些黑色长毛，故中央颜色较暗。腹毛灰色，略带污白。老年个体毛尖略带棕黄色调。尾二色，上面灰褐色，下面灰白色。尾部鳞环明显，尾背部色调较深。前后足背面毛白色。

生态习性 多栖息于室内，饲养场、下水道、厨房、厕所等地尤其多。少量分布于农田中。偷食人类食物，饥荒时有自相残食的现象。

物种分布 安庆市各地广布。

曲利明/摄　站立

赵凯/摄　体侧

黄胸鼠 *Rattus tanezumi*

形态特征 体型较大，体长 130～150 mm。较褐家鼠瘦小，尾长等于或大于体长。耳长而薄，向前拉能盖住眼部。背毛棕褐或黄褐色，并杂有黑色，腹毛灰黄色，背腹之间毛色也无明显界线。胸部毛色更黄，有时具 1 块白斑。尾上下均为黑褐色。前足背中央毛色灰褐，四周灰白色，此斑块是其区别于黄毛鼠等的重要形态特征。尾部鳞片发达，呈环状，细毛较长。

陈中正/摄　成体

生态习性 喜在人居环境中生活，尤喜栖居高层的天花板夹层或顶楼杂物堆中，攀缘能力很强。作物成熟季节也栖息于村社周边的农田，远离房舍的农田未见分布。

物种分布 安庆市各地广布。

仓鼠科 Cricetidae

苛岚绒鮃 *Caryomys inez*

形态特征 中小型鼠类，背毛棕褐色，尾长不及体长的1/2，眼较小。吻短，头部较钝圆，耳较短圆，四肢较短，尾长不及身长一半。体背毛棕褐色或略显棕黄色，毛基深灰色，耳壳边缘略显棕褐色，尾背毛棕褐色，腹面棕灰色，尾腹毛较尾背毛略长。吻至背面末端及体侧均棕褐色。前后足背面棕褐色。

生态习性 主要栖息在山顶草地，落叶阔叶林及针阔混交林林下也有分布。以纤维素性食物为食，主要吃草茎、草籽、苔藓、地衣、植物嫩芽等。

物种分布 主要分布于大别山主峰区附近的岳西包家、青天一带海拔1000 m以上的山脊及林下。

陈中正/摄　成体

陈中正/摄　成体

大仓鼠 *Tscherskia triton*

形态特征 体形较大，体长140～200 mm。外形与褐家鼠的幼体较相似，尾短小，长度不超过体长的1/2。头钝圆，具颊囊。耳短而圆，具很窄的白边。背部毛色多呈深灰色，体侧较淡。腹面与前后肢的内侧均为白色。耳的内外侧均被棕褐色短毛，边缘灰白色短毛形成1条淡色窄边。尾毛上下均呈暗色，尾尖约1/2为白色。后脚背面为纯白色。

陈中正/摄　成体

生态习性 喜居在干旱地区，如土壤疏松的耕地、离水较远和高于水源的农田、菜园、山坡、荒地等处。也有少数栖居在住宅和仓房内。繁殖力很强，每年3月初开始交尾繁殖，至10月底结束，1年产3～5胎，每胎4～14只，平均7～9只。

物种分布 大别山区及沿江平原各地广泛分布，村庄附近尤为常见。

豪猪科 Hystricidae

马来豪猪(豪猪) *Hystrix brachyura*

形态特征 身体强壮,体长 55～77 cm,尾长 8～14 cm,体重 10～14 kg。全身呈黑色或黑褐色,头部和颈部有细长、直生而向后弯曲的鬃毛,背部、臀部和尾部都生有粗而直的黑棕色和白色相间纺锤形的锐利棘刺,刺由体毛特化而成,易脱落。刺下皮肤上生有稀疏的白毛。头部似兔子,但耳朵很小,听觉和视觉都不是很灵敏。尾极短,隐藏在棘刺下面,尾端的数十根棘刺演化成硬毛,顶端膨大,形状好像一组"小铃铛",走路的时候,这些"小铃铛"互相撞击,发出响亮而清脆的"咔嗒、咔嗒"的声音,在数十米以外就能听见,常使猛兽不敢靠近。

赵凯/摄　体侧

生态习性 喜居于林木茂盛的山区丘陵,在靠近农田的山坡草丛或密林中数量较多。穴居。常在天然石洞居住,也扩大和修整其他动物的旧巢穴而居。夜行性动物。主要以植物根茎为食。

物种分布 大别山区及沿江丘陵的林区均有分布,但沿江丘陵地区的低山丘陵区目前已濒临灭绝,在大别山区也难觅踪迹。

保护级别 国家"三有"保护物种。

松鼠科 Sciuridae

赤腹松鼠 *Callosciurus erythraeus*

形态特征 体细长,体长 178～223 mm。尾较长,连尾端毛在内几等于体长。吻较短。体背自吻部至身体后部为橄榄黄灰色,体侧、四肢外侧及足背与背部同色。腹面浅灰色沾棕。尾毛背腹面几乎同色,与体背基本相同。尾后端可见有黑黄相间的环纹 4～5 个,尾端有长 20 mm 左右的黑色区域。耳壳内侧淡黄灰色,外侧灰色。

赵凯/摄　成体

赵凯/摄　成体

生态习性 树栖为主,偶尔下地面活动,筑巢于树上。杂食性,以植物的种子、嫩芽、树皮、昆虫等为食。晨昏活动频繁。全年均能繁殖,每胎 1～3 只。

物种分布 安庆市广泛分布,各地均常见。安庆市分布的赤腹松鼠腹部非红色,而是灰色,具体分类还有待进一步研究。

保护级别 国家"三有"保护物种。

珀氏长吻松鼠(长吻松鼠) *Dremomys pernyi*

形态特征 鼠体细长，体长 185～220 mm，尾长不及体长，尾毛蓬松。背部毛色自头至尾基部、体侧、四肢外侧均为橄榄黄灰色。毛基深灰色，中段稍黄，毛尖为暗褐色或全黑色。背部中央黑色毛较多，两侧则较浅。眼周有宽的赭黄色眼圈。喉部毛从毛基到毛尖均为白色，下颌及腹毛基部浅灰色，余为白色。大腿内侧、尾基部及肛周围为赭黄色。尾背中央与体背部毛色相似，腹面为淡棕黄色，边缘有黑色及白色边缘。

赵凯/摄　背部

赵凯/摄　腹部

生态习性 常树栖生活，多栖息于山谷、河溪旁的树上，晨昏活动，偶至地面活动。1 年约繁殖 2 次，每胎一般 3～4 只。

物种分布 《安徽兽类志》记载该种在大别山区有分布，但迄今无标本及图片佐证。

保护级别 国家“三有”保护物种。

岩松鼠 *Sciurotamias davidianus*

赵凯/摄　成体

赵凯/摄　成体

形态特征 体型中等，体长 185～250 mm。尾长短于体长，但超过体长之半。尾毛蓬松且较背毛稀疏。全身由头至尾基及尾梢均为灰黑黄色。背毛基灰色，毛尖浅黄色，中间混有一定数量的全黑色针毛。腹毛较背毛稀、软，毛基亦灰色，毛尖黄白色。眼周毛白色，形成细的白眼圈。耳后毛白色，下颌毛白色，须黑色。尾毛色似背毛白而较长和蓬松。尾毛尖白色，尾上卷时，形成 2 道白边，容易识别。

生态习性 半树栖半地栖。多分布于山地、丘陵多岩石或裸岩等地，在岩石缝隙中筑巢，不冬眠，但冬季活动量相对较少。昼行性，主要在日出之后活动。

物种分布 大别山区有巨大岩石的山顶或山脊常见，偶见于河床为巨大岩石的宽阔河滩。

保护级别 国家“三有”保护物种。

劳亚食虫目 Eulipotyphla

鼹科 Talpidae

华南缺齿鼹(缺齿鼹) *Mogera latouchei*

陈中正/摄　成体

形态特征 体圆筒形，体长 90～120 mm。吻尖，眼小，耳壳退化，耳孔隐于毛下。尾短，前掌宽大向外翻转，5 趾均具强健的扁爪。全身毛深棕褐色，背部颜色较深，呈丝绒状，具金属光泽。毛基深灰色，尾毛棕色，长达 5 mm。

生态习性 多生活在山地林区较松软的土壤中，海拔 600～800 m 的茶园尤其多见。在地下靠近地面部分挖掘隧道，觅食蚯蚓、昆虫及软体动物。

物种分布 大别山区及沿江丘陵地区均有分布。

大别山鼩鼹 *Uropsilus dabieshanensis*

形态特征 体型较小，头体长 65～80 mm，尾长 50～63 mm，耳高 8～10 mm，后足长 10～15 mm，体重 6～9 g。吻端突出，前足短，后足细长。尾纤细，有环形鳞片，鳞片间长有短毛。背部毛发为深灰色和深棕色，腹部毛发为深灰色，背部和腹部颜色差异不明显。前足和后足有黑色斑点鳞片，足比本属其他物种的小。双色尾巴，上部黑色，下部较浅。

生态习性 多栖息于山地森林，常沿山脊分布。地下穴居，多在土壤疏松、潮湿、多昆虫处出没。昼夜均活动，晨昏频繁。穴道接近地表，常交织成网。其地表被隆起松散的带状土。

物种分布 目前，该种仅在岳西鹞落坪及霍山佛子岭有分布，推测其在大别山海拔 1000 m 以上有较为广泛的分布。

陈中正/摄　成体

陈中正/摄　背部

猬科 Erinaceidae

东北刺猬(北方刺猬) *Erinaceus amurensis*

形态特征 体型肥满,全身如刺球。头宽,吻尖,耳长不超过周围棘长。自头顶向后至尾基部覆棘刺,头顶棘刺向左右两侧分列。四肢和尾短,爪较发达。全身棘刺由两种不同颜色的棘刺组成,一种纯白色,另一种基部暗棕色,其后的色环为灰棕色或污白色,第 3 段色环黑棕色,第 4 段色环淡黄褐色,末端黑棕色。棘刺表面光滑。头部、体侧及四肢均被覆细刚毛。

生态习性 广泛栖息于山地森林、草原、开垦地、荒地、灌木林、草丛中,但在平原及丘陵地区多栖息于山地森林中。夜行性。遇险时常将身体蜷曲成刺球状。主要以昆虫及其幼虫为食,兼食小型动物,也食植物性食物。

物种分布 安庆市广泛分布,常见。

保护级别 国家“三有”保护物种。

赵凯/摄　侧面

赵凯/摄　正面

鼩鼱科 Soricidae

山东小麝鼩 *Crocidura shantungensis*

形态特征 体长 51～65 mm;尾短于体长的 70%,基部宽,向尾端逐步变细,有长的、散射状的感觉毛。体背面包括头部、背部、四肢及尾上面均为褐棕色;腹面自下体侧及尾下均为灰棕色。头骨纤细,吻部不长。

陈中正/摄　背面

生态习性 多栖息于村镇附近的农田区,喜干热环境。夜行性。主要以无脊椎动物为食。

物种分布 分布于海拔 700 m 以下的山地丘陵。

台湾灰麝鼩 *Crocidura tanakae*

形态特征 体型中等，头体长 69～86 mm，尾长 47～63 mm。吻尖、须较短硬。四肢各具 5 趾，趾端生锐爪。尾略短于体长，尾基 1/2 处较粗壮，尾长有稀疏长毛。背毛深灰色、沾棕，毛尖略呈白色。腹毛淡灰色。四肢足背覆以白色短毛。

生态习性 海拔 300～1000 m 的沟谷灌丛均可发现，但以低山为多。喜多岩石的灌草丛，在溪水边、耕地旁或荒草地中也能见到。主要以蚯蚓、蠕虫及其他昆虫为食，但亦食农作物的种子。

物种分布 大别山区广布。

赵凯/摄　体侧

赵凯/摄　腹部

利安得水鼩 *Chimarrogale leander*

形态特征 体型较大，头体长 80～130 mm，尾长 81～101 mm。体背为褐灰色的底色上毛染以棕色，其间具闪光白色毛尖，特别是口部白色尖毛甚长；体背中部色深，两侧逐渐转化变为较暗淡的腹部浅淡色泽。尾长略短于或等于体长，尾背面黑棕色，下面端部 1/3 黑棕色，基部 2/3 污白色。吻较长，尖细；无外耳壳。体毛绒密，闪光防水。四足发达，趾之两侧及足侧具扁而硬的刚毛若蹼状，适于游泳。

生态习性 呈半水中生活型，仅栖息于山间溪流及其附近地区，对水质要求较高。善潜水和游泳，也常在溪边草地、灌丛、沙滩、小树林间活动。肉食性，捕食小鱼虾、蝌蚪、蛙及水生昆虫。

物种分布 在鹞落坪海拔 1000 m 左右的溪流捕获 1 只，该种可能在大别山区有零星分布。

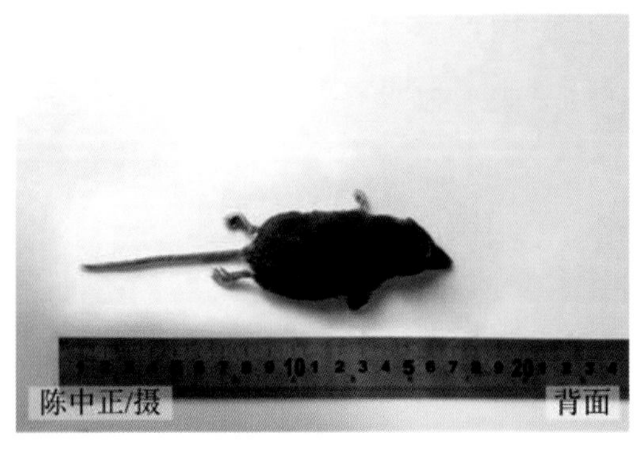
陈中正/摄　背面

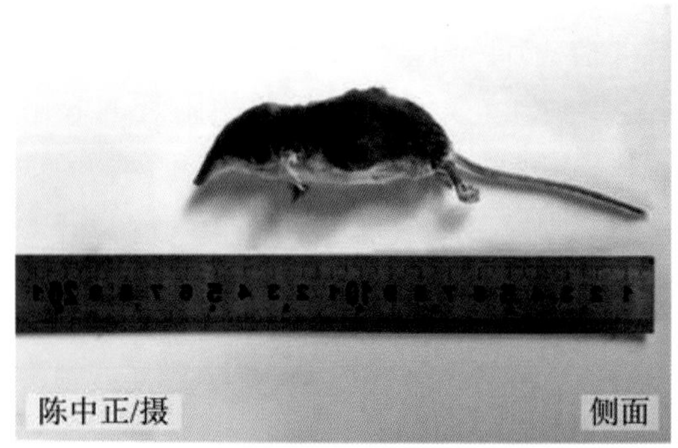
陈中正/摄　侧面

大别山缺齿鼩 *Chodsigoa dabieshanensis*

形态特征 体型中等，头体长 67～73 mm，尾长 54～64 mm，后足长 13～14 mm。背部深褐色，腹部颜色略浅，背腹毛色无明显分界线。足背面浅棕色，边缘变淡。尾短于头体长，上面深褐色，下面稍淡，异色不明显，尾末端有毛束。头骨扁平。上单尖齿 3 颗。

生态习性 分布在大别山海拔 700 m 以上的常绿阔叶林中，具体生态习性不详。

物种分布 在大别山鹞落坪自然保护区、佛子岭自然保护区和板仓自然保护区都有捕获。

赵凯/摄　背面

赵凯/摄　侧面

蹄蝠科 Hipposideridae

大蹄蝠 *Hipposideros armiger*

形态特征 体大型，展翅约 514 mm，前臂长 83～98 mm。马蹄叶位于口鼻部前方，近方形，两侧各具 4 片狭长的附小叶。中叶位于马蹄叶的背方，由 1 个稍薄的横嵴组成，横嵴背垂直棱分成 3 块。额中央具 1 个额腺，可溢出黑色腺体。耳大，呈三角形。毛色鲜明，呈棕褐色，亚成体常呈灰白色。

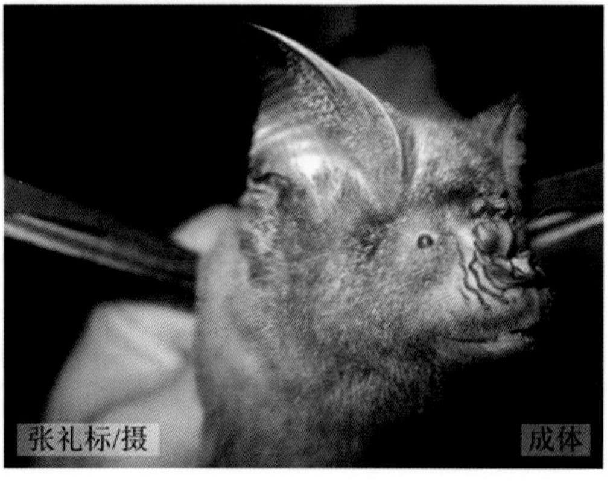
张礼标/摄　成体

生态习性 穴居，常数十或数百只栖息于岩洞或废弃坑道高处，可与多种蝙蝠同洞，但不混群。

物种分布 主要分布于大别山区，依洞穴居住。

普氏蹄蝠 *Hipposideros pratti*

形态特征 体大型，但略小于大蹄蝠，展翅约 450 mm，前臂长约 85 mm。马蹄叶近方形，中具有凹缺，马蹄叶两侧为 2 片附小叶，狭长形。顶叶肉质，直立于中叶背方，中央具深凹。在顶叶后有 1 对大型皮叶，雄性个体较发达。耳大，近三角形。背毛淡棕色或褐色，腹毛淡棕色。部分个体肩背前方均具“V”形浅色斑。

张礼标/摄　成体

生态习性 穴居，有报道称与大蹄蝠等共栖，但不混群。

物种分布 分布于人迹罕至的大别山区，数量远少于大蹄蝠。

保护级别 IUCN 红色名录近危（NT）级别。

菊头蝠科 Rhinolophidae

马铁菊头蝠 *Rhinolophus ferrumequinum*

形态特征 体型较大，前臂长约 60 mm。马蹄叶宽大，两侧附小叶退化。联接叶从侧面观低圆，与鞍状叶连接处具圆形凹缺，从前面观鞍状叶两侧向中部凹陷，呈提琴状。股间膜发达，呈锥形。体毛细密柔软，背毛浅棕褐色，腹毛淡灰棕色。

生态习性 穴居，冬眠时悬挂于洞穴深处。以昆虫为食。

物种分布 安庆市各地常见。

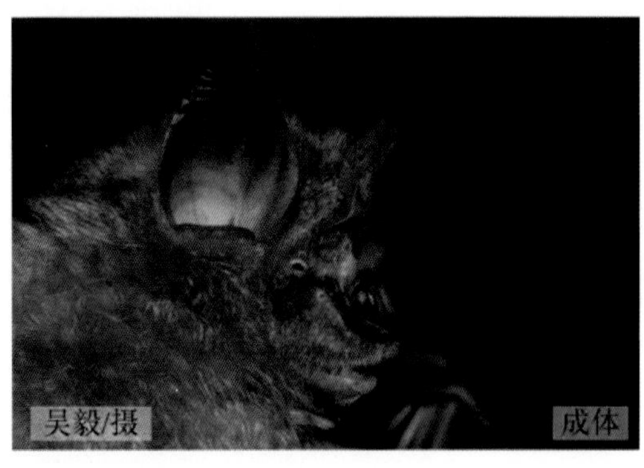
吴毅/摄　成体

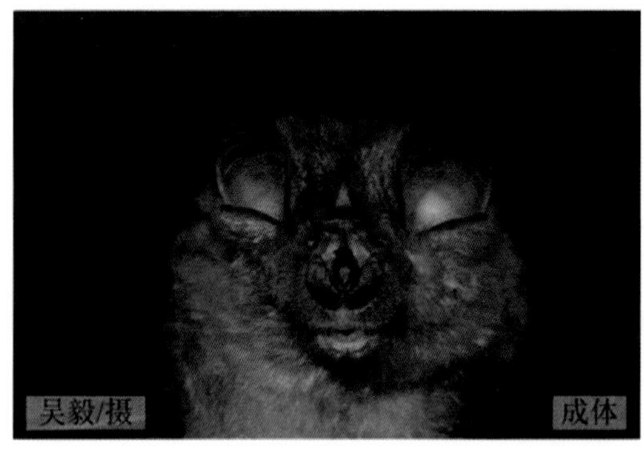
吴毅/摄　成体

中菊头蝠 *Rhinolophus affinis*

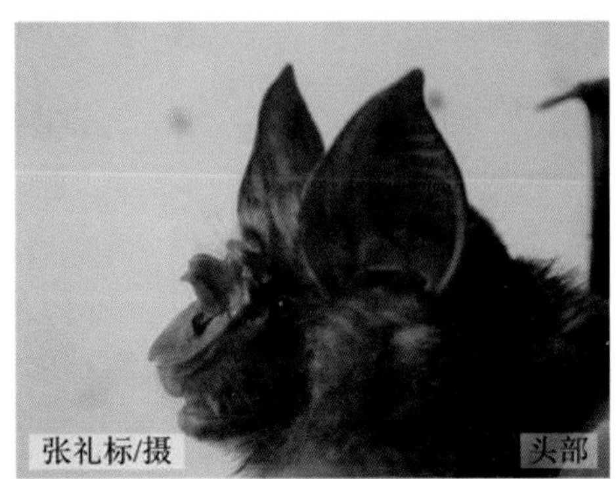
张礼标/摄　头部

形态特征 体形中等大小，前臂长约 51 mm。马蹄叶较宽，两侧各有 1 片小副叶；鞍状叶中央两侧内凹，呈提琴状；联接叶低圆，与鞍状叶连接处有凹陷，顶叶近等边三角形。背部暗褐色，腹部色淡偏肉桂色。尾较短。

生态习性 穴居，常见于潮湿的山洞和废矿井的坑道。栖息高度 2～3 m。捕食蚊类、蛾类等昆虫。

物种分布 安庆市各地常见。

皮氏菊头蝠 *Rhinolophus pearsonii*

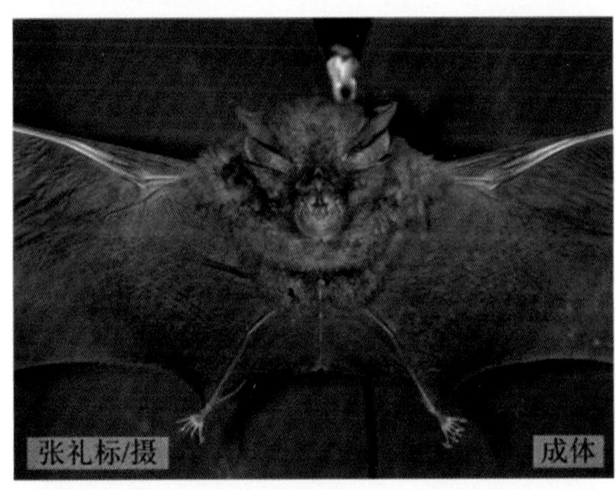
张礼标/摄　成体

形态特征 体中型，前臂长约 55 mm。马蹄叶宽大，覆盖上唇，两侧小副叶退化，鞍状叶基部两侧基部凸起，形成上窄下宽的形状，联接叶低圆，与鞍状叶连接处无凹缺，呈斜坡状下滑，顶叶较高，端尖呈楔状。体毛长而柔软，被毛棕褐色，腹部毛色较浅。

生态习性 穴居，常见于岩洞内。

物种分布 安庆市各地常见。

小菊头蝠 *Rhinolophus pusillus*

张礼标/摄　头部

形态特征 体小型，前臂长约 37 mm。联接叶前端呈锐角状，明显高出鞍状叶顶端，鞍状叶上窄下宽，马蹄叶相对较小，不完全覆盖上唇。体毛细软，呈茶褐色，腹毛肉桂色。

生态习性 成小群栖息于洞穴或地道内，相互间不紧靠。

物种分布 主要分布在大别山区。

中华菊头蝠 *Rhinolophus sinicus*

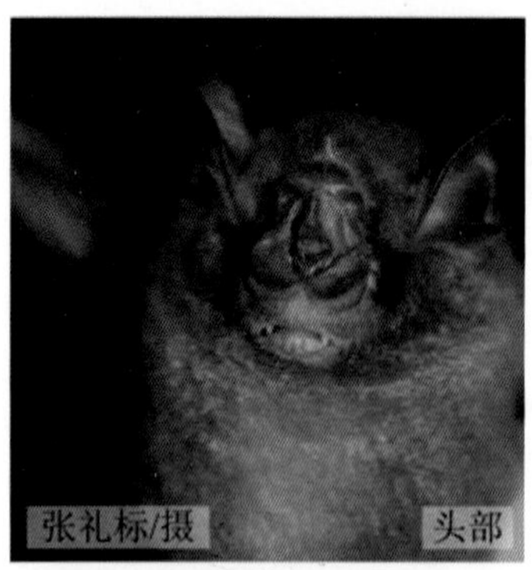
张礼标/摄　头部

形态特征 体中型，体长 41～53 mm，前臂长 45～50 mm。马蹄叶较大，两侧下缘各具 1 片小副叶，鞍状叶前面观左右两侧呈平行状，顶端圆，联接叶阔而圆。背毛毛尖栗色，毛基灰白色，腹毛赭褐色。

生态习性 栖息于洞穴、废弃的旧隧道、寺庙、房屋和枯井中。可集成上百只的群体，飞行速度较慢但行动灵活。通常秋季交配，至翌年春末和初夏产崽。

物种分布 安庆市各地常见。

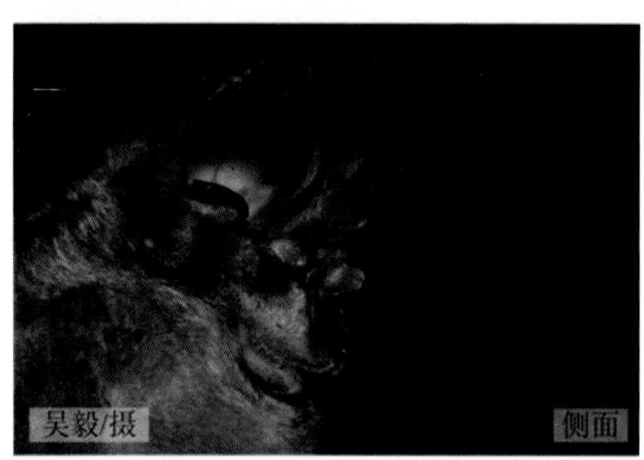
吴毅/摄　侧面

吴毅/摄　正面

大菊头蝠(绒菊头蝠) *Rhinolophus luctus*

形态特征 体大型，前臂长 67～69 mm。从前面观鞍状叶呈三叶状，除顶端略为膨大外，基部向两侧扩展呈 1 对翼状叶，从侧面观联接叶低圆，与鞍状叶间无凹缺；顶叶高耸。被毛长且松软，略显弯曲。上体背毛暗赭褐色或灰褐色，杂以灰黄色或棕灰色毛端，呈霜样，腹毛毛色稍浅。

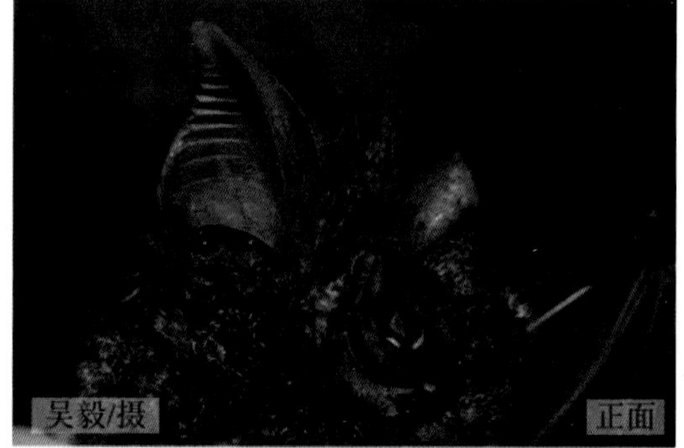
吴毅/摄　正面

生态习性 偶见于山区，穴居型，多单独悬挂洞顶，偶尔在涵洞内也能见到。

物种分布 大别山区少量分布。

保护级别 IUCN 红色名录近危(NT)级别。

长翼蝠科 Miniopteridae

亚洲长翼蝠 *Miniopterus fuliginosus*

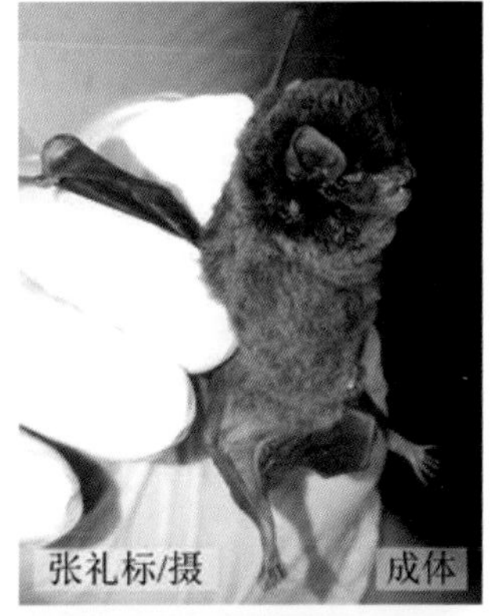
张礼标/摄　成体

形态特征 体中型,前臂长 47～50 mm。耳短圆,耳屏小,长度不及耳长之半。第 3 指的第 2 指节为第 1 指节的 3 倍,静止时呈倒折状态(故也称折翅蝠)。尾长常等于或大于体长。背毛深褐色,腹毛稍淡。头骨矢状嵴低而细长,吻突较窄,但上颚较宽。

生态习性 以洞栖为主,也会栖息在建筑物或树等缝隙内。营大群,黄昏时开始觅食,飞行速度快。在山谷开阔地带觅食,平原地区也有分布。

物种分布 安庆市各地均有分布,较常见。

保护级别 IUCN 红色名录近危(NT)级别。

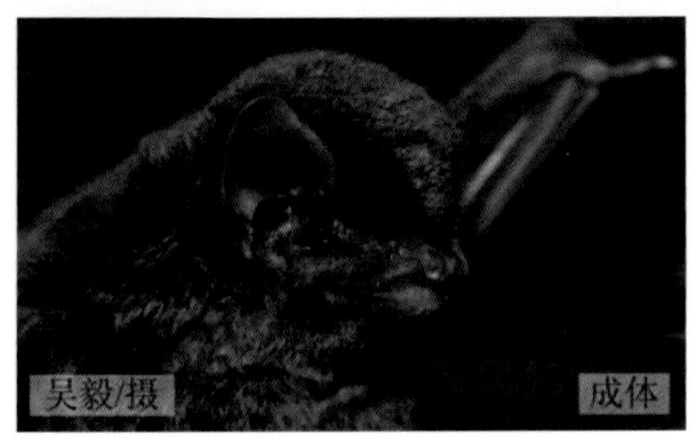
吴毅/摄　成体

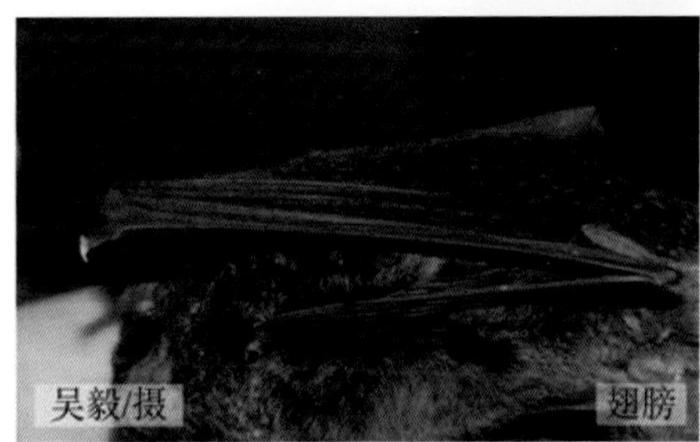
吴毅/摄　翅膀

蝙蝠科 Vespertilionidae

中华鼠耳蝠 *Myotis chinensis*

形态特征 体型最大的鼠耳蝠种类,前臂长 62～65 mm。头吻尖,口须较发达,耳长,端部窄尖,前折可达或接近吻端,耳屏尖细,约为耳长之半。尾长不及体长。体毛相对较短,背毛橄榄棕色,腹毛暗灰色。

生态习性 洞栖,常单只或少数几只单独匿于岩洞的石缝或岩壁上。

物种分布 主要分布于大别山区,较罕见。

保护级别 IUCN 红色名录近危(NT)级别。

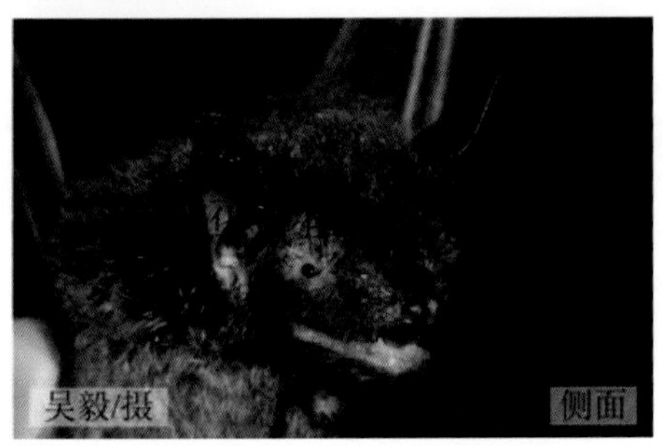
吴毅/摄　侧面

吴毅/摄　正面

华南水鼠耳蝠 *Myotis laniger*

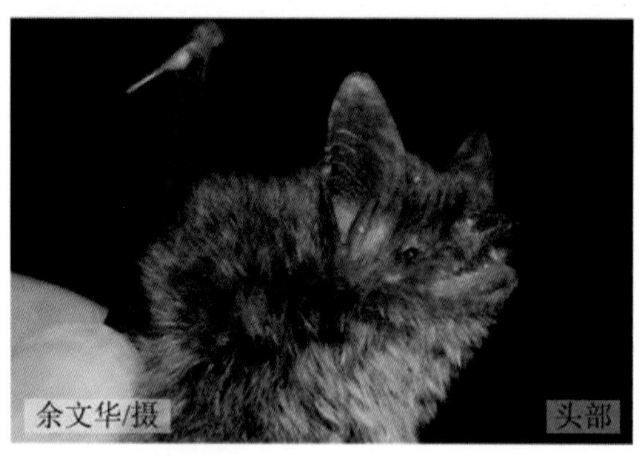
余文华/摄　头部

形态特征 体小型，体长 40～42 mm，前臂长 34～36 mm。耳正常，其外侧边缘显凹形，具 8 个皱褶。耳屏狭长，前缘呈直线形，尖端钝圆，其长为耳长之半，基部宽。翼膜后缘止于足趾外侧基部。背毛深棕色，腹毛毛基深色，毛尖淡棕色或灰色。

生态习性 栖息于洞穴、树洞和木材建筑物（或房顶棚）中，多见于自然洞中。每年秋季交配，次年 5～7 月产崽，每胎 1 只。

物种分布 主要分布于大别山区。

大足鼠耳蝠 *Myotis pilosus*

形态特征 体中型，较强壮，前臂长约 57 mm。吻部不突出，口须发达。耳基部较宽，端部较钝，耳长小，前折不达吻端。耳屏短，端部稍尖。足特大，足背具褐色硬毛，爪强壮弯曲，后足连爪近 20 mm，几乎与胫骨等长。体被绒状短毛，背毛呈沙灰色或灰褐色，腹部灰白色。

生态习性 食性特殊，能在水面捕抓鱼类，是继墨西哥兔唇蝠、南兔唇蝠和索诺拉鼠耳蝠之后被发现的又一种食鱼蝙蝠。常集群栖于丘陵或山区岩洞内，成小群居住。没有季节迁飞习性。每年秋末初冬发情，次年 6 月产 1 只崽。数量相对稀少，相关部门应加以保护。

物种分布 主要分布于大别山区，罕见。

保护级别 IUCN 红色名录近危（NT）级别。

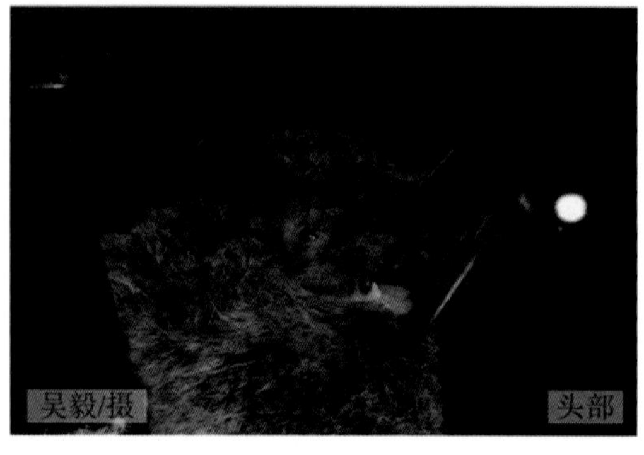
吴毅/摄　头部

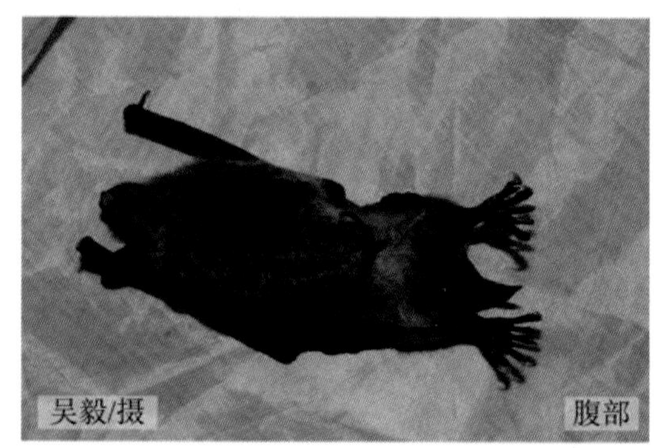
吴毅/摄　腹部

渡濑氏鼠耳蝠 *Myotis rufoniger*

形态特征 体中型，前臂长约 50 mm。耳狭长，耳缘深黑色，耳屏细长，端部稍钝。翼膜止于趾基蹠部，底色橙褐，掌间具三角形黑褐色斑块。毛色鲜艳，背毛棕褐色，毛端黑褐色，毛基稍浅略带沙黄色，腹毛橙黄色，毛基稍淡。爪黑色。

生态习性 主要分布于山区及低山丘陵，栖息于洞穴、树洞和屋檐里。

物种分布 主要分布于大别山区，罕见。该种曾被误为金黄(绯)鼠耳蝠(*Myotis formosus*)。

保护级别 IUCN 红色名录易危(VU)级别。

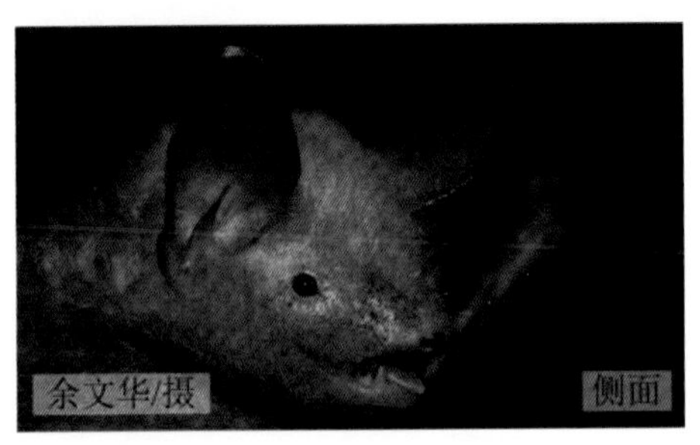
余文华/摄　侧面

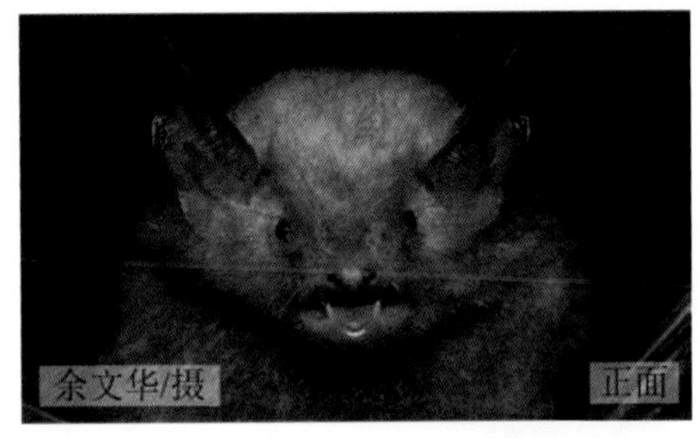
余文华/摄　正面

中华山蝠 *Nyctalus plancyi*

形态特征 体中型，前臂长 50～55 mm。吻鼻周围裸露无毛，耳短宽，呈钝三角形，耳壳后缘延伸至口角后方，耳屏短宽似横置的肾形(或半月形)。翼型狭长，第 5 指较短。毛色较深，毛基暗褐色，有浅棕色毛尖；腹毛颜色较淡。

张礼标/摄　成体

生态习性 栖息于屋檐、天花板、门窗的缝隙中，尤其是老建筑物，也有栖息于山洞或树洞中的记载。最早从 11 月中旬进入冬眠，通常 5～6 月产崽，1 胎 1～2 只。适宜长距离快速飞行。

物种分布 主要分布于平原丘陵地区。

东亚伏翼 *Pipistrellus abramus*

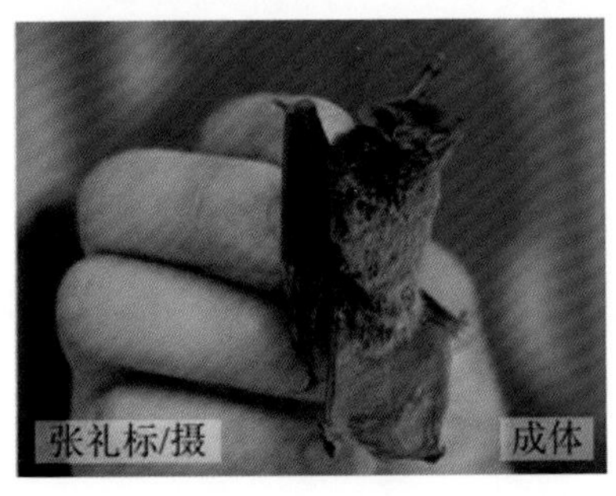
张礼标/摄　成体

形态特征 体小型，前臂长 32～35 mm。头宽短。耳较小，略呈三角形，前折仅达眼与鼻孔之间。耳屏短钝，顶端稍向前弯曲。翼较宽。体毛密而柔软，毛色存在变异，一般背毛深褐色，色泽均匀，腹毛灰褐色。阴茎特别发达，阴茎骨呈“S”形。

生态习性 居民区较为常见，喜居于旧式砖瓦建筑物的天花板及屋檐内。主要捕食蚊及飞蛾等昆虫，有冬眠习性。

物种分布 安庆市各地广泛分布，常见种类。

鲸偶蹄目 Cetartiodactyla

猪科 Suidae

野猪 *Sus scrofa*

形态特征 中型哺乳动物。躯体健壮，四肢粗短，肩向后臀部逐渐降低。毛色呈深褐色或黑色。幼猪毛色浅棕，有黑色条纹，约4个月后消失成均匀的颜色。背上披有刚硬且稀疏的针毛，毛粗而稀，底层下面有1层柔软的细毛，冬毛较密。背脊鬃毛较长而硬。吻部突出似圆锥体，其顶端为裸露的软骨垫；每脚有4趾具硬蹄，仅中间2趾着地；尾巴细短；眼小且视力差，但嗅觉敏锐。2对犬齿发达且终生生长，外露并向上翻转，呈獠牙状；雌性犬齿较短，不露出嘴外。

赵凯/摄　雌性

赵凯/摄　雄性

生态习性 出没于山地、丘陵、森林、平原，繁殖期主要栖息于山林，冬季多迁到低海拔地区。夜行性，清晨和傍晚最活跃。杂食性，但主要以植物为食。雌兽的怀孕期是4个月，1胎产4～12头小崽，繁殖旺盛期的雌兽，1年能生2胎，一般4～5月间生一胎，秋季另一胎。

物种分布 安庆市各地广泛分布，常见。

保护级别 国家"三有"保护物种。

鹿科 Cervidae

獐 *Hydropotes inermis*

形态特征 小型鹿类，雌雄头部均无角，雄性上犬齿发达，外露呈獠牙状，尾短而不明显。通体棕黄色，毛粗长而密，基部污白色，中部褐色，前部棕黄色，尖端褐色。脸颊鲜棕黄色，颏及喉、眼周、后腹部污白色，耳壳边缘略带褐色，四肢棕黄色。

生态习性 栖息于长江边的沙洲芦苇荡及丘陵灌草丛中，冬季也到农田中活动。早晚觅食，常单只活动。植食性。冬季交配，次年5月产崽，每胎2头。

物种分布 历史上安庆市沿江地区獐非常常见，因栖息地被破坏及人为猎杀，20世纪90年代以后安庆市沿江地区已无獐分布。

保护级别 国家二级重点保护物种；IUCN红色名录易危(VU)级别。

赵凯/摄　雌性

赵凯/摄　雄性

小麂(黄麂) *Muntiacus reevesi*

形态特征 体形小,体重 9～18 kg。脸部较短而宽,额腺短而平行。在颈背中央有 1 条黑线。雄者具角,但角叉短小,角尖向内向下弯曲。雄兽上犬齿发达,形成獠牙。毛色个体变异较大,栗色至暗栗色。雌兽前额毛色为暗棕,耳背呈黑色。雄兽的前额为鲜艳的橙栗色,耳背呈暗棕色。冬毛通常较夏毛稍黑,夏毛通常为淡栗红色,且混杂有灰黄色的斑点。

赵凯/摄　雌性

赵凯/摄　雄性

生态习性 栖息在小丘陵、小山的低谷或森林边缘的灌丛、杂草丛中。性怯懦,孤僻,单独生活,很少结群,其活动范围小,经常游荡于其栖处附近。7～8 月龄性成熟,全年繁殖。怀孕期 6 个月,每次产崽 1～2 只。

物种分布 安庆市山区丘陵广泛分布,大别山区尤其常见。

保护级别 国家"三有"保护物种;安徽省二级重点保护物种。

麝科 Moschidae

安徽麝 *Moschus anhuiensis*

形态特征 颊、额及耳背灰黑色,耳壳边缘黑褐色,耳壳内为白色。颏及喉白色,有白色条纹向两颊伸延,向后沿下颈两侧有 2 条白纹在胸前连成长环状,中央为灰褐色,在颊后的颈侧有 2 个小的白色斑点。体背部有橘黄色斑点,在腰及臀部两侧明显而密集。尾甚短,常隐没于毛下。

生态习性 栖息于海拔 500～1500 m 的针阔混交林或落叶阔叶林。春季在低山阳坡灌丛中活动,夏季多在高山石崖边活动,冬季喜生活于阳坡温暖的树林中。晨昏活动,雌雄分居,有固定的活动路线和栖息场所。雄麝多栖息于山势险峻地段,母麝和幼子多在隐蔽的密林且干燥而温暖的地方休息,主要以地衣、石蕊、寄生槲及灌木枝叶为食。性孤僻,多单独活动。

赵凯/摄　雌性

顾长明/摄　雄性

物种分布 该种仅分布于大别山区,鹞落坪、古井园、天柱山均有监测记录。

保护级别 国家一级重点保护物种;IUCN 红色名录极危(CR)级别;CITES 附录Ⅱ收录。

白鱀豚科 Lipotidae

白鱀豚 *Lipotes vexillifer*

形态特征 体中等粗壮，有狭长而稍微上翘的喙和圆的额隆，低三角形的背鳍位于从吻端向后约 2/3 体长处。鳍肢宽而梢端钝圆。体上部主要呈蓝灰色或灰色，体下部白色。在头和颈的侧面从眼至鳍肢形成灰色和白色间的波状分界。白色部分在鳍肢前向上伸入灰色部分形成 2 个显著的白色斑。

生态习性 主要分布于长江中下游地区，喜栖息于水文地理环境通常流态紊乱、涡量较大的汇流水域，或者弯曲江段深水槽及礁石下游较深的回水区。

物种分布 该种已于 2006 年宣布功能性灭绝，但此后一直有关于白鱀豚被目击的传闻，其中有视频或图片考证的有 2 次，一次是 2007 年 9 月 18 日市民曾玉江在铜陵胥坝渡口拍摄到白鱀豚出水的视频片段，另一次是 2008 年夏季在胥坝拍摄的白鱀豚出水照片。安庆市最后一次目击记录为 1998 年 4 月，地点在太子矶。

保护级别 国家一级重点保护物种；IUCN 红色名录极危（CR）级别；CITES 附录 I 收录。

武汉白鱀豚保护基金会供图

王小强/摄 成体

武汉白鱀豚保护基金会供图

鼠海豚科 Phocoenidae

长江江豚(窄脊江豚) *Neophocaena asiaeorientalis*

形态特征 头部圆，无喙。额部稍微向前凸出，吻部短而阔，上下颌几乎一样长，牙齿短小，左右侧扁呈铲形。眼小而不明显。无背鳍，沿背部中央有1条背脊，背脊高通常不超过15 cm。体背面有1个疣粒区，疣粒区宽2～8 mm，疣粒2～5列。尾鳍较大，分为左右两叶，呈水平状。全身为蓝灰色或瓦灰色，腹部颜色浅亮，唇部和喉部为黄灰色，腹部有一些形状不规则的灰色斑。

生态习性 主要分布于长江中下游地区，喜欢浅水滩而不喜欢倒坎的深水域。主要以小型鱼类为食。交配期主要在3～6月，妊娠期10～11个月，分娩时间主要集中在3～5月，幼豚断奶期可能为6个月。

物种分布 安庆市江段枯水期江豚约198头，丰水期约185头。长江边滩、江心洲洲头和洲尾附近以及支流与长江交汇水域是其集中分布区。

保护级别 国家一级重点保护物种；IUCN红色名录极危(CR)级别；CITES附录Ⅰ收录。

赵凯/摄　出水

赵凯/摄　母子豚

食肉目 Carnivora

猫科 Felidae

豹猫 *Prionailurus bengalensis*

形态特征 体型与家猫相似。背部青灰色，稍带黄色，有 4 条断续棕黑色纵纹。眼内侧具 2 条纵长白纹，并相间 2 条黑色长纹。颊部两侧呈黑色横纹，耳背棕灰色，具白斑。肩部和体侧有数行大小不等的不规则梅花黑斑，腰部和臀部斑点较小，四肢下部亦遍布小黑斑。颌下、胸腹及四肢内侧灰白色，具棕黑色斑点。尾具黑色斑纹和数个半环。

生态习性 山谷密林、灌丛等均有分布，独居或雌雄同居。夜行性。性凶猛，善爬树。

物种分布 安庆市各地山地丘陵曾广泛分布，20 世纪 90 年代后数量锐减。笔者汇总了大别山区数百次红外相机的监测结果，均未发现该种，推测该种在安庆市很可能已区域性灭绝。

保护级别 国家二级重点保护物种；IUCN 红色名录易危(VU)级别；CITES 附录Ⅱ收录。

福州动物园供图

赵凯/摄　侧面

赵凯/摄　幼体

豹(金钱豹) *Panthera pardus*

形态特征 头圆，头部具黑色斑小而密集，并延伸至颈部和耳背。耳短，背面黑色，耳尖毛黄白色。体背及体侧黄色，具较大的多角形黑环斑，形状似铜钱。四肢粗壮，黄色较背中部浅，亦遍布黑斑。腹部及四肢内侧毛灰白色。尾同背部，末端纯黑色。

赵凯/摄　侧面

生态习性 栖息于山区丘陵的树林中，多喜海拔 800 m 以下的落叶阔叶林和杂木林。性独居。夜行性。捕食迁移距离可达百多里。

物种分布 分布于大别山区，从 20 世纪 60 年代以后数量锐减。目前该种在大别山区可能已区域性灭绝。

保护级别 国家一级重点保护物种；IUCN 红色名录濒危(EN)级别；CITES 附录Ⅰ收录。

灵猫科 Viverridae

花面狸（果子狸）*Paguma larvata*

形态特征 四肢较短，各具 5 趾。爪略具伸缩性。香腺不发达。尾长而不具缠绕性。花面狸从鼻后缘经颜面中央至额顶有 1 条宽阔的白色面纹。颈背部常有颈纹与面纹相延续，但因季节或地区不同而有变化。具长方形眼下斑、眼角斑（扇形）和耳前斑（半圆形）。

生态习性 喜好林缘生境，主要栖居于常绿或落叶阔叶林、稀树灌丛等山区。多利用山冈的岩洞、土穴、树洞或浓密灌丛作为隐居场所。

物种分布 分布于大别山区，罕见。

保护级别 国家"三有"保护物种；安徽省一级重点保护物种；IUCN 红色名录极危（CR）级别；CITES 附录Ⅲ收录。

赵凯/摄　侧面

赵凯/摄　背面

小灵猫 *Viverricula indica*

形态特征 体型似家猫，但体细长，头略尖。耳短圆，两耳前缘靠近，前额狭窄，全身深棕色，毛基部和绒毛深灰色，中部浅棕黄色，尖端黑色，耳内浅黄色。头部灰棕色，眼周具不明显的黑色圈，眼下黑色尤为宽阔。背面有黑褐色纵纹，时断时续。体背具不明显的棕褐色纵纹，体侧具棕褐色斑点。肛门与外生殖器之间有 1 个芳香腺。前后足深灰色。尾灰棕色，具 7～8 个黑环，尾毛蓬松。

生态习性 多栖息于丘陵、山区的村旁林缘，以及桥墩下、坟墓内、石洞内、树洞内。夜行性。肉食性，偶食植物嫩芽和野果。1～2 月繁殖，孕期为 80～90 天，夏季产崽，每胎 4～5 只。

赵凯/摄　侧面

物种分布 主要分布于大别山区低海拔地区，安庆市多年无观测及救护记录，但 2021 年 6 月在霍山但家庙有幼崽救护记录，推测大别山区可能还有少量分布。

保护级别 国家一级重点保护物种；IUCN 红色名录易危（VU）级别；CITES 附录Ⅲ收录。

獴科 Herpestidae

食蟹獴 *Herpestes urva*

形态特征 体细长，鼻端突出，略呈尖形，四肢较短，5 趾，前肢爪钩状，突出指垫外甚长，后肢爪短，趾间具蹼，耳圆形。臭腺及外开口明显。体毛甚长且粗，背毛基部灰黄色，中段黑色，端部浅灰黄色。吻侧、眼周红棕色，吻中央向后经额到头顶，包括耳背，色较浅。自口角向后到肩部有 1 条浅色纵纹。

蒋学龙/摄　正面

郑从容/摄　侧面

生态习性 多栖息于森林沟谷或溪边茂密的丛林里，住在洞穴中。常在溪谷两侧活动，夜行性，早上也可见到。常在浅水觅食，捕食虾蟹、水生昆虫及蛙类，喜食鸟卵、小鸟、蛇类及小型哺乳类动物，间或吃蚯蚓。

物种分布 历史上广布于大别山区，20 世纪 70 年代开始数量锐减，20 世纪 90 年代中期以后便再无捕获记录。推测该种在大别山区可能已区域性灭绝。

保护级别 国家"三有"保护物种；IUCN 红色名录近危(NT)级别；CITES 附录Ⅲ收录。

犬科 Canidae

狼 *Canis lupus*

形态特征 体形似家犬，但比一般家犬大而细长，与狼犬比，吻和四肢均细长。吻长略尖，先端黑褐色，耳尖竖直，背面棕褐色。须长呈黑色。体毛灰棕色，背毛基部棕黑色，先端黑色。头部棕色，颈部毛较浓密呈淡棕黄色。四肢棕色，但前肢上部有黑色斑纹。尾直，与背部同色，但尾端毛较长呈黑色。胸部淡灰色，腹部和四肢内侧灰白色。体重一般为 25～40 kg。

张铭/摄　侧面

姚毅/摄　奔跑

生态习性 一般栖息于海拔 400 m 以下的森林内，常到河滩及灌木丛附近活动。以穷追不舍的方式捕食，常数只成群，食物一次吃不完时有掘土掩埋的习惯。

物种分布 历史上大别山及沿江丘陵地区均有分布，20 世纪 90 年代中期以后再无目击记录。推测该种在安庆市可能已区域性灭绝。

保护级别 国家二级重点保护物种；IUCN 红色名录近危(NT)级别；CITES 附录Ⅱ收录。

豺 *Cuon alpinus*

形态特征 体形似狼，但较小。头宽呈棕色，吻短呈浅褐色，耳短而圆，尖端呈倒三角形。体毛多红棕色，背毛尖端黑色，背中部棕褐色，到身体喉部颜色更深。胸腹部毛色淡，棕黄而略显灰白。四肢基本同背色。尾长而蓬松，同于背毛，但背面有 1 条黑色斑纹，约在末端 1/3 处的斑纹毛全黑。

生态习性 广泛分布于山地、丘陵，一般无固定栖息地，能适应多种生境。群居，常十几只成群活动。常夜间捕食，拂晓活动频繁。一般先取食猎物内脏，再撕食肉。豺无伤人记录，但在食物紧缺时会盗猎家禽家畜。

物种分布 历史上安庆市内常见分布，20 世纪 90 年代中期后再无目击记录。推测该种在安庆市可能已区域性灭绝。

保护级别 国家一级重点保护物种；IUCN 红色名录濒危(EN)级别；CITES 附录II收录。

赵凯/摄　侧面

赵凯/摄　正面

赤狐(红狐) *Vulpes vulpes*

形态特征 身体细长，面部狭，吻尖端部棕黑色，吻两侧各有 1 道深褐色直斑纹。耳较大，向正前方，耳背面褐色，内灰白色。体毛大致红棕色，头顶棕色，混杂一些黑白毛。前额较深呈红棕色。四肢较短，浅褐色。前肢上臂外侧有 1 条很宽的黑纹。后蹠也有 1 条黑纹，但短而窄。尾粗而长，达体长之半，有狐骚味。

生态习性 一般栖息于丘陵地带的荒野旷地，亦见于山地森林。大部分时间独居，穴居。多捕食野鸡、野兔，有时也吃蛙类及野果。

物种分布 历史上大别山及沿江丘陵地区均有分布，20 世纪 90 年代中期以后再无目击记录。推测该种在安庆市可能已区域性灭绝。

保护级别 国家二级重点保护物种；IUCN 红色名录近危(NT)级别。

姚毅/摄　侧面

张宏/摄　正面

貉 *Nyctereutes procyonoides*

形态特征 体型小，腿短不成比例，外形似狐。前额和鼻吻部白色，眼周黑色。颊部覆有蓬松的长毛，形成环状领；背前部有 1 个交叉形图案；胸部、腿和足暗褐色。体态一般矮粗，尾长小于头体长的 33%，且覆有蓬松的毛。背部和尾部的毛尖黑色；背毛浅棕灰色，混有黑色毛尖。

孙葆根/摄　正面

赵凯/摄　侧面

生态习性 生活在平原、丘陵及部分山地，栖息于河谷、平原和靠近水源的丛林中。洞穴多数是露天的，常利用其他动物的废弃旧洞，或营巢于石隙、树洞里。夜行性。食性较杂，主要捕食小动物，也食浆果、真菌、根茎、种子、谷物等植物性食物。

物种分布 历史上大别山及沿江丘陵地区均有分布，近 20 年无目击和救护记录。但该种在其他地区，尤其是城郊种群恢复迹象明显，且近些年在巢湖、肥东、肥西等地多有救护记录，2022 年 2 月在霍山县城附近亦有救护记录，推测该种在安庆市可能还有少量分布，且存在种群自我恢复的可能。

保护级别 国家二级重点保护物种；IUCN 红色名录近危（NT）级别。

鼬科 Mustelidae

欧亚水獭（水獭）*Lutra lutra*

形态特征 体型细长呈圆筒形，头部宽扁，吻部弧形，鼻垫小，耳小，眼小，上唇和嘴角处有发达硬须。尾较长，约超过体长之半，基部甚粗，向尖端逐渐变细。四肢粗短，5 趾，趾间具蹼，趾端有爪。体淡褐色，上下唇白色，鼻垫暗褐色，颊部至颈部两侧白色，喉部白色，腹部污白色。

尕松仁青/摄　侧面

马文虎/摄　爬行

生态习性 半水栖。喜生活在水草少、鱼类多的河流、湖泊、溪流、池塘及水库中，在岸边的树根、树桩、芦苇及灌丛下挖洞穴居。昼伏夜出，善游泳和潜水。主要以鱼虾类为食，也食蛙类、水生昆虫及水禽。

物种分布 历史上大别山及沿江丘陵地区均有分布，近 20 年无目击和救护记录。推测该种在安庆市已区域性灭绝。

保护级别 国家二级重点保护物种；IUCN 红色名录濒危（EN）级别；CITES 附录Ⅰ收录。

猪獾 *Arctonyx collaris*

形态特征 体型粗壮，四肢粗短。吻鼻部裸露突出似猪拱嘴。头大颈粗，耳小眼小。尾短，一般长不超过 200 mm。头部正中从吻鼻部裸露区向后至颈后部有 1 条白色条纹，宽约等于或略大于吻鼻部宽。吻鼻部两侧面至耳壳、穿过眼为 1 条黑褐色宽带，向后渐宽，但在眼下方有 1 块明显的白色区域，其后部黑褐色带渐浅。下颌及颏部白色。背毛以黑褐色为主。四肢色同腹色。尾毛长，白色。

生态习性 山区、丘陵及田野均有分布。穴居。夜行性。性凶猛。视觉差，但嗅觉灵敏。通常在 10 月下旬开始冬眠，次年 3 月开始出洞活动。杂食性。

物种分布 安庆市各地广布，数量较多但行踪隐秘。

保护级别 国家“三有”保护物种；安徽省二级重点保护物种；IUCN 红色名录近危(NT)级别。

汪文革/摄　背部

张铭/摄　侧面

亚洲狗獾(狗獾) *Meles leucurus*

形态特征 体形肥壮，吻鼻长，鼻端粗钝，具软骨质的鼻垫，鼻垫与上唇之间被毛。肛门附近具腺囊，能分泌臭液。颜面两侧从口角经耳基到头后各有 1 条白色或乳黄色纵纹，中间 1 条从吻部到额部，3 条纵纹中有 2 条黑褐色纵纹相间，从吻部两侧向后延伸，穿过眼部到头后与颈背部深色区相连。下颌至尾基及四肢内侧黑棕色或淡棕色。尾背与体背同色，但白色或乳黄色毛尖略有增加。

生态习性 山区、丘陵、河岸及田野均有分布。穴居。夜行性。性机警而灵敏。视觉差，但嗅觉灵敏。杂食性。

物种分布 安庆市各地广布，数量较多但行踪隐秘。

保护级别 国家“三有”保护物种；安徽省二级重点保护物种。

赵凯/摄　侧面

赵凯/摄　面部

鼬獾 *Melogale moschata*

形态特征 鼻吻部发达,鼻垫与上唇间被毛,眼小且显著。体背及四肢外侧淡灰褐或黄灰褐色、暗紫灰色到棕褐色,头部和颈部色调较体背深;头顶后至脊背有 1 条连续不断的白色或乳白色纵纹。前额、眼后、耳前、颊和颈侧有白色或乳白色斑,一般均与喉、腹部的色区相连。上唇、鼻端两侧白色或浅黄色。下体从下颌、喉、腹部直至尾基为苍白色、黄白色、肉桂色到杏黄色。尾部针毛毛尖灰白色或乳黄色,向后逐渐增长,色调减淡。

张铭/摄　成体

生态习性 栖于河谷、沟谷、丘陵及山地的森林、灌丛和草丛中,常在阳坡灌草丛中挖掘洞穴。夜行性。杂食性,喜在干涸的水沟或小溪边觅食,用脚爪和鼻吻扒挖食物,常留下半月形的翻掘泥土的痕迹,活动范围小而固定。

物种分布 广布于大别山及沿江丘陵地区,罕见。

保护级别 国家"三有"保护物种;安徽省二级重点保护物种;IUCN 红色名录近危(NT)级别。

黄鼬 *Mustela sibirica*

形态特征 身体细长。头细,颈较长。耳壳短而宽,稍突出于毛丛。尾长约为体长之半。四肢较短,趾端爪尖锐,趾间有很小的皮膜。肛门腺发达。毛色从浅沙棕色到黄棕色,色泽较淡。背毛略深;腹毛稍浅,四肢、尾与身体同色。鼻基部、前额及眼周浅褐色,略似面纹。鼻垫基部及上、下唇为白色,喉部及颈下常有白斑。

生态习性 森林、湿地、丘陵、农田、村舍等几乎所有生境都有分布。居于石洞、树洞或倒木下。夜行性,尤其是清晨和黄昏活动频繁,有时也在白天活动。杂食性,主要以小型哺乳动物为食。

物种分布 安庆市各地广布,常见。

保护级别 国家"三有"保护物种;安徽省二级重点保护物种;CITES 附录Ⅲ收录。

赵凯/摄　侧面

赵凯/摄　正面

参 考 文 献//

[1] Chen X H, Qu W Y, Jiang J P. A new species of the subgenus *Paa* (*Feirana*) from China[J]. Herpetol ogica Si nica, 2002(9):230.

[2] Chen Z, Hu T, Pei X, et al. A new species of Asiatic shrew of the genus Chodsigoa (Soricidae, Eulipotyphla, Mammalia) from the Dabie Mountains, Anhui province, Eastern China. ZooKeys[J]. Zoological Research, 2022(1083): 129-146.

[3] Ge D, Lu L, Xia L, et al. Molecular phylogeny, morphological diversity, and systematic revision of a species complex of common wild rat species in China (Rodentia, Murinae)[J]. Journal of Mammalogy, 2018, 99(6):1350-1374.

[4] Hu T L, Xu Z, Zhang H, et al. Description of a new species of the genus Uropsilus (Eulipotyphla, Talpidae, Uropsilinae) from the Dabie Mountains, Anhui, Eastern China[J]. Zoological Research, 2021, 42(3): 294-299.

[5] Huang X, Pan T, Han D, et al. A new species of the genus *Protobothrops* (Squamata, Viperidae, Crotalinae) from the Dabie Mountains, Anhui, China[J]. Asian Herpetological Research, 2012, 3(3): 213-218.

[6] Pan T, Zhang Y N, Wang H, et al. A new species of the genus *Rhacophorus* (Anura, Rhacophoridae) from Dabie Mountains in East China[J]. Asian Herpetological Research, 2017, 18(1):13.

[7] Qian L F, Sun X N, Li J Q, et al. A new species of the genus Tylototriton (Amphibia, Urodela, Salamandridae) from the Southern Dabie Mountains in Anhui province[J]. Asian Herpetological Research, 2017, 8(3):151-164.

[8] Ting L H, Zhen X, Heng Z, et al. Description of a new species of the genus Uropsilus (Eulipotyphla, Talpidae, Uropsilinae) from the Dabie Mountains, Anhui, Eastern China[J]. Zoological Research, 2021, 42(3): 294-299.

[9] Wang C, Qian L, Zhang C, et al. A new species of Rana from the Dabie Mountains in Eastern China (Anura, Ranidae)[J]. Zookeys, 2017, 724(4):135-153.

[10] Zhang J, Jiang K, Vogel G, et al. A new species of the genus Lycodon (Squamata, Colubridae) from Sichuan province, China[J]. Zootaxa, 2011(2982):59-68.

[11] Zhou X, Guang X, Sun D, et al. Population genomics of finless porpoises reveal anincipient cetacean species adapted to freshwater[J]. Nature Communications, 2018, 9(1):1276.

[12] 蔡波，王跃招，陈跃英，等. 中国爬行纲动物分类厘定[J]. 生物多样性，2015，23(3)：365-382.

[13] 陈壁辉. 安徽两栖爬行动物志[M]. 合肥:安徽科学技术出版社，1991.

[14] 陈怀平，章鹏程，汪结超，等. 太湖花亭湖湿地冬季鸟类调查报告[J]. 安徽林业科技，2020，46(4):4.

[15] 陈晓虹，江建平，瞿文元. 叶氏隆肛蛙（无尾目，蛙科）的补充描述[J]. 动物分类学报，2004，29(2)：381-385.

[16] 党飞红，余文华，王晓云，等. 中国渡濑氏鼠耳蝠种名订正[J]. 四川动物，2017，36(1)：7-13.

[17] 宫蕾，张黎黎，周立志，等. 长江中下游安庆沿江湖泊湿地夏季鸟类多样性调查[J]. 湖泊科学，2013，25(6)：11.

[18] 韩德民，胡小龙，顾长明，等. 安徽省豹猫的分布和数量[J]. 安徽大学学报(自然科学版)，1995(4)：82-88.

[19] 侯银续，张黎黎，胡边走，等. 安徽省鸟类分布新纪录：白鹈鹕[J]. 野生动物，2013，34(1)：61-62.

[20] 胡超超，杨瑞东，张保卫，等. 安庆天柱山机场鸟类群落季节性变化与鸟击防范[J]. 南京师范大学学报(自然科学版)，2011，34(2)：9.

[21] 胡庚东，陈家长，尤洋，等. 长江安徽段白鱀豚栖息地生态环境的调查及评价[J]. 青海畜牧兽医杂志，2000，30(4)：15-17.

[22] 黄松. 中国蛇类图鉴[M]. 福州：海峡书局，2021.

[23] 黄欣. 大别山地区原矛头蝮属一新种的确定及原矛头蝮属线粒体基因组演化的初步研究[D]. 合肥：安徽大学，2014.

[24] 江建平，陈晓虹，王斌. 中国蛙科一新属：肛刺蛙属(蛙科：叉舌蛙亚科)[J]. 安徽师范大学学报(自然科学版)，2006，29(5)：3.

[25] 蒋志刚，江建平，王跃招，等. 中国脊椎动物红色名录[J]. 生物多样性，2016，24(5)：501-551，615.

[26] 蒋志刚. 中国哺乳动物多样性及地理分布[M]. 北京：科学出版社，2015.

[27] 李炳华. 安徽雉科鸟类的初步研究[J]. 安徽师范大学学报(自科科学版)，1992，15(3)：76-81.

[28] 李莉，崔鹏，徐海根，等. 安徽鹞落坪繁殖季节鸟类物种组成比较研究[J]. 野生动物学报，2017，38(1)：11.

[29] 李湘涛. 中国猛禽[M]. 北京：中国林业出版社，2004.

[30] 李永民，吴孝兵. 安徽省两栖爬行动物名录修订[J]. 生物多样性，2019，27(9)：10.

[31] 李中文，周立志. 安徽省两栖爬行动物物种分布特征[J]. 野生动物，2009，30(5)：4.

[32] 刘彬，周立志，汪文革，等. 大别山山地次生林鸟类群落集团结构的季节变化[J]. 动物学研究，2009，30(3)：277-287.

[33] 刘春生，吴万能，张家林，等. 安徽皖南及大别山山地丘陵区啮齿类区系组成及其在动物地理区划中意义探讨[J]. 中国媒介生物学及控制杂志，1996(6)：419-423.

[34] 刘大钊，周立志. 安徽安庆菜子湖国家湿地公园景观格局变化对鸟类多样性的影响[J]. 生态学杂志，2021，40(7)：12.

[35] 刘少英，吴毅. 中国兽类图鉴[M]. 福州：海峡书局，2019.

[36] 刘阳，陈水华. 中国鸟类观察手册[M]. 长沙：湖南科学技术出版社，2021.

[37] 梅雅晴，缪永鑫，李艺迪，等. 安徽省泛树蛙属物种分类归属初探[J]. 安徽大学学报(自然科学版)，2022，46(2)：80-88.

[38] 潘涛，汪文革，汪龙春，等. 安徽岳西大别山区爬行动物新记录：平胸龟(*Platysternon megacephalum*)[J]. 安徽大学学报(自然科学版)，2013(4)：3.

[39] 潘涛，周文良，史文博，等. 大别山地区两栖爬行动物区系调查[J]. 动物学杂志，2014(2)：195-206.

[40] 孙若磊，马号号，虞磊，等. 大别山区鸟类多样性与分布初报[J]. 安徽大学学报(自然科学版)，2021，45(3)：18.

[41] 孙晓楠. 大别山区疣螈属一新种鉴定及其保护遗传学初步研究[D]. 合肥：安徽大学，2017.

[42] 王斌，蔡波，陈蔚涛，等. 中国脊椎动物 2020 年新增物种[J]. 生物多样性，2021，29(8)：1021-1025.

[43] 王陈成，胡超超，钱立富，等. 安庆天柱山机场鸟类多样性调查及鸟击防范措施初探[J]. 玉林师范学院学报，2017，38(5)：11.

[44] 王陈成. 大别山地区林蛙属(Rana)物种界定研究及布氏泛树蛙(*Polypedates braueri*)在安徽的分布确定[D]. 合肥：安徽大学，2018.

[45] 王岐山，胡小龙. 安徽鸟类新纪录[J]. 四川动物，1986(1)：40-41.

[46] 王岐山,陈璧辉,梁仁济. 安徽兽类地理分布的初步研究[J]. 动物学杂志,1966(3):101-106,122.

[47] 王岐山,刘春生,张大荣,等. 安徽长江沿岸鼠类及其体外寄生虫初步研究[J]. 安徽大学学报(自然科学版),1979(1):61-70.

[48] 王岐山. 安徽兽类志[M]. 合肥:安徽科学技术出版社,1990.

[49] 王岐山. 安徽动物地理区划[J]. 安徽大学学报(自然科学版),1986(1):45-58.

[50] 王新建,周立志,张有瑜,等. 安徽省兽类物种多样性及其分布格局[J]. 兽类学报,2007(2):175-184.

[51] 魏辅文,杨奇森,吴毅,等. 中国兽类名录(2021 版)[J]. 兽类学报,2021,41(5):487-501.

[52] 吴海龙,顾长明. 安徽鸟类图志[M]. 芜湖:安徽师范大学出版社,2017.

[53] 谢勇,汪成海,张保卫,等. 安徽麝(*Moschus anhuiensis*)的种群演变兼记天马国家级自然保护区[J]. 江苏教育学院学报(自然科学版),2009,26(4):10-12.

[54] 杨二艳,周立志,方建民. 长江安庆段滩地鸟类群落多样性及其季节动态[J]. 林业科学,2014,50(4):7.

[55] 姚敏,赵凯,花月,等. 珍稀濒危动物商城肥鲵的栖息地选择[J]. 安徽农业科学,2014,42(11):4.

[56] 余文华,何锴,范朋飞,等. 中国兽类分类与系统演化研究进展[J]. 兽类学报,2021,41(5):502-524.

[57] 张财文,马号号,朱志,等. 安徽省鸟类分布新纪录:红喉潜鸟(*Gavia stellata*)和蓑羽鹤(*Grus virgo*)[J]. 安徽大学学报(自然科学版),2021,45(2):3.

[58] 张恒,李佳琦,周磊,等. 利用红外相机技术对安徽省鹞落坪国家级自然保护区大中型兽类及林下鸟类的调查[J]. 生物多样性,2018.

[59] 张荣祖. 中国动物地理[M]. 北京:科学出版社,2011.

[60] 张盛周,陈壁辉. 安徽省爬行动物区系及地理区划[J]. 四川动物,2002(3):136-141.

[61] 章克家,王小明,吴巍,等. 大鲵保护生物学及其研究进展[J]. 生物多样性,2002,10(3):7.

[62] 赵彬彬,桂正文,邹宏硕,等. 安徽省鸟类新纪录:叉尾太阳鸟[J]. 四川动物,2018,37(1):1.

[63] 赵尔宓. 中国蛇类[M]. 合肥:安徽科学技术出版社,2005.

[64] 郑光美. 中国鸟类分类与分布名录[M]. 3 版. 北京:科学出版社,2017.

[65] 周开亚,钱伟娟,李悦民. 白鱀豚的分布调查[J]. 动物学报,1977(1):75-82,130-131.

安庆市国家重点保护动物名录//

序号	目	科	种名	学名	保护级别
1	有尾目 Caudata	隐鳃鲵科 Cryptobranchidae	中国大鲵	*Andrias davidianus*	二级
2		蝾螈科 Salamandridae	安徽疣螈	*Tylototriton anhuiensis*	二级
3	无尾目 Anural	叉舌蛙科 Dicroglossidae	虎纹蛙	*Hoplobatrachus chinensis*	二级
4			叶氏隆肛蛙	*Quasipaa yei*	二级
5	龟鳖目 Chelonia	平胸龟科 Platysternidae	平胸龟	*Platysternon megacephalum*	二级
6		地龟科 Geoemydidae	乌龟	*Mauremys reevesii*	二级
7			黄缘闭壳龟	*Cuora flavomarginata*	二级
8	鸡形目 Galliformes	雉科 Phasianidae	勺鸡	*Pucrasia macrolopha joretiana*	二级
9			白冠长尾雉	*Syrmaticus reevesii*	一级
10	雁形目 Anseriformes	鸭科 Anatidae	鸿雁	*Anser cygnoides*	二级
11			白额雁	*Anser albifrons*	二级
12			小白额雁	*Anser erythropus*	二级
13			小天鹅	*Cygnus columbianus*	二级
14			鸳鸯	*Aix galericulata*	二级

续表

序号	目	科	种名	学名	保护级别
15			棉凫	*Nettapus coromandelianus*	二级
16			花脸鸭	*Anas formosa*	二级
17			青头潜鸭	*Aythya baeri*	一级
18			斑头秋沙鸭	*Mergellus albellus*	二级
19			中华秋沙鸭	*Mergus squamatus*	一级
20	鹃形目 Cuculiformes	杜鹃科 Cuculidae	小鸦鹃	*Centropus bengalensis lignator*	二级
21	鹤形目 Gruiformes	鹤科 Gruidae	白鹤	*Grus leucogeranus*	一级
22			沙丘鹤	*Grus canadensis*	二级
23			白枕鹤	*Grus vipio*	一级
24			灰鹤	*Grus grus*	二级
25			白头鹤	*Grus monacha*	一级
26	鸻形目 Charadriiformes	鹮嘴鹬科 Ibidorhynchidae	鹮嘴鹬	*Ibidorhyncha struthersii*	二级
27		水雉科 Jacanidae	水雉	*Hydrophasianus chirurgus*	二级
28		鹬科 Scolopacidae	白腰杓鹬	*Numenius arquata*	二级
29		鸥科 Laridae	黑嘴鸥	*Larus saundersi*	一级
30	鹳形目 Ciconiiformes	鹳科 Ciconiidae	黑鹳	*Ciconia nigra*	一级
31			东方白鹳	*Ciconia boyciana*	一级
32	鹈形目 Pelecaniformes	鹮科 Threskiornithidae	白琵鹭	*Platalea leucorodia*	二级
33			黑脸琵鹭	*Platalea minor*	一级
34		鹈鹕科 Pelecanidae	卷羽鹈鹕	*Pelecanus crispus*	一级

续表

序号	目	科	种名	学名	保护级别
35	鹰形目 Accipitriformes	鹗科 Pandionidae	鹗	*Pandion haliaetus*	二级
36		鹰科 Accipitridae	黑翅鸢	*Elanus caeruleus*	二级
37			黑冠鹃隼	*Aviceda leuphotes*	二级
38			蛇雕	*Spilornis cheela*	二级
39			林雕	*Ictinaetus malayensis*	二级
40			乌雕	*Clanga clanga*	一级
41			金雕	*Aquila chrysaetos*	一级
42			白腹隼雕	*Hieraaetus fasciatus*	二级
43			凤头鹰	*Accipiter trivirgatus*	二级
44			赤腹鹰	*Accipiter soloensis*	二级
45			松雀鹰	*Accipiter Virgatus*	二级
46			雀鹰	*Accipiter nisus nisosimilis*	二级
47			苍鹰	*Accipiter gentilis*	二级
48			白腹鹞	*Circus spilonotus*	二级
49			白尾鹞	*Circus cyaneus*	二级
50			鹊鹞	*Circus melanoleucos*	二级
51			黑鸢	*Milvus migrans lineatus*	二级
52			白尾海雕	*Haliaeetus albicilla*	一级
53			灰脸鵟鹰	*Butastur indicus*	二级
54			普通鵟	*Buteo buteo japonicus*	二级

续表

序号	目	科	种名	学名	保护级别
55	鸮形目 Strigiformes	鸱鸮科 Strigidae	领角鸮	*Otus letiia erythrocampe*	二级
56			北领角鸮	*Otus semitorques ussuriensis*	二级
57			红角鸮	*Otus sunia*	二级
58			雕鸮	*Bubo bubo*	二级
59			斑头鸺鹠	*Glaucidium cuculoides*	二级
60			鹰鸮	*Ninox scutulata*	二级
61			长耳鸮	*Asio otus*	二级
62			短耳鸮	*Asio flammeus*	二级
63		草鸮科 Tytonidae	草鸮	*Tyto capensis*	二级
64	佛法僧目 Coraciiformes	蜂虎科 Meropidae	蓝喉蜂虎	*Merops viridis*	二级
65		翠鸟科 Alcedinidae	白胸翡翠	*Halcyon smyrnensis*	二级
66	隼形目 Falconiformes	隼科 Falconidae	红隼	*Falco tinnunculus*	二级
67			红脚隼	*Falco amurensis*	二级
68			燕隼	*Falco subbuteo*	二级
69			游隼	*Falco peregrinus*	二级
70	雀形目 Passeriformes	八色鸫科 Pittidae	仙八色鸫	*Pitta nympha*	二级
71		百灵科 Alaudidae	云雀	*Alauda arvensis intermedia*	二级
72		噪鹛科 Leiothrichidae	画眉	*Garrulax canorus*	二级
73			红嘴相思鸟	*Leiothrix lutea*	二级
74		鹟科 Muscicapidae	白喉林鹟	*Cyornis brunneatus*	二级

续表

序号	目	科	种名	学名	保护级别
75		鹀科 Emberizidae	蓝鹀	*Latoucheornis siemsseni*	二级
76			黄胸鹀	*Emberiza aureola*	一级
77	鲸偶蹄目 Cetartiodactyla	鹿科 Cervidae	獐	*Hydropotes inermis*	二级
78		麝科 Moschidae	安徽麝	*Moschus anhuiensis*	一级
79		白鱀豚科 Lipotidae	白鱀豚	*Lipotes vexillifer*	一级
80		鼠海豚科 Phocoenidae	长江江豚	*Neophocaena asiaeorientalis*	一级
81	食肉目 Carnivora	猫科 Felidae	豹猫	*Prionailurus bengalensis*	二级
82			豹	*Panthera pardus*	一级
83		灵猫科 Viverridae	小灵猫	*Viverricula indica*	一级
84		犬科 Canidae	狼	*Canis lupus*	二级
85			豺	*Cuon alpinus*	一级
86			赤狐	*Vulpes vulpes*	二级
87			貉	*Nyctereutes procyonoides*	二级
88		鼬科 Mustelidae	欧亚水獭	*Lutra lutra*	二级

动物中文名称索引//